물論입니다

꼬리에 꼬리를 무는

물의 상식과
과학 이야기
블루 Blue

물론 입니다

윤경용 지음

흔들의자

[서문]

과학은 학문이 아닙니다. 생활입니다.

겨울이 살짝 내 곁에 봄을 데리고 왔던 어느 날, 칠 년 전부터 구상하고 써왔던 이 책의 마지막 문장에 마침표를 찍었다. 누구든 이 책으로 말미암아 과학이 상식이 되고 지식이 지혜로 승화될 수 있는 그 시작점에 설 수 있기를 바라는 마음으로 썼다. 그런 의미에서 보면 이 책은 봄에 비유된다. 우리는 수많은 봄을 만났지만 그저 오고 가는 것이라 생각했을 뿐 혹독한 추위를 견디게 하는 하나의 희망이었다는 것을 모르고 살아왔을지도 모른다. 그래서 봄이 오지만 맞이하지 못했고, 훌쩍 가버리기에 배웅하지 못한 채 습관적으로 봄을 홀대하게 된다. 우리에게 과학이 그랬다. 우리 생활이 과학이지만 우리는 과학인지도 모른 채 과학이 아니라고 외면하며 살아간다.

과학을 알면서 모른다 하고 이해하면서도 어렵다 하고 바라보면서 안 보인다고 했다. 본능적으로 봄을 기다렸듯이 본능적으로 과학을 외면해 왔다. 우리는 아침에 눈을 뜨고 일어나자마자 물 한 잔으로 시작하는 일상에 익숙해 있다. 따뜻한 물에 찬물을 섞어 물 기운을 최고조로 높인 음양탕 한 잔이면 몸의 자연치유력을 높여준다는 것을 몸은 알지만 머리는 모르고 있다.

물 한 잔으로 시작하는 삶을 살면서도 물이 H_2O라는 것을 언제 알게 되었는지도 기억하지 못한다. 그런데 아이러니하게도 우리는 물이 과학이라는 사실을 알게 된 순간부터 물의 본질과 나와의 사이에 벽을 쌓기 시작한다. 그래서 그 벽을 허물고 과학이 상식이라는 것을 알리고, 누구나 읽을 수 있는 심지어 초등학생도 읽을 수 있는 책을 쓰고자 했다.

이 책은 물의 다양하고도 독특한 성질이 모티브가 되고 그것에 의해 꼬리에 꼬리를 물고 이어지는 과학상식으로 구성되어 있다. 그래서 과학 공학 인문 사회 역사 등으로 주제의 제한도 경계도 없이 무한히 전개되는 특징을 가지고 있다.

간혹 내용이 깊어지고 어려워질 수 있다. 그럼 과감한 점프력을 발휘하여 건너뛰어도 좋다. 주제가 꼬리에 꼬리를 물고 이어지지만 읽는 이의 기본 지식, 이해력, 독서 능력, 관심 가는 주제 혹은 다져진 읽기 근육의 힘에 따라서 선택적으로 골라서 읽을 수 있는 발췌독이 가능하도록 쓰여졌다.

어렵다고 중도 포기할 필요도 없다. 학교 성적이나 학문적 연구나 성취를 이루기 위해 읽는 책이 아니다. 그저 물, 그리고 그 성질과 관련된 과학은 우리의 생활과 직결되어 있다는 것을 틈틈이 알면 된다. 스마트폰의 틱톡이 그리고 유튜브가 무료하고 지루할 때 문득 펼쳐볼 수 있는 책이다.

우리는 물이 과학이 되면 어려워지는 현실에 접해 있다. 과학이 우리에게 가장 친근했던 때가 있다. '침대는 가구가 아닙니다. 과학입니다.' 이 광고 카피는 '침대는 과학이다… 왜?'라는 명제를 제시했다. 그렇지만 침대를 가구가 아니라는 오답을 쓰게 한 수많은 초등생의 억울함이 담겨있기도 하다.

사실 과학이 어려워진 이유는 바로 잘못된 입시 위주의 교육 때문이다. 영어는 단순한 언어에 불과하지만, 잘못된 입시형 학교 교육으로 말미암아 초등생 한 명의 영어 교육비가 한 가구의 생활비 수준까지 올라갔다고 한다. 단지 소통을 위한 도구에 불과한 언어가 과학보다 중요한 학문으로 추앙되어 입시에 가장 중요한 과목이 되었다. 그러나 영어는 오로지 변별력만을 위한 도구로 전락해 우리에게 언어의 본질인 소통 기능보다는 쓸모없는 고급 단어 암기와 배배 꼬아 버린 구문을 골라내는 시험에만 집중하도록 만들었다.

그래서 70~80년대 고등학교를 다녔던 세대는 영어는 알지만, 영어를 못하는 영어 울렁증에 시달리게 만들었다. 과학도 그렇다. 과학이 입시 위주의 교육으로 전락하는 순간 과학은 어려운 학문으로 탈바꿈하게 된다. 초등학교 5학년 때 배운 베르누이의 원리를 체계적으로 설명할 수 있는 사람이 얼마나 될까? 베르누이의 법칙은 몰라도 비행기가 뜬다는 사실은 모두가 안다. 그러나 비행기가 날 수 있는 양력, 중력, 추력, 항력을 이야기하면 모두가 머리부터 싸맨다. 우리는 중력에서 살고 근육을 이용해 추력으로 걷는다. 그리고 바람이라는 항력을 이겨낸다.

화초 이파리를 닦기 위해 혹은 다림질을 위해 물을 뿌리는 분무기가 베르누이의 원리에 의한다는 사실을 애써 외면하는 이유도 그렇다. 바로 과학이 오로지 학문이라고 학교에서 잘못 가르친 사실 때문이다. 침대는 과학이라는 명제처럼 '과학은 생활이다.'라는 명제를 기억하여야 한다.

금세기 최고의 과학자 중 한 명인 리처드 파인만은 이해하기 어려운 과학은 쓸모없는 것이라는 신념을 가졌다. 누구보다도 뛰어난 과학자였고 아무에게나 과학을 단번에 이해시킬 수 있었지만, 어떠한 권위도 내세우지 않았던 그는 자기 신념에 걸맞게 세상에서 가장 쉬운 과학 강의를 한 것으로 유명하다.

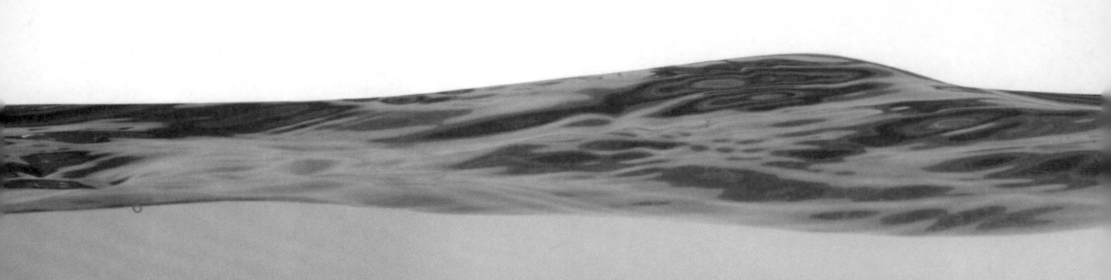

글쓴이도 연구하는 학자로서 오랜 세월을 살다 보니 적잖은 저서와 강의를 했다. 이 책은 1992년 처음 컴퓨터 C-언어 책을 출간한 이래 13번째 책이면서 전공자가 아닌 일반인을 위해 쓴 첫 번째 책이다. 리처드 파인만의 흉내는 아니지만 그의 신념을 본받아 전공자나 전문직이 아닌 일반인들에게 과학을 전파하고자 한때 오픈강좌를 열었으나 코로나로 중단되었다. 그렇지만 강좌를 진행하면서 누구나 생활 속 숨겨진 과학을 편하게 쉽게 접하고 이해하고 읽어 나갈 수 있는 근육을 스스로 키워 나갈 수 있다는 것은 목격하였다.

이 책은 과학책이지만 역설적으로 과학책만은 아니다. 누구나 읽을 수 있지만 아무나 읽을 수는 없다. 다양한 지식이 쌓여야만 읽어낼 수 있다. 그 지식은 책을 읽어가면 쌓인다. 그 쌓인 지식으로 계속 읽어내도록 지어졌다.

아는 만큼 보이는 것이다. 아는 만큼 세상은 달리 보인다. 달리 보이는 세상은 재미있어지고, 만물에 호기심이 생긴다. 세상을 달리 보게 하고 재미있는 과학적 호기심을 해소하고, 새로운 호기심을 유발하는 원동력이 되기를 바란다. 그리고 이 책을 읽는 세상의 모든 독자가 '지성인'으로서 최소한의 갖춤새를 비로소 갖추게 되기를 희망한다.

봄에 지식 한 잔, 그리고 여름에 한 병, 가을이 오면 한 주전자, 겨울에는 한 항아리… 지식은 이렇게 쌓아 가는 것이다….

사실, 학문으로서 과학은 정말 어렵다. 노벨상을 아무나 탈 수 없는 것처럼….

윤경용

차례

Ⅱ 물의 원소, 수소

Ⅲ 물의 철학

Ⅳ 물의 가치에 대해 논하다

Ⅴ 물도 얼굴이 있다

Ⅵ 물의 균형

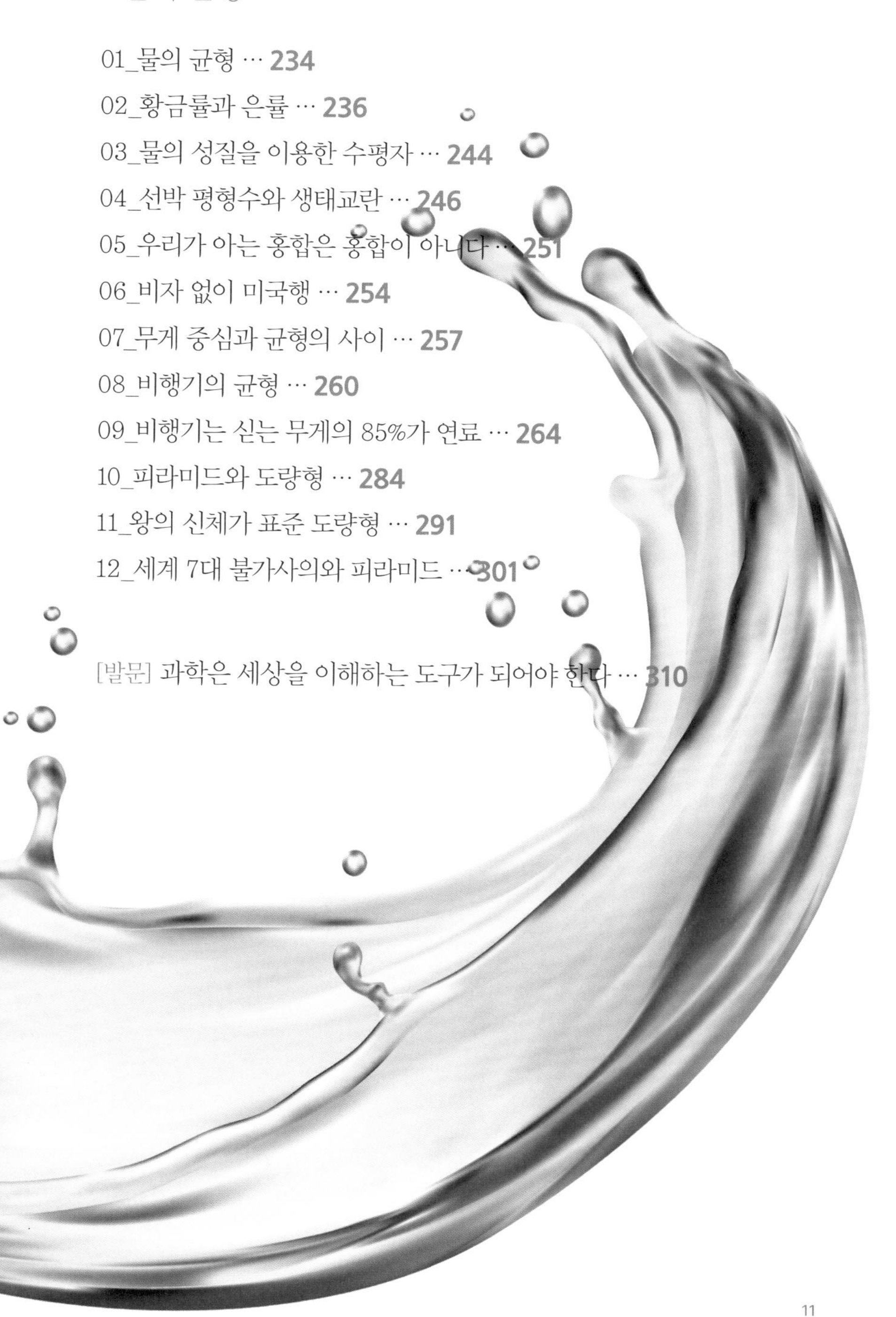

I

물, 세상을 품은 이야기

01 물, 세상을 품은 이야기

우주 삼라만상을 이루고 있는 것 중에서 가장 신비롭고 경이로운 존재가 있다면 그것은 물이고 다른 하나는 빛이 아닌가 싶다. 지구를 푸른 행성이라 부르는 이유는 매우 단순하다. 물이 지구 표면의 약 70%를 덮고 있어 그렇다. 그래서 지구에서 물이 가장 많은 곳은 어디일지 질문한다면 당연히 바다라고 할 것이다. 그러나 이는 지구에 있는 물의 총량을, 바다를 포함한 표면에 있는 물의 양만 따져서 그렇다. 최근 밝혀진 사실에 따르면 지금 바다에 있는 물 양보다 훨씬 많은 물이 지구 내부의 맨틀에 압도적으로 많이 포함되어있다고 한다.

그건 그렇고, 어쨌든 지구상에 저렇게나 물이 많은데, 왜 유엔은 자꾸만 물 부족을 외치는 것일까? 일단 지구상의 물은 절대로 없어지지 않는데 말이다. 오히려 더 늘어날 수도 있을 것이다. 왜 그럴까? 이 글을 끝까지 읽다 보면 그 해답을 찾을 수 있다. 왜 물이 부족한지도 알 수 있다. 중간 중간에 숫자가 나오는데, 굳이 머리에 담을 필요는 없다. 엄청나게 많다는 것을 강조하기 위한

바다가 표면을 덮고 있는 푸른 지구_지구 표면의 70%를 바다가 덮고 있어 푸른색으로 보이지만 사실은 맨틀에 바다보다 훨씬 많은 물이 있다.

것이니까….

다음 페이지 그림은 지구를 덮고 있는 모든 물을 다 모아서 물방울로 만든 것이다. 위 그림처럼 바다가 파랗게 보이지 않는 것은 지구 표면의 물을 모두 모아서 파란색 물방울로 만들었기 때문이다. 그런데 물을 다 모으면 양이 꽤 될 것 같았는데 물을 모아놓은 물방울의 크기가 너무 작아서 놀라지 않았는가?

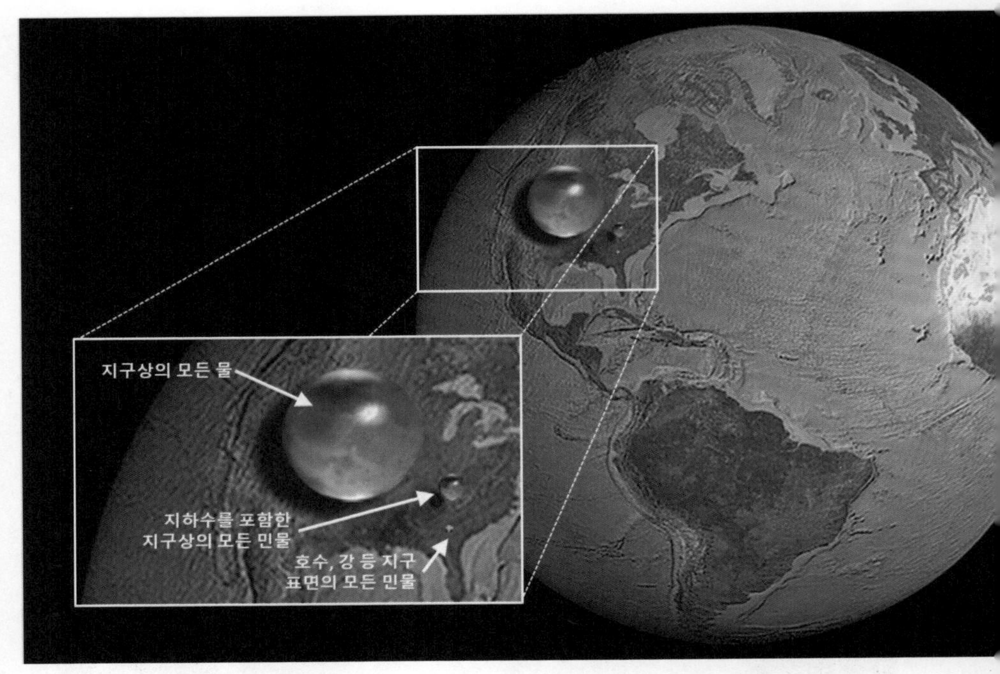

지구 표면의 모든 물을 모아 물방울로 만들면_큰 물방울은 지구 표면을 덮고 있는 모든 물을 모아놓은 것이고, 조그만 물방울은 지구 표면과 지하수를 포함한 민물을 모아놓은 것이며, 눈곱보다 작은 물방울은 호수와 강을 이루는 민물을 모아놓은 것이다.

그림에서 보이는 지구의 물은 얼마 안 되는 것 같지만 지구의 크기에 비해 작을 뿐이지 물방울의 지름이 1,384km로 거대한 물방울이다. 즉 지름이 한반도 남북한 포함한 전체 길이의 1.38배 정도 길다. 그러나 지구 표면에 붙어있는 물의 양은 지구의 부피에 비해 매우 적기 때문에 바다는 지구 표면을 싸고 있는 '얇은 필름'에 불과해 보이는 것이다.

물을 양으로 따지면 약 1조 3,800억 세제곱미터(1,380,000,000,000㎥)이다. 이 물방울은 바다, 빙하, 호수, 강, 지하수, 대기수, 심지어 지구상의 모든 동식물의 몸에 있는 모든 물을 포함한 것이다. 지구 지름이 12,700km이므로 부피 비율로 보면 물방울은 지구 부피의 0.15% 정도 되고 질량은 지구의 약 0.03%다. 현재 지구의 바다 평균 수심은 3,800m인데, 만일 에베레스트산 같은 지구상의 높은 산과 대륙들을 모두 깎아서 바다를 메워 지구 전체를 편평하게 만들고 물방울을 지구 표면에 다시 부어 본다면 다음 그림처럼 평균 수심은 3,000m가 될 것이다. 결국은 모든 것은 수심 3,000m 아래에 있을 것이고 지구는 땅으로 된 地球지구가 아니라 물로 완전히 뒤덮인 수성水星으로 이름을 바꿔야 할 것이다.

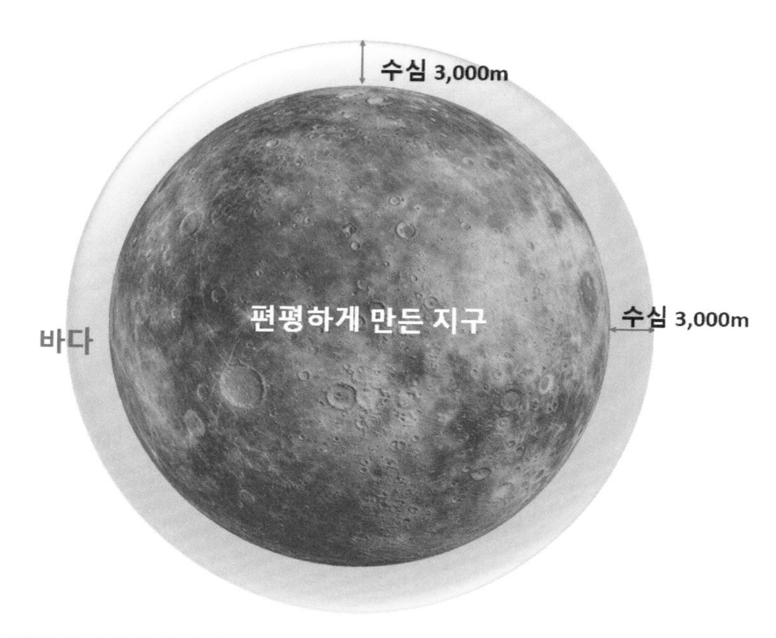

지구가 바다와 산이 없고 평지라면_지구에 산이 없고 모두 평평한 들판이었다면, 지구 전체는 수심 3,000미터 바다에 잠겨있었을 것이다.

왼쪽 페이지에 있는 그림의 가장 큰 물방울은 지구의 모든 물을 의미하는데, 전체 물 중에 얼마나 많은 물이 사람과 지구상 모든 생명체가 생존하는 데 필요할까? 큰 물방울 옆의 조그만 물방울이 담수라 부르는 민물이며, 이 물방울은 지름 273km의 물방울로 지하수, 호수, 강, 습지의 모든 물을 나타낸다. 부피는 약 106억 세제곱미터(10,633,450,000m³)이고 그중의 99%는 지하수다. 따라서 대부분은 인간이 이용할 수 없다. 민물 물방울 바로 옆에 눈곱만한 물방울을 발견하였는가? 지구상의 모든 호수와 강물을 모두 합쳐 둥글게 만들면 지름이 56km 정도 되는 물방울로 형성된다. 양으로 환산하면 9,300만 세제곱미터(93,113,000m³)인데, 사람과 지구상의 모든 생명체가 생존을 위해 매일 필요로 하는 물의 대부분은 바로 여기에서 나온다.

결론적으로 지구상의 물은 97%가 바닷물이고, 단 3%만이 민물이다. 그런데 3% 중 무려 80%인 2.4%는 남극과 북극의 빙하다. 따지고 보면 민물의 0.1%만이 인간을 비롯한 동식물이 이용할 수 있기 때문에 지구상에 있는 물의 단 0.03%만이 지구의 모든 생명체가 생존을 위해 이용되는 물이다.

이 글을 읽다 보면 용어가 어렵다는 말을 많이 할 것이다. 일단 '세제곱미터가 뭐야'라는 푸념부터 나올 것 같은데… 현안부터 해결해 보자. 제곱미터(평방미터)는 바닥면적을 나타내는 뜻이라는 것은 이미 알 것이다. 그럼 세제곱미터는? 공간 면적, 즉 용량 혹은 부피를 나타내는 말이다. 예를 들면 가로×세로는 제곱미터(평방미터)이고, 가로×세로×높이는 세제곱미터(입방미터)이다.

결론은 알고 보면 아무것도 아니다. 용어도 아무것도 아니고, 단위도 아무것도 아니다. 중요한 것은 글이 전달하고자 하는 의미다. 이 책에 있는 내용은 대부분 우리가 초·중·고등학교 시절에 배운 내용이다. 그런데 기억이 안 나는 이유는 오로지 시험을 잘 보는 것에 초점을 맞춰 공부해서 그런 것이다. 이 책은 중학교만 졸업했다면 거뜬히 읽어낼 수 있는 교양 과학상식을 담고 있다. 수준 높은 교양은 아니더라도 이 정도의 책은 읽어낼 근육은 있어야 보통의 지성을 갖췄다고 할 수 있다. 어렵게 느껴진다고 책을 놓아 버리는 것은 참으로 바보스러운 일이다. 읽을 때 용어가 어렵다고 굳이 이해해 가면서까지 읽을 필요도 없다. 그냥 술술 넘어가면 된다. 용어를 외우려는 것은 TMSToo Much Science information일 수 있다. 용어보다는 글에 담겨있는 과학적 원리만 이해하면 될 것이다. 모르면 또 어떤가? 이해 안 되면 또 어떤가? 읽어가다 보면 차츰 이해되고, 책을 다 읽어 갈 때쯤 되면 앞에서 이해되지 않았던 내용이나 용어가 저절로 이해될 것이다.

02 불을 만드는 원소들이 모여서 불을 끄는 물이 되다.

인류는 불과 함께 문명을 발전시켜 왔다. 불은 어둠을 밝히고, 추위를 이기게 하며, 음식을 익히고, 금속을 녹여 도구를 만들게 했다. 불을 통제하는 능력은 인류가 자연을 지배할 힘을 가지게 했으며, 강력한 에너지원이 되었다. 그러나 불은 언제나 양면성을 지니고 있는데, 잘 다루어진 불은 우리에게 유익하지만 그렇지 않은 불은 모든 것을 태워버리고 초토화해 우리의 삶을 위협하는 재앙이 된다.

불을 다루는 인간의 역사는 곧 불을 다스리는 기술을 발전시키는 과정이었다. 불을 사용하려면 불을 끄는 법도 알아야 했다. 그리고 인간이 본능적으로 사용해 온 불을 끄는 가장 강력한 물질은 바로 물이다. 물은 언제나 불의 대척점에서 있었고, 사람들은 불길이 번질 때마다 본능적으로 물을 뿌려 불을 진압해 왔다. 그렇지만 물의 본질에 대한 탐구는 별로 없었다.

앙투안 라부아지에_'산소'를 '산소'라 명명한 프랑스 최고의 과학자. 그러나 인류에 기여한 엄청난 업적에도 불구하고 부업이 세금 징수원이었다는 이유로 프랑스 대혁명 때 단두대의 이슬로 사라졌다. 이를 두고 동료 수학자는 '라부아지에의 머리를 베어버리는 것은 한순간이지만 같은 두뇌를 만들기 위해서는 족히 100년 이상이 걸릴 것이다.' 라고 했다.

그러던 중, 250여 년 전 프랑스의 화학자 앙투안 라부아지에Antoine Lavoisier가 물의 정체를 밝혀냈다. 라부아지에가 누군지 모르는 척하지 마라…. 중학교 과학책에 이미 나왔다. 그리고 강아지도 안다는 '질량보존의 법칙'을 발견한 사람이다. 그는 물이 단순한 원소가 아니라 수소Hydrogen와 산소Oxygen라는 두 가지 원자가 결합된 화합물이라는 사실을 최초로 증명한 사람이다.

어쨌든 이 사건은 당시 사람들에게는 큰 충격을 주었는데, 그도 그럴 것이 아리스토텔레스Aristotle가 주장했던 것처럼 물은 세상을 이루는 가장 기본적인 네 가지 원소(물, 불, 흙, 공기) 중 하나라고 알고 있었기 때문이다. 아리스토텔레스의 주장은 중세 유럽에서도 그대로 받아들여졌고 어느 누구도 물이 다른 요소로 이루어진 화합물일 것이라고는 생각하지 못했다. 심지어 그보다 앞선 철학자인 탈레스Thales는 '물이야말로 만물의 근원'이라고 선언하며, 모든 것이 물에서 비롯되었다고 못을 박아버렸다.

그러나 이러한 오랜 진리는 라부아지에에 의해 홀랑 뒤집혀 버렸다. 물이 원소가 아니라 수소 원자 둘과 산소 원자 한 개가 결합된 일종의 화학물질이라는 놀라운 사실과 산소와 수소의 성질이 완전히 정반대임에도 결합될 수 있다는 사실에 사람들은 모두가 놀라워했다.

그러나 가장 경악한 사람은 이를 증명해 낸 라부아지에 본인이었다. 산소는 불을 태우게 하는 기체이고, 수소는 불을 붙이면 폭발해 버리는 기체인데 이 둘이 결합되어 오히려 불을 끄는 물이 된다는 사실을 믿지 못해 수 없이 자기 머리를 쥐어박았다는 후문이다.

수소와 산소는 정반대의 성질을 가졌는데 수소는 불에 타는 연료 역할을 하고 산소는 불을 붙이는 불쏘시개 역할을 한다. 즉 산소는 불을 타게 만드는 기체다. 연소는 단순한 현상이 아니라, 산소와 연료가 결합하며 화학 반응을 일으키는 과정이다. 우리가 장작을 태울 때 보이는 불꽃은 산소가 개입하여 연료를 분해하는 과정에서 발생하는 에너지가 눈으로 보이는 것이다. 산소가 풍부할수록 불꽃은 더욱 강렬하게 타오른다.

반면, 수소는 불이 붙으면 폭발하는 기체다. 수소는 지구상에서 가장 가벼운 원소이고, 에너지를 저장하는 능력이 뛰어나지만 동시에 매우 불안정한 성질을 가지고 있다. 공기 중에 퍼져 있는 수소에 불꽃이 닿으면 엄청난 폭발이 일어나며, 어마어마한 열과 충격파를 방출한다. 이러한 특성 때문에 수소는 로켓 연료로 사용되며, 과거에는 비행선을 띄우는 데도 사용되었다. 그러나 1937년 독일의 힌덴부르크 비행선이 공중에서 폭발한 사건은 수소가 얼마나 위험한지 극적으로 보여주었다. 불을 키우는 산소와 불을 만나면 폭발하는 수소. 이처럼 강력한 두 원소가 결합하여 만들어진 것이 물이라는 사실은 발견자인 라부아지에가 더더욱 믿기 어려웠을 것이다.

물이 단순히 산소와 수소가 섞인 것이 아니라는 점은 더욱 흥미롭다. 물은 H_2O라는 화학 결합을 통해 형성되는데, 여기서 중요한 것은 수소와 산소가 결합하면서 기존의 성질을 완전히 잃고 새로운 특성을 갖는다는 점이다.

화학에서는 원자들이 결합할 때 기존의 성질을 유지하는 것이 아니라 전혀 새로운 물질을 형성한다. 산소와 수소가 개별적으로 존재할 때는 불을 키우고 폭발을 일으키지만, 이들이 결합하여 물이 되면 오히려 불을 끄는 성질을 가지게 되는 것이다.

물이 불을 끄는 원리는 두 가지로 설명할 수 있다.

첫째, 온도를 낮춘다. 불이 타려면 높은 온도가 유지되어야 하지만, 물은 열을 흡수하며 온도를 급격하게 낮춘다. 이 과정에서 연료가 지속적으로 타는 것을 막고 불길을 억제한다. 둘째, 산소 공급을 차단한다. 불이 지속적으로 타려면 산소가 필요하지만, 물은 연료와 공기 사이에 막을 형성하여 산소의 공급을 차단한다. 이로 인해 연소가 멈추게 된다.

즉, 불을 키우는 산소와 폭발을 일으키는 수소가 결합하여 전혀 새로운 성질을 가진 물이 되고, 오히려 불을 억제하는 역할을 하게 되는 것이다.

03 물의 진짜 가치는?

물은 과학적으로도, 철학적으로도 물은 매우 흥미로운 존재다. 물은 형태를 바꾸면서도 본질은 유지하는 대표적인 물질이다. 물은 액체 상태로는 강과 바다를 이루며 흐르고, 기체 상태로는 구름과 수증기가 되어 하늘을 떠돌며, 고체 상태에서는 얼음이 되어 단단한 형태를 보이지만 본질은 그대로 유지된다.

물이 불을 만드는 원소로 구성되어 있지만, 정반대의 성질을 갖게 되었다는 사실은 변화와 균형의 철학을 상징하는 듯하다. 두 개의 대립적인 요소가 결합하여 전혀 새로운 존재가 되며, 그것이 인류 문명과 생명을 유지하는 필수적인 역할을 한다는 점에서 더욱 의미가 깊다.

'만물의 근원은 물'이라는 탈레스의 주장은 물이 모든 것을 이루는 기본적인 요소이며, 변화하면서도 사라지지 않는다는 점에 주목했다. 이 말은 물리적인 의미뿐만 아니라 철학적 의미도 내포하고 있다. 물은 모든 생명을 품고 있으며, 변화하면서도 본질을 유지하는 원초적인 존재라는 것이다.

물의 진짜 가치는 무엇일까? 물은 어디에나 있지만, 그 자체로 고정된 모양은 없다. 물은 자신이 담긴 그릇에 따라 모양을 바꾸고, 흐르는 대로 자신의 길을 만든다. 도교에서는 물이 가장 강한 힘을 지닌다고 보았다. 노자는 '물은 가장 부드럽지만, 가장 강한 것 또한 물이다.'라고 하며, 물이 유연하면서도 강력한 힘을 가지고 있다는 점을 강조했다.

물은 낮은 곳으로 흐르며 겸손하지만, 바위를 깎고 협곡을 만들며 거대한 산맥도 뚫어버린다. 그러나 절대 싸우지 않고 장애물에 부딪치면 돌아가거나 천천히 침식하며 새로운 길을 만들어 낸다. 물이 전달해 준 교훈은 삶에서 우리는 종종 물처럼 유연해야 한다는 점이다. 고집스럽게 하나의 방법만 고수하는 것이 아니라, 상황에 맞게 자신을 변화시키고 길을 찾아내는 능력이 물이 가진 가치를 대변한다.

불교에서도 물은 중요한 의미를 지닌다. 불교의 가르침에 따르면, 모든 것은 무상無常하며 끊임없이 변화한다. 물도 마찬가지다. 물은 강으로 흐르며 바다로 흘러가고, 증발하여 하늘로 올라가며, 다시 비가 되어 대지로 돌아온다. 하지만 그 본질은 변하지 않는다. 인간의 삶도 마찬가지다. 우리는 끊임없이 변하지만, 우리의 존재 자체는 지속된다.

과학적으로도 물은 매우 독특한 성질을 가지고 있다. 물은 대부분의 물질과 다르게, 얼었을 때 부피가 증가한다. 이 특성 덕분에 얼음은 물 위에 뜨고, 바다나 호수가 완전히 얼어붙지 않으며, 생태계가 유지될 수 있다. 또한 물은 비열이 높아 온도를 천천히 변화시키므로, 지구의 기후를 조절하는 중요한 역할을 한다.

하지만 물은 단순히 과학적인 성질로만 설명할 수 없는 존재다. 물은 인류 문명의 핵심 요소였으며, 인간의 역사와 함께 흐르며 우리 삶을 형성해 왔다. 인류는 강을 따라 문명을 건설했고, 나일강, 황하, 인더스강, 유프라테스강 같은 거대한 강을 중심으로 고대 문명이 번성했다. 물이 있는 곳에 사람이 모였고, 물이 풍부한 지역에서 농업이 발달하며 도시가 형성되었다.

04 지구는 어떻게 형성되어 왔을까?

약 46억 년 전 지구가 처음 탄생했을 때는 지금 같은 푸른 행성의 모습이 아니라 붉은 불덩어리 같은 용암 바다였고 대기는 뜨거운 수증기와 가스로 가득 찼다. 그리고 45억 년 전에는 테이아Theia라는 화성 크기의 거대한 행성이 지구와 충돌했다. 충돌의 강도는 상상조차 할 수 없는 규모였고, 엄청난 에너지가 방출되면서 지구 표면의 일부가 녹아내리고, 테이아의 잔해와 함께 파편이 우주로 튕겨 나갔다. 그리고 시간이 흐르면서, 튕겨 나간 파편들은 서로 뭉쳐지며 오늘날 우리가 보는 달Moon이 만들어졌다.

테이아 충돌 이후 지구는 혼란에 빠졌다. 강력한 충격으로 인해 지구의 자전 속도는 급격히 빨라졌는데, 44억 년 전 지구의 하루는 겨우 4시간에 불과해

테이아의 충돌_45억 년, 원시지구 '가이아(Gaia)'와 원시행성 '테이아(Theia)'가 충돌했다. 충돌 후 지구와 테이아에서는 많은 양의 파편이 우주로 튀어 나갔고 두 행성을 구성하는 물질이 녹아 합쳐지고 뒤섞이면서 서서히 굳어 현재의 지구 맨틀 구조를 형성했다

지금보다 자전 속도가 무려 6배나 빨랐다. 빠르게 회전하는 지구는 거대한 태풍과 같은 소용돌이를 일으켰고, 표면은 여전히 불타는 바다였다.

지구가 점차 안정되기 시작한 것은 40억 년 전의 일이다. 이때 처음으로 지구 자기장Earth's Magnetic Field이 형성되었지만, 오늘날보다 훨씬 약한 상태였다. 자기장은 지구를 감싸며 태양풍으로부터 보호하는 방패 역할을 한다. 만약 자기장이 없었다면, 태양의 강력한 입자 폭풍이 지구의 대기를 날려버렸을 것이고, 오늘날의 생명체는 존재하지 못했을 것이다.

용암 덩어리 지구는 어떻게 해서 푸른 바다를 가지게 되었을까? 가장 가능성 높은 가설은 운석과 혜성이 지구에 물을 가져왔을 것으로 보고 있다. 39억 년 전, 수많은 얼음 소행성과 혜성이 지구에 충돌하면서 막대한 양의 물이 공급되었다. 이러한 충돌이 반복되면서 지구 표면에는 서서히 바다가 형성되기 시작했고, 처음으로 원시적인 바다가 탄생했다.

얼음 소행성과 혜성은 단순한 얼음덩어리가 아니었다. 물뿐만 아니라 다양한 화학 물질과 유기 분자들을 지구에 가져왔고, 이것이 후에 생명의 탄생을 위한 중요한 단서가 되었다. 38억 년 전, 지구의 운석 충돌이 점차 줄어들면서 환경이 안정되기 시작했다. 그리고 생명의 첫 신호가 나타났는데, 바닷속에서 극한 환경에서도 살아남을 수 있는 강인한 단세포 박테리아가 등장한 것이다. 35억 년 전 여전히 지구는 여전히 바다로 덮여 있었으며 대륙은 거의 존재하지 않았다. 그리고 바닷속에서 '시아노박테리아Cyanobacteria'라는 특별한 생명체가 나타나 처음으로 산소를 만들기 시작했다. 시아노박테리아는 태양 빛을 이용해 광합성을 하며 산소를 방출하는 생물이었고, 이 박테리아가 10억 년간 만들어낸 산소는 농도가 1%까지 상승하며 결국 지구의 대기를 변화시키는 중요한 계기가 되었다.

시간이 흐르면서, 지구의 지각이 점점 두꺼워지기 시작했다. 32억 년 전, 최초의 작은 대륙 덩어리인 '크레톤Craton'이 탄생했다. 크레톤은 이후 대륙으로 성장하게 되는 원시 대륙의 씨앗과 같은 존재였다. 22억 년 전, 대기 중의 산소 농도가 증가하면서 메탄이 감소하자 온실 효과가 사라지면서 지구는 급격히 냉각되었다. 지구 전체가 얼음으로 뒤덮이는 극한의 빙하기가 2억 년 동안 지속되었는데, 이 시기는 '스노우볼 어스Snowball Earth'라고 불리며, 지구 역사상 가장 혹독한 환경 중 하나로 기록되었다. 빙하기가 끝나면서 다시 온도가 상승했고, 생명체들은 점차 회복되기 시작했다.

14억 년 전, 지구는 여러 개의 작은 대륙들이 서서히 이동하며 충돌과 융합을 반복한 끝에 최초의 슈퍼대륙 '누나Nuna'가 만들어졌다. 지구 역사에서 처음으로 모든 대륙이 하나의 거대한 땅덩어리로 만들어진 것이다. 그러나 누나 대륙은 영원하지 않았고 점차 갈라지며 또 다른 새로운 지형을 형성하기 시작했다.

8억 년 전, 지구는 극심한 환경 변화를 겪었다. 대기 중의 이산화탄소 농도가 급격히 감소하면서 지구는 냉각되기 시작했고, '크라이오제닉기Cryogenian Period'라 불리는 혹독한 빙하기에 접어들었다. 지구는 두꺼운 얼음층으로 뒤덮였으며, 1억 년 동안 빙하기가 지속되었다. 이 극한의 환경 속에서도 일부 미생물들은 극지방의 온천이나 해저 열수구 같은 극한 환경에서 생존하며, 후일 더 복잡한 생명체로 진화할 수 있는 기틀을 마련했다.

빙하기가 끝나고 기온이 회복되면서, 생명체들은 다시 번성하기 시작했다. 5억 년 전, 지구에는 새로운 생명체의 물결이 일어났다. 바로 '캄브리아기 대폭발Cambrian Explosion'이 일어나서 육상 식물이 처음으로 등장하기 시작했다. 식물들은 광합성을 통해 대기 중 산소 농도를 높였고, 이에 따라 지구의 산소 농도는 약 15%까지 증가했으며, 바닷속에서는 다채로운 해양 생물들이 폭발적으로 증가했다. 연체동물, 절지동물, 해양 무척추동물들이 다양한 형태로 진화하며 지구의 생태계를 더욱 복잡하게 만들었다.

지각 활동은 계속해서 대륙의 위치를 변화시켰고, 3억 년 전, 지구의 모든 대륙이 다시 하나로 합쳐지면서 '판게아Pangaea'라는 또 하나의 거대한 슈퍼대륙이 형성되었는데, 이 시기는 산소 농도가 급격히 증가하는 시기였다. 당시 산소 농도는 무려 35%까지 상승했는데 이때가 지구 역사상 가장 높은 산소 농도 수치다. 풍부한 산소 농도는 거대한 생물들의 출현을 부추겼다. 당시 곤충들은 지금 곤충들과는 비교할 수 없을 만큼 수십 배 더 컸다. 잠자리(메가뉴라)는 날개가 무려 70cm나 되었으며, 바퀴벌레 같은 곤충도 지금보다 10배 정도 큰 크기였다. 식물 역시 울창하게 자라났고, 대형 양서류와 초기 파충류들이 번성하며 다양한 생태계를 형성했다.

하지만 이 풍요로운 시대는 영원히 지속되지 않았다. 약 2억 5천만 년 전, 지구는 사상 최악의 멸종 사건을 맞이했다. 바로 '페름기 대멸종Permian-Triassic Extinction'이다. 이 멸종 사건은 지구 역사상 가장 규모가 큰 멸종으로 기록되며, 전체 생물종의 96%가 사라지는 참혹한 결과를 초래했다. 이 엄청난 재앙의 주요 원인은 대규모 화산 폭발이었다. '시베리아 트랩Siberian Traps'이라 불리는 지역에서 수십만 년에 걸쳐 거대한 화산이 폭발하며 막대한 양의 용암과 화산가스를 뿜어냈다. 이로 인해 대기 중 이산화탄소 농도가 급격히 상승하면서 기후 변화가 극단적으로 진행되었고, 해양에서는 산성화가 심화하면서 대규모 생물 멸종이 발생한 것이다.

그리고 우리가 가장 잘 알고 있는 마지막 멸종 사건은 7,600만 년 전에 발생했다. 지름 15km 크기의 소행성이 지구에 충돌하면서 공룡을 비롯한 전체 생물종의 75%가 멸종한 것이다. 이 충돌로 인해 엄청난 양의 먼지와 황산염이 대기권으로 퍼지면서 태양 빛이 차단되었고, 지구 기온은 단기간에 급격히 하락했다. 소행성 충돌 이후, 포유류가 번성하기 시작했고 지구의 환경은 다시 변화를 거듭했다. 800만 년 전에 대륙은 지금과 비슷한 형태로 모양을 갖췄으며, 30만 년 전에 인류가 출현했다.

05 지구의 물은 어디에서 왔을까?

지구가 처음 형성될 때 뜨거운 용암으로 뒤덮여 있었다는 것은 이미 알고 있을 것이다.

우리가 아는 푸른 바다는 어디에도 없었다. 그렇다면, 지구의 물은 어디에서 온 것일까? 물은 대기 중 수증기가 응결해 형성된 것으로 알려져 있었고, 또 다른 이론은 지구로 떨어진 혜성이나 소행성이 물을 공급했다는 가설도 있다. 이 가설이 사실이라면, 우리가 마시는 물 한 방울은 수십억 년 전에 우주를 떠돌던 먼 혜성에서 온 것일지도 모른다.

물의 기원은 크게 두 가지 가설이 있다. 첫 번째 가설은 물이 지구 내부에서 생성되었다는 것이다. 원시 지구에서 활발한 화산 활동이 이루어질 때, 화산에서 방출된 가스 속에는 수증기가 포함되어 있었다. 시간이 흐르면서 이 수증기가 응결되어 비가 되었고, 이 비가 오랜 세월 동안 내리면서 대지를 적시고 바다를 만들었다는 것이다.

이 가설은 지구의 화산 활동을 통해 검증할 수 있다. 현재도 화산이 폭발할 때 분출되는 대부분 물질은 가스가 아닌 수증기다. 이 부분은 원시 지구에서도 같은 현상이 일어났을 가능성을 뒷받침한다. 그러나 화산 활동만으로는 지구의 바다를 형성하기에 충분한 물을 공급했는지에 대한 의문이 남아 있다.

두 번째 가설은 물이 외부에서 유입되었다는 것이다. 태양계가 형성될 당시, 순전히 얼음으로 형성된 수많은 소행성과 혜성이 우주를 떠돌았으며, 그중 일부가 지구와 충돌하면서 물을 공급하게 되었다는 설이다. 실제로 소행성은 얼음덩어리로 되어 있으며, 일부 운석에서는 물과 유사한 성분이 발견되었다. 이러한 증거들은 물이 외계에서 왔을 가능성을 시사한다.

그러나 이 가설에서 혜성에 의한 것이라는 사실은 한 가지 문제가 있다.

얼음 소행성의 지구 충돌_큰 소행성과 혜성들이 수없이 지구로 쏟아져 들어오는 소행성 포격시대라는 격변의 시기를 겪었다. 이때 얼음과 가스 덩어리로 이루어진 소행성들이 가져온 물이 지구의 바다를 이루게 되었다.

지구의 물과 태양계 밖의 혜성의 물 성분은 지구의 물 성분과 많은 차이를 보이고, 특히 수소 동위원소 비율이 다르다는 점이다. 그렇다면, 물은 화산 활동과 얼음 소행성의 결합으로 이루어졌을 가능성이 크다. 즉, 지구 내부에서 생성된 물과 우주에서 유입된 물이 합쳐져 우리가 아는 바다를 형성했다는 것이 맞는 가설일 수 있다.

가설로 세워진 물의 기원을 증명하기 위한 중요한 단서 중 하나가 바로 수소와 그 동위원소인 중수소의 비율이다. 중수소는 수소 원자핵에 중성자가 하나 더 붙은 형태의 원소로, 일반적인 수소보다 무겁다. 흥미로운 점은 우주에서 중수소와 수소의 비율이 일정한 패턴을 보인다는 것이다. 이 비율은 물이 생성된 시점과 장소에 따라 다르게 나타나므로, 특정한 물질의 기원을 추적하는 데 매우 유용한 지표가 된다.

그래서 혜성에서 바닷물이 왔는지를 증명하기 위해 바닷물에 포함된

중수소 비율과 유럽 우주국ESA이 보낸 로제타 탐사선이 채집한 태양계의 운석과 혜성 샘플의 비율을 분석했다. 그 결과, 지구 바다의 물과 혜성에서 발견된 물의 중수소 비율이 다르다는 사실이 밝혀졌다. 이는 지구의 바다가 혜성에서 온 것이 아닐 가능성을 강력하게 뒷받침하는 증거가 되었다.

외계에서 날아온 혜성이 지구 바다의 기원이라는 가설은 오랜 시간 동안 유력하게 여겨졌지만, 로제타 탐사선이 제공한 데이터에 의해서 완전히 뒤집혔다. 그래서 지구의 물은 혜성이 아니라 소행성에서 왔다는 결론을 내리고 있다. 중수소 비율을 비교한 결과, 지구 바다의 물과 소행성에서 발견된 물의 조성이 더 유사했기 때문이다. 이 연구는 단순히 바다의 기원을 밝히는 것 이상으로 중요한 의미를 지닌다. 소행성이 지구에 물을 가져왔다는 것은 곧 지구 생명의 기원에도 영향을 미쳤다는 뜻이기 때문이다.

태양계가 형성될 당시는 물 분자들은 태양과 행성들을 형성한 가스와 먼지 원반에 포함되어 있었는데, 38억 년 전의 원시 지구는 극도로 뜨거운 상태였기 때문에 표면이 녹아내려 도저히 바다가 존재할 수 없었다. 지구가 형성된 직후의 강력한 열기는 모든 수분을 증발시켜 우주로 날려 보냈기 때문에 지구에 물이 남아 있을 가능성은 거의 없었다. 따라서 지구의 물은 이후에 외부에서 보충되었을 가능성이 매우 높았다.

그 후 원시 지구는 수많은 소행성이 지구를 향해 충돌하는 '소행성 폭격 시대Asteroid Bombardment Period'를 맞았다. 이들 중 상당수의 소행성은 얼음과 물을 함유하고 있었다. 지구가 식어가는 과정에서 이러한 소행성들이 대량으로 충돌하면서, 물이 대기 중으로 유입되고 결국 바다가 형성되었다는 가설이 가장 유력하게 받아들여지고 있다.

지구에 생명이 탄생할 수 있었던 것도 결국 지구에 돌진했던 소행성들의 공이 크다. 만약 소행성들이 지구에 물을 공급하지 않았다면, 지구는 오늘날처럼 푸른 행성이 되지 못했을 것이며, 생명체가 살아갈 수 있는 환경도 조성되지 않았을 것이다. 물은 생명체가 존재하는 데 필수적인 요소이며, 생명체 내부의 생화학적 반응이 일어날 수 있도록 돕는다. 따라서 지구 바다가 소행성에서 온 것이라는 사실은 단순히 바다의 기원을 설명하는 것을 넘어, 생명의 기원을 밝혀내는 중요한 단서가 된다.

그리고 소행성에서 공급된 물은 태양보다 더 오래되었다는 가설도 남겼다. 지구와 태양계가 형성되기 전부터 우주에는 이미 물이 존재했으며, 이 물이 먼 우주에서 오랜 시간을 거쳐 태양계로 날아서 들어왔을 가능성을 점치고 있다. 결국, 우리가 마시는 물 한 방울은 단순한 H_2O 분자가 아니라, 우주의 역사와 함께해 온 물질이며, 수십억 년 전부터 존재해 온 우주의 흔적일지도 모른다. 따라서 물은 단순한 자연 현상이 아니라 지구의 과거와 우주의 기원을 담고 있는 신비로운 존재이다. 바다를 이루는 물 분자 하나하나는 그 자체로 수십억 년의 우주 역사를 품고 있는 것이다.

06 미래의 지구, 언젠가는 물이 사라질 수도 있다?

이런 가설도 있다. 지구 해수면은 기온에 따라 상승하고 하락했지만, 지구 표면에 있는 물의 총량은 일정하다고 보았다. 그러나 30~40억 년 전에 지구의 바다는 거의 두 배나 많은 물을 보유하고 있었다. 그 물의 양은 세계 최고봉인 에베레스트산 정상까지도 물에 잠기게 할 수 있을 만큼 많았기 때문에 지구 전체는 거대한 바다에 잠겨 있었다.

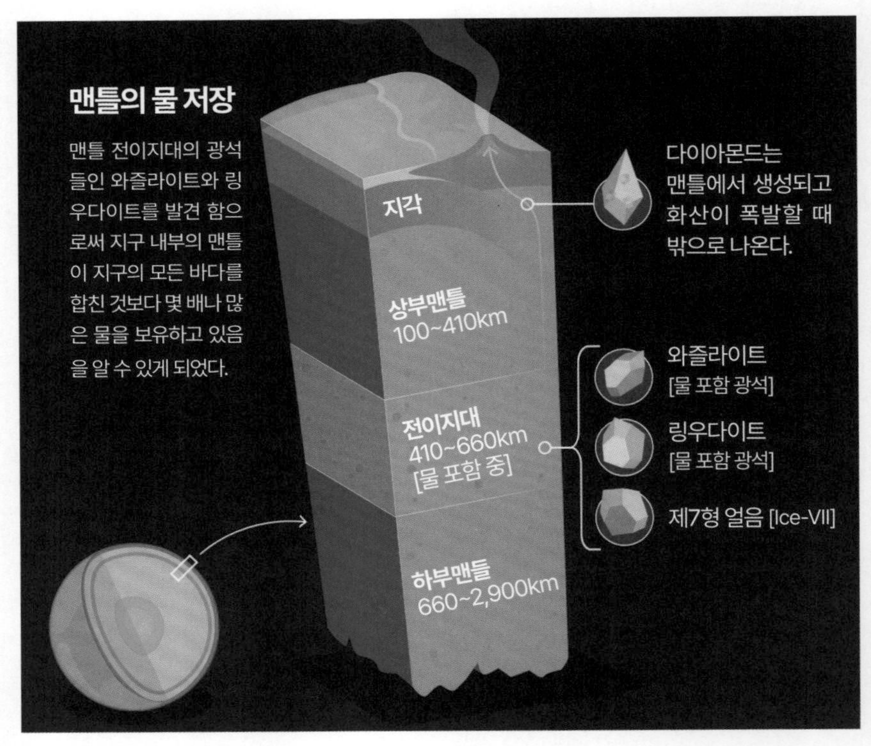

맨틀의 물 저장_맨틀 전이대의 하부에 지구상의 모든 물의 몇 배의 물이 있다. 물은 액체가 아닌 히드록사이드 이온의 형태로 링우다이트에 갇혀 있다. 어마어마한 양의 물이지만, 액체 상태의 물분자는 아니고 그저 이온의 형태다.

초기 원시지구의 맨틀은 방사능으로 인해 지금 보다 4배나 더 뜨거워서 지구 표면의 물은 맨틀에 흡수되지 못하였다. 그러나 맨틀이 점차 냉각됨에 따라 맨틀에 있는 광석들은 고대 바다를 서서히 흡수했으며 이러한 과정은 수십억 년에 걸쳐 진행되었다. 맨틀 깊은 곳에는 무려 지구 총질량의 7%를 차지하고 있는 와즐라이트wadsleyite와 링우다이트ringwoodite라는 광석이 있는데, 특히 이 광석들은 물을 저장할 수 있는 특성이 매우 많이 뛰어나 현재 지구 표면의 모든 물보다 더 많은 양의 물의 저장하고 있다.

2021년 3월, 하버드 대학교를 주축으로 한 연구팀은 맨틀에 저장된 물의 양은 지구 표면의 바닷물의 최소 1.86배에서 최대 4.41배에 이른다고 했고, 2014년 미국 노스웨스턴대학의 연구팀은 지하 700km에 있는 링우다이트층에서 수분 존재를 확인했으며, 이를 바탕으로 맨틀에는 지구 표면의 바닷물의 약 3배에 해당하는 엄청난 수분이 포함되어 있을 것으로 추산했다. 또 다른 연구에서는 맨틀 전이대(410~660km 깊이)에 지구 표면 대양의 2~3배에 해당하는 물이 저장되어 있을 수 있다고 추정했고, 2014년 미국 뉴멕시코대 연구팀은 지진파 관측을 통해 맨틀에 바닷물의 약 3배에 달하는 물이 존재한다고 했다. 연구 결과들을 종합해 보면 지구 맨틀에 존재하는 물의 양은 지구 표면의 바닷물 양의 약 2~3배, 많게는 7배까지 될 수 있는 것으로 추정된다.

이러한 연구 결과들은 지구의 역사뿐 아니라, 생명의 기원과 외계 생명체 탐색에도 중요한 단서를 제공할 수 있다. 지구상에서 가장 오래된 생명체의 흔적은 약 35억 년 전까지 거슬러 올라간다. 그런데 이 시기 지구가 거대한 바다로 덮여 있었다면, 생명은 결국 바다에서 탄생했을 가능성이 매우 높다. 그래서 지구 생명의 기원을 해저 열수구hydrothermal vent에서 찾고 있다.

심해 열수구는 지구 내부에서 나오는 뜨거운 용암과 바닷물이 만나면서 화학 반응을 일으키는 곳이다. 이곳에서는 다양한 화학 물질이 풍부하게 공급되며, 태양 빛이 전혀 닿지 않는 극한 환경에서도 생명체가 번성할 수 있다.

만약 초기 지구가 육지가 거의 없는 상태였다면, 해양 깊은 곳의 이러한 환경이 최초의 생명체가 탄생하는 데 중요한 역할을 했을 것이다.

맨틀 얘기가 나왔으니, 잠깐 여러분들이 좋아할 다이아몬드로 눈을 돌려 보자.

최고의 보석으로 알려진 다이아몬드는 지구 맨틀의 깊은 곳에서 만들어진다는 사실을 알고 있는가? 다이아몬드는 우리가 흔히 볼 수 있는 흑연Graphite과 같은 원소인 탄소로 이루어져 있다고 하여 '연필도 다이아몬드다…' 뭐 이런 말들을 많이 하지만 결정적인 점은 결정구조가 완전히 다르다. 그래서 연필심은 연필심일 뿐 뭘 해도 다이아몬드가 될 수는 없다.

다이아몬드는 주로 탄소가 풍부한 물질인 유기물이 지구 내부 맨틀의 극한 조건에서 변형되어 생성된다. 보통 맨틀의 140~190km의 깊이에서 온도는 약 1,300°C, 압력은 대기압의 50,000~60,000배에 이르는 5~6 GPa기가파스칼의 환경에서 만들어진다.

이렇게 만들어진 다이아몬드는 화산이 폭발할 때 지상으로 튀어나오기도 한다. 그래서 꼭 다이아몬드가 필요하다면 화산이 폭발하는 곳에 가서 찾아보는 것을 권장하고 싶지만… 이는 아주 위험할 뿐 더러 차비가 더 많이 든다. 왜냐하면 다이아몬드가 지표면에서 발견되는 것이 화산 활동과 관련은 있지만, 일반적인 화산에서 쉽게 찾을 수는 없기 때문이다. 다이아몬드는 32페이지 그림처럼 보통 '킴벌라이트Kimberlite'나 '람프로이트Lamproite'와 같은 특수한 화산암을 통해 지표로 운반된다.

그래서 꼭 다이아몬드를 찾고 싶다면 킴벌라이트나 람프로이트 파이프가 있는 지역을 탐사하는 것이 가장 효과적이다. 킴벌라이트 파이프는 맨틀 깊은 곳에서 만들어진 다이아몬드를 지표면으로 운반하는 유일한 자연 운반 수단이기 때문이다. 킴벌라이트라는 이름이 붙은 것은 남아프리카공화국의 킴벌리Kimberley 지역에서 최초로 발견되어서 그렇다. 이 같은 독특한 화산 구조

덕분에 우리는 깊은 맨틀에서 형성된 희귀한 보석인 다이아몬드를 채굴할 수 있다. 그래서 보통은 킴벌라이트 파이프가 있는 지역이 곧 세계적인 다이아몬드 광산이 되는 이유가 여기에 있다.

아프리카가 세계 다이아몬드 생산량의 상당 부분을 차지하는 이유도 역시 지질학적으로 다이아몬드가 만들어지고 보존되기에 가장 적합한 환경을 갖추고 있기 때문이다. 또한, 다이아몬드 내부에서 '제7형 얼음Ice-VII' 성분이 발견되었는데, 이는 지하 400~800km의 깊은 곳에 물이 존재한다는 증거로 해석되고 있다. 다이아몬드 형성과 발견에 관한 이해는 지구 내부 구조와 변형 과정에 대한 정보뿐만 아니라 물의 원천에 대한 정보를 제공하기 때문에 지질학적으로 매우 중요한 의미를 갖는다.

그런데 다이아몬드 너무 좋아하지 말라. 사실상 주성분은 탄소와 물 찔끔이고, 탄소는 생명체의 오래된 사체일 수 있다. 먼 옛날에 살았던 생물체의 사체를 손가락에 끼고 목에 걸고 다닌다고 생각하면 기분이 좋을까? 물론 개인적인 견해다.

잠시 다이아몬드의 꿈에서 깨어 다시 맨틀의 물로 돌아와 보자.

물에 대한 또 다른 흥미로운 점은 바로 외계 생명체에 대한 내용이다. 지금까지 알려진 바로는 태양계에는 지구 아닌 다른 천체에는 생명체가 없다고 단정 짓고 있다. 그런데 지구가 과거에 물에 잠겨 있었다가 냉각되면서 상당 부분의 물이 지구 내부에 흡수되었다는 사실은 다른 행성들도 한때 물을 가졌을 가능성이 크다는 점을 시사한다. 가장 대표적인 예가 지구와 가까이 있는 '화성Mars'이다. 지구의 예를 보면 오래전의 화성도 지구처럼 액체 상태의 물을 가진 행성이었을 가능성이 높다. 왜냐하면 미국 항공우주국NASA가 탐사한 결과를 보면 화성 표면에서 강줄기나 호수 흔적이 발견된 것은 이러한 가설을 뒷받침하는 중요한 증거다.

그렇다면, 화성의 물은 죄다 어디로 갔을까? 화성의 물은 대기층이 없어지면서 동시에 사라졌을 가능성도 있지만, 상당량의 물이 화성 내부 깊은 곳에 여전히 광물 형태로 저장되어 있다면… 따라서 이것이 사실이라면, 화성의 내부 깊은 곳에는 아직도 물과 함께 어떠한 외계 생명체가 존재할 가능성은 있지 않을까?

이러한 연구들은 또 다른 꼬리 물기로서 다른 중요한 가능성을 제기할 수 있다. 지구도 언젠가는 물이 없는 행성이 될 수도 있다는 점이다. 지구 맨틀이 지금도 조금씩 물을 흡수하고 있기 때문이다. 시간이 흐르면서 점점 더 많은 물이 지구 내부로 흡수되고 있으며, 결과적으로 먼 미래에는 바다의 물이 줄어들 가능성도 있다. 물론 이 과정은 수십억 년에 걸쳐 일어나는 일이기 때문에, 당장 우리가 걱정할 문제는 아니다.

그렇지만 화성의 예에서 볼 수 있듯이 지구도 언젠가는 현재의 화성과 같은 상태가 될 가능성이 있다는 점은 충분히 예견할 수 있다. 따라서 화성의 과거는 지금의 지구처럼 물로 뒤덮이고 많은 생명체가 살고 있었던 '푸른 화성'이었을 수 있지만, 시간이 흐르면서 물이 사라지고 지금과 같은 황량한 행성이 되었다고 볼 수 있다. 만약 같은 과정이 지구에서도 진행된다면, 수십억 년 후의 지구는 지금과는 전혀 다른 모습일 수도 있다는 끔찍한 상상을 한번 해본다.

07 물은 단순한 액체가 아니다.

물은 단순한 액체가 아니다. 매일 마시는 물 한 잔 속에는 수십억 년의 우주 역사와 자연법칙, 그리고 물리학적 원리가 담겨 있다. 물은 지구상의 생명체를 유지하는 근본적인 요소일 뿐만 아니라, 독특한 과학적 특성이 있다.

물은 대부분의 물질과는 다르게 얼면 부피가 증가하는 독특한 성질을 가지고 있다. 보통의 물질들은 온도가 낮아지면 분자들이 더 촘촘하게 배열되며 부피가 줄어들지만, 물은 4°C에서 가장 밀도가 높고 그 이하로 내려가면 분자구조가 육각형 형태로 재배열되면서 오히려 부피가 팽창한다. 그 덕분에 얼음은 물보다 밀도가 낮아져 물 위에 뜰 수 있게 되었고 자연 생태계가 유지될 수 있었다. 만약 물이 보편적인 물질처럼 얼 때 부피가 줄고 얼음이 바닥으로 가라앉았다면, 호수와 바다는 밑바닥부터 얼어붙기 시작해 결국 물속 생명체들은 살아남을 수 없게 된다. 결국 지구 생태계는 전적으로 물에 의해 좌우된다고 볼 수 있다.

또한, 물은 비열heat capacity이 높다. 즉, 온도를 변화시키는 데 많은 에너지가 필요하다. 이 특성 덕분에 바다는 낮 동안 태양의 열을 흡수하고, 밤이 되면 서서히 방출하며 지구의 기온을 조절하는 역할을 한다. 덕분에 해안 지역은 기온 변화가 극단적으로 일어나지 않고 안정적인 기후가 유지된다. 이것은 날씨의 변화에 영향을 줄 뿐만 아니라 인간과 동식물의 생존에도 결정적 역할을 한다. 만약 물의 비열이 낮았다면, 낮에는 극도로 뜨거워지고 밤에는 급격히 추워지는 기후가 형성되었을 것이며, 밤낮의 극심한 기온차로 지구의 생태계는 유지되기 힘들었을 것이다.

물이 액체, 고체, 기체 상태를 자유롭게 넘나드는 변화 역시 우리가 익숙하게 접하지만, 그 과정에는 어마어마한 에너지가 필요하다. 예를 들어, 1g

의 물을 증발시키는 데 필요한 에너지는 약 2,260줄(J)로, 이는 같은 양의 철을 100°C까지 가열하는 데 필요한 에너지보다 훨씬 크다. 물이 기화할 때 몸의 열을 빼앗아 가는 원리 덕분에 우리는 땀을 흘려 체온을 조절할 수 있다. 만약 물이 쉽게 증발하지 못한다면 우리 몸은 쉽게 과열되고 체온이 바로 40~50℃로 올라가니… 수시로 열 받아 죽는 사람이 속출할 것이다.

또한, 물은 표면장력surface tension이 높은 물질 중 하나다. 물 분자들은 수소 결합을 통해 서로 강하게 끌어당기며, 그 결과 물 표면에 얇은 막이 형성된다. 이는 물방울이 동그란 형태를 유지할 수 있도록 하고, 물 위에서 작은 곤충들이 떠다닐 수 있도록 해준다. 소금쟁이 같은 곤충들은 이 표면장력을 이용하여 물 위를 걷는다. 소금쟁이의 독특한 기술을 모방하여 수면 위를 달릴 수 있는 로봇을 개발하기도 했다.

물은 식물과 같은 생명체에게도 없어서는 안 될 필수 요소다. 식물들은 물을 빨아들이고 햇빛을 받아들여 광합성을 한다. 이를 통해 나무는 자신들이 살아남을 양분을 만들어내면서 동시에 산소를 생산한다. 광합성은 태양 빛을 이용해 물과 이산화탄소를 결합하여 포도당($C_6H_{12}O_6$)과 산소(O_2)를 생성하여 살아간다. 식물들의 이러한 작용은 지구상의 모든 생태계가 유지되는 근본적인 메커니즘이다. 왜냐하면 우리가 매일 들이마시는 산소의 상당 부분은 식물들이 물을 활용해 만들어낸 것이기 때문이다.

인간의 몸 또한 물 없이는 정상적으로 작동할 수 없다. 혈액은 물을 기반으로 하여 산소와 영양소를 온몸에 운반하며, 체온을 조절하고 노폐물을 배출하는 역할을 한다. 하루에 약 2리터의 물을 섭취하지 않으면 탈수 증상이 나타나고, 건강 문제를 일으킬 수 있다. 인간뿐만 아니라 모든 생명체는 물을 통해 생명 활동을 유지하는 기본 메커니즘을 가지고 있다.

물은 또한 과학 기술과 에너지 혁신에도 중요한 역할을 한다. 가장 대표적인 예가 '수력발전hydropower'이다. 물의 흐름에서 에너지를 얻는 이 기술은 가장 널리 사용되는 재생 에너지원 중 하나다. 또한, 물을 전기 분해하여 수소를 생산하는 기술인 '수전해electrolysis'도 있고, 바닷물의 중수소를 이용하는 핵융합 발전도 있다. 미래의 모든 에너지원은 아마도 물에서 얻어낼 가능성이 가장 크다.

이처럼, 물은 단순한 액체가 아니라 지구를 유지하는 필수적인 요소이자, 생명과 과학, 기술 발전을 가능하게 한 핵심 물질이다. 우리는 물을 마시고, 물속에서 생명을 키우며, 물을 이용해 에너지를 얻고 있지만, 그 속에는 우리가 미처 다 알지 못하는 신비로운 과학적 원리가 숨겨져 있다. 물 한 방울 속에 담긴 자연의 경이로움을 이해하는 것은, 곧 우리가 살아가는 세상을 더 깊이 이해하는 첫걸음이 될 것이다.

08 미래는 물의 전쟁 시대다.

전쟁의 역사는 곧 인류 문명의 역사이다. 인간이 처음 무리를 지어 살아가기 시작한 순간부터 생존을 위한 투쟁은 필연적이었다. 선사시대의 전쟁은 식량과 생존을 위한 것이었다. 당시의 인간에게 가장 중요한 것은 사냥을 통해 먹을 것을 확보하는 것이었고, 좋은 사냥터를 두고 경쟁이 벌어졌다. 강이 흐르고 물이 풍부한 지역은 동물들이 몰려들었고, 인간도 마찬가지로 그곳을 차지하기 위해 싸웠다.

문명이 발전하면서 전쟁의 이유도 변했다. 농경이 시작되자 인간은 한곳에 정착하기 시작했고, 정착 생활이 가능해지자 영토가 중요한 요소로 부상했다. 그래서 고대와 중세의 전쟁은 영토를 확보하기 위한 것이었다. 한 지역을 차지하면 곧 농업 생산량을 늘릴 수 있었고, 이는 곧 더 많은 인구를 부양할 수 있다는 의미였다.

고대 이집트, 메소포타미아, 중국, 인도의 문명들은 모두 강을 따라 발전했으며, 그들은 늘 더 많은 땅을 차지하려고 했다. 강을 따라 확장된 도시국가들은 결국 서로 충돌했고, 전쟁은 더 조직적이고 체계적으로 변했다. 기원전 3,000년경 수메르인들은 최초의 도시국가들을 세웠고, 그 도시는 성벽으로 둘러싸여 있었다. 이는 방어와 공격이 모두 고려된 도시의 형태였으며, 전쟁이 일상이었음을 보여준다.

중세에 이르러서는 전쟁의 형태가 더욱 정교해졌다. 기사와 성곽이 등장하면서 전쟁은 단순한 영토 다툼을 넘어 전략과 전술이 중요한 요소로 자리 잡았다. 중세 유럽에서는 십자군 전쟁이 벌어졌고, 이는 단순한 영토 확장뿐만 아니라 종교적 이념이 결합한 전쟁이었다. 영토와 종교의 힘을 동시에 가진 전쟁은 더욱 거대한 규모로 번졌고, 전쟁은 단순한 생존의 문제가 아니라 종교의 문제로 변화하기 시작했다.

근대에 들어서면서 전쟁은 새로운 국면을 맞았다. 산업혁명이 일어나고 경제가 중요한 요소가 되면서, 전쟁의 목적도 부와 자본의 확보로 옮겨갔다. 유럽의 강대국들은 식민지를 개척하기 위해 아프리카와 아시아에 진출했고, 그 과정에서 수많은 전쟁이 벌어졌다. 경제적 이익을 둘러싼 전쟁은 단순한 정복이 아니라, 시스템을 장악하는 방식으로 발전했다. 20세기의 세계대전도 결국 경제적 문제에서 시작된 측면이 컸다.

제1차 세계대전은 유럽 열강들이 자국의 경제적 이익과 식민지 확보를 위한 치열한 경쟁 속에서 발발한 전쟁이고, 제2차 세계대전은 정치적, 이데올로기적, 군사적, 경제적 요인이 복합적으로 얽혀 발생한 전쟁이다. 1차 대전 이후 체결된 베르사유 조약은 전범국 독일에 막대한 배상금과 영토 축소, 군사력 제한 등 가혹한 조건들이 붙었다. 이 조약을 불공정하고 굴욕적으로 받아들인 독일이 다시 일으킨 전쟁이 2차 세계대전이다. 일본은 아시아에서 경제적 자원 확보와 식민지 확장, 그리고 태평양 지역에서 석유와 원자재를 확보하기 위해 전쟁을 일으켰다.

이러한 이데올로기와 경제 전쟁이 절정을 이루면서 중반부터 새로운 형태의 전쟁이 시작되었는데, 석유 전쟁이 바로 그것이다. 산업혁명 이후 기계를 가동하기 위해 석탄을 사용했고, 20세기 들어서는 석유와 천연가스가 가장 중요한 에너지원이 되었다. 그러나 에너지원이 한정되어 있다는 사실이 점차 명확해지면서, 각국은 에너지 자원을 둘러싸고 충돌하기 시작했다. 중동에서 벌어진 수많은 전쟁은 단순한 종교적 갈등이 아니라 석유를 차지하기 위한 싸움이었다.

대표적인 예가 1990년 이라크가 쿠웨이트를 침공하며 촉발된 걸프전이다. 이 전쟁의 본질적인 이유는 쿠웨이트가 보유한 막대한 석유 자원 때문이었다. 이라크는 쿠웨이트를 합병함으로써 중동의 석유 패권을 장악하려 했고, 이에 대해 미국과 서방 국가들은 강력히 대응했다. 이는 단순한 지역 분쟁이 아니라, 세계 경제를 좌우하는 에너지원의 흐름을 결정짓는 전쟁이었다.

시간이 지나면서 전쟁의 목적은 또 한번 변화했다. 이제는 정보를 차지하기 위한 전쟁이 벌어지고 있다. 20세기 후반부터 21세기 초반까지는 정보가 곧 힘이 되는 시대였다. 인터넷과 컴퓨터 기술이 발전하면서 각국은 군사적 무력 충돌보다는 정보 전쟁을 벌이기 시작했다. 기업과 국가들은 데이터를 확보하기 위해 경쟁했고, 해킹과 사이버 공격이 새로운 전쟁 방식으로 자리 잡았다. 특히, 현대의 전쟁은 물리적인 충돌 없이도 상대국의 시스템을 마비시키거나 정치적 혼란을 야기할 수 있는 방향으로 변화했다.

인공지능AI 시대의 서막을 열었던 2016년 알파고의 돌풍에서 시작된 인공지능은 그 영향력이 산업 전반을 넘어 우리의 일상 깊숙이 스며들었다. 1990년대 초반부터 2000년대 중반까지는 휴대전화가 생활의 중심이었다. 휴대전화 보급률이 총인구수를 넘어서면서 급격히 확산하였고, 그 결과 우리는 24시간 365일 연결된 삶을 살게 되었다. 이러한 초연결 사회에서 완전한 프라이버시나 개인적인 휴식은 사치로 여겨지는 시대가 되었다.

당시만 해도 컴퓨터는 책상 위에, 휴대폰은 손안에 있었다. 많은 사람들은 언젠가 컴퓨터가 휴대폰을 품을 것이라 예상했지만, 오랫동안 휴대폰을 개발해 온 글쓴이의 측은 반대로 컴퓨터가 휴대폰 속으로 들어올 것으로 생각했다. 그리고 그 예측은 현실이 되었고, 오늘날 우리는 스마트폰이라는 이름의 작은 컴퓨터를 손에 쥐고 살아가고 있다.

스마트폰 없는 삶은 이제 상상조차 어려울 것이다. 스마트폰 속의 세상이 곧 내가 살아가는 사회가 되었기 때문이다. 하지만 스마트폰이 가져온 편리함 이면에는 심각한 문제들도 존재한다. 개인 프라이버시 침해, 보이스피싱, 딥페이크와 같은 첨단 범죄의 확산 등이 대표적이다.

스마트폰의 가장 강력한 기능은 우리의 삶을 영위하는 도구가 되었다는 점이고, 인공지능 시대를 만드는 빅데이터의 '센서' 역할을 한다는 점이다.

인공지능은 이미 우리 삶에 슬그머니 스며들고 있으며 산업 전반에도 스며들었다. 스마트폰은 방대한 데이터를 생성하고 인공지능은 이를 학습하는 빅데이터로 활용한다. 우리는 빅데이터를 활용하기도 하지만 매분 매초 엄청난 빅데이터를 만들어내는 주요 생산자이기도 하다. 이렇게 축적된 데이터는 클라우드에 저장되며 이를 유지하고 처리하기 위해서는 대규모 인터넷 데이터 센터IDC: Internet Data Center가 필요하다.

문제는 수많은 서버와 저장장치, 통신 인프라가 24시간 쉴 새 없이 작동하는 IDC를 운영하는데 엄청난 전기 에너지가 소모된다는 점이다. 그래서 글로벌 회사들은 이러한 IDC 인프라를 적은 비용으로 유지하기 위해 에너지를 더 적게 사용할 수 있도록 하는 치열한 경쟁을 벌이고 있다.

구글은 그들의 투자 패턴만 본다면 그들은 더 이상 IT회사가 아니라 에너지 회사다. 운영체제 윈도를 만든 마이크로소프트사는 냉각 비용을 줄이기 위해 IDC를 아예 차가운 바닷속에 풍덩 빠뜨려서 운영하고 있다. 페이스북도 서버 냉각 비용을 줄이기 위해 IDC를 북극과 가까운 바닷가에 두었다. 모두가 보이지 않는 에너지 절감과 확보를 위한 전쟁에 돌입한 것이다. 결국, 인공지능 시대는 단순한 기술 혁신을 넘어 에너지를 둘러싼 또 다른 전쟁을 불러오고 있다.

마이크로소프트사의 수중 IDC(좌)와 북극 인근에 있는 페이스북 IDC(우)_글로벌 회사들의 최대 관심사는 최소한의 에너지로 최대한의 데이터를 안전하게 보관하는 방법을 찾는 것이다.

에너지 전쟁이 끝나면 평화가 올 것인가? 그렇지 않다. 전쟁은 다른 형태로 계속될 것으로 보인다. 인류 역사 속에서 '완전한 평화'란 단 한 번도 존재한 적이 없다. 앞으로도 마찬가지일 가능성이 크다. 전쟁은 단순히 무력 충돌만을 의미하지 않기 때문에 정보 전쟁, 생명공학 전쟁, 혹은 우주 개발 경쟁 등으로 새롭게 전장 형태만 바꿔 지속될지 모른다.

지금까지의 패턴으로 본다면 미래에는 물을 차지하기 위한 싸움으로 귀결될 것이 분명해 보인다. 물이란 생명 유지의 필수 요소이며 인류 문명의 근간이다. 과거의 전쟁이 식량과 영토를 차지하기 위한 것이었다면, 미래의 전쟁은 물을 확보하기 위한 것이 될 가능성이 크다. 물은 에너지, 식량, 생태계와 밀접하게 연결되어 있어 물 부족은 곧 전 세계적인 문제로 확대될 가능성이 있기 때문에 유엔UN은 물 부족 문제를 '21세기 최대의 위기'로 경고하고 있다.

지구상 모든 물의 0.03%만이 우리의 생존에 사용된다. 그래서 이미 세계 곳곳에서는 심각한 물 부족 문제에 봉착해 있다. 유엔 보고서는 2050년까지 세계 인구의 절반 이상이 물 부족 지역에서 살아가게 될 것이라고 경고했다. 이러한 상황이 지속된다면, 물을 차지하기 위한 국가 간 갈등이 불가피할 것이다.

이미 물을 둘러싼 분쟁은 계속되고 있다. 중동 지역에서는 요르단강과 유프라테스강을 둘러싼 국가 간 긴장이 고조되고 있으며, 아프리카에서는 나일강의 물 사용권을 두고 이집트, 수단, 에티오피아가 서로 갈등을 벌이고 있다. 중국은 상류에 댐을 건설하여 메콩강의 흐름을 통제하고 있으며, 이는 동남아시아 국가들의 경제와 농업에 직접적인 영향을 미치고 있다.

과거에는 강력한 군사력이 전쟁의 승패를 결정했지만, 미래의 전쟁에서는 누가 더 많은 물을 확보하느냐가 국가의 생존과 직결될 수 있다. 이제 물은 단순한 자원을 넘어 경제적 · 정치적 · 군사적으로 중요한 요소로 자리 잡았다. 만약 물 부족 사태가 심화한다면, 이는 국가 간 협력보다는 물을 둘러싼 갈등이 더욱 격화될 가능성이 높다.

물이 없는 곳에서는 문명이 지속될 수 없으며 생명도 유지될 수 없다. 미래의 물 전쟁을 피하기 위해서는 물을 단순한 경제적 자원이 아니라 공동의 생명줄로 인식하는 태도를 가져야 한다.

물은 우리에게 속삭인다. '나는 모든 생명의 시작이자 끝이다. 나를 아끼고 나와 함께하라. 그래야 너희가 살아남을 것이다.'

09 방정식은 변수 이름만 알면 해독이 가능하다.

자신에게 수학을 이미 포기해 버린 '수포자' 혹은 '과포자'인가 반문해 보라. 만일 본인이 수포자나 과포자라면 계속 읽어 내려가고 아니라면 51 페이지로 건너뛰어도 좋다.

수학에서 가장 중요한 것은 '미지수'인데, 수학적 문제를 해결하기 위해 값을 찾아야 하는 변수가 바로 미지수이다. 미지수는 아직 값을 모르는 수를 말한다. 반대말은 기지수다. 한자로 표현해 보면 명확하다. '未知數미지수: 아직 모르는 숫자, 旣知數기지수: 이미 아는 숫자' 영어로 미지수는 Unknown quantity, 기지수는 known quantity이다. 그러고 보니, 한국어로 된 미지수와 기지수가 어려울 뿐 영어나 한자로 보니 더 쉽게 이해된다. 그런데 미지수를 배우는 순간, 수준은 산수에서 수학으로 올라선다. 대표적인 미지수는 너무나도 잘 아는 'x, y, z'다.

미지수의 특징은

1. 값이 무엇인지 모른다. (방정식에 찾으려고 하는 숫자다),
2. 변수라는 또 다른 말로 표현된다. (x, y, z 등이 변수로 많이 사용된다),
3. 해解:풀이를 구하는 것이 목적이다. (방정식에서 미지수 값을 찾아야 한다)

이다.

일차 방정식 '$2x + 5 = 11$'

에서 미지수는 x이며

해를 구하면

$x = 3$이다.

(여기에서 일차방정식과 이차방정식에 대해 설명하지는 않겠다.)

그럼 이제 변수와 상수를 알아보자.

수학에서 변수란, 어떤 정해지지 않은 임의의 값을 표현하기 위해 사용된 '기호'다. 보통 쉽게 설명하기 위해서 '변하는 숫자'라는 표현을 자주 쓰고는 한다. 반대말로는 상수가 있다. 상수는 수식에서 변하지 않는 값을 뜻한다. 영어로는 변수가 Variable이고 상수는 Constant다.

미지수와 변수의 차이는 무엇인가? 미지수는 방정식에서 값을 찾아야 하는 변수를 의미하고, 변수는 미지수를 포함하지만, 더 넓은 개념으로 사용된다. 즉 함수에서 언제든 변할 수 있는 값을 의미한다.

미지수를 사용하여 괴상한 논리를 한번 증명해 보도록 하자. 닭은 영어로 치킨이다. 우리는 닭과 치킨을 따로 생각하는 경향이 있다. 왜냐하면 닭은 동물로서 치킨은 음식으로서 생각하도록 학습되어 버린 치킨공화국에서 살고 있어 그렇다. 그럼 '닭이 하늘을 날 수 있는가?' 라는 명제에 대해 대답은 '날 수 없다' 이지만 괴상한 논리를 펴면 '날 수 있다'로 증명될 수 있다.

만일

C = 닭

B = 새

F = 하늘을 날 수 있다.

로 가정하여 미지수로 대입하면,

$C \rightarrow B$ (닭은 새이다)

$B \rightarrow F$ (새는 하늘을 날 수 있다)

$C \rightarrow F$ (닭은 하늘을 날 수 있다)

물론 위 논리는 주어진 논리에 오류가 있는 오류적 삼단논법이다.

즉, 닭이 새이고, 모든 새가 반드시 하늘을 날 수 있다면 닭도 하늘을 날 수 있어야 한다. 그러나 현실적으로 '모든 새가 하늘을 날 수 있다'는 전제는 거짓이다. 타조, 펭귄, 닭은 새이지만 하늘을 날지 못한다.

따라서

$B \rightarrow F$ (새는 하늘을 날 수 있다)

라는 명제는 항상 참이 아니므로 논리적 오류가 발생한 것이다.

변수의 수학에 도입한 사람은 16세기 프랑스 수학자 프랑수아 비에트 François Viète에 의해서다. 그는 미지수를 나타내는 데는 대문자 모음을 쓰고, 기지수를 나타낼 때는 자음을 사용했다. 그런데 이 변수는 수학이라는 학문을 대수학으로 발전시킨 중요한 존재다. 또한 이때를 기점으로 대수학이 본격적으로 이전과는 다른 수준의 수학으로 진화될 수 있게 했다.

그럼, 대수학은 무엇인가? 얼핏 '큰 수학' 혹은 '고등 수학'으로 오인할 수 있는데, 그것이 아니다. 이 역시 한자를 보면 알 수 있다. 대수학代數學의 '대'는 큰 '大'가 아닌 대신할 '代'다. 즉 일일이 숫자를 써서 계산식을 만드는 것이 아닌 숫자를 문자로 대신하여 표기한다는 뜻이다.

변수가 등장하기 전까지의 대수학은 오늘날 우리가 아는 대수학과는 많이 다른 형태였다. 즉, 엄밀한 증명이나 체계적인 연구보다는 '아랍에서 전해진 신기한 계산법' 혹은 '재치 넘치는 이탈리아 수학자들이 발견한 방정식 풀이 기술' 정도에 불과했다. 그러나 프랑스 수학자 비에타가 변수를 도입하면서, 대수학은 단순한 계산법에서 벗어나 '연산 자체의 성질을 탐구하는 학문'으로 거듭나게 된다.

예를 들어, 우리가 익숙한 덧셈의 교환 법칙을 생각해 보자. 변수가 없다면, 이를 일반적인 방식으로 표현하기조차 쉽지 않다. 즉, '어떤 두 수를 더하면 순서를 바꾸어도 결과는 같다.'라고 길게 설명해야 했지만, 변수를 활용하면 단 한 줄, '□ + △ = △ + □'로 간결하게 표현할 수 있다.

결국, 변수의 등장 덕분에 대수학은 단순한 '계산 기술'에서 벗어나, 연산의 대상과 연산자가 가지는 근본적인 성질을 연구하는 '진정한 수학'으로 진화할 수 있었다. 변수는 단순한 기호 그 이상으로, 대수학을 완전히 새로운 차원으로 이끈 게임 체인저였다.

초등학생들에게는 변수 대신 네모(□)로 표현한다. 초등학생이 영어를 모를 수 있다는 가정하에 그렇게 한 것이다. 예를 들어 $2 + \square = 5$라는 공식에서는 □가 변수다.

즉 '$2 + ? = 5$'인데,

여기서 숫자 2, 5는 상수이고, ?는 미지수인 변수다. 그렇다면 ?는 3이 명백하여 변할 수 없는데 왜 변수라 부를까? 그것은 ?가 아직 알 수 없는 미지수라 그렇다. 정답인 3을 알기 전에는 1도 넣어보고 2도 넣어보고 해서 계산해 보다 3을 넣어보니 값이 맞아떨어져서 무릎을 탁 치며 옳다구나 정답은 3이구나 할 때까지는 변할 수 있기 때문에 변수라 부르는 것이다.

그런데 위 식에서 ?가 하나였기에 망정이지 '? + 3 − ? = 1'이라는 공식이 있다고 가정해 보자. 앞의 ?와 뒤의 ?를 어떻게 구분해야 하나 고민이 생기게 된다. 그래서 대수학 변수가 필요한 것이다. 이제 초등학생보다 조금 수준이 나아져서 영문자 $a\ b\ c\ d \cdots$ 를 안다고 가정해 보자.

'? + 3 − ? = 1' 공식을 대수학 형식인 '$a + 3 - b = 1$'로 바꿔보면 '미지수 ? 와 또 다른 미지수 ?' 대신에 'a와 b' 라는 문자로 된 변수가 생긴 것이다. 그런데 문자로 표현되었다고 해서 무조건 변수가 되는 것은 아니다. 만일 '$ax + b$'와 같이 변수 x와 함께 쓰일 때는 a, b, c는 상수를 뜻하고 x, y, z는 변수를 뜻한다.

그런데 상수 a, b, c 중에서 '$ax + b$'의 'ax'에서처럼 변수에 붙어있는 상수 'a'를 상수가 아닌 계수coefficient라 부른다. 계수係數의 '계'는 매다 혹은 묶다, 관계되다 라는 뜻의 '係'이다.

그러면 '$3a + 5 - 2b$'의 식에서 변수와 상수, 그리고 계수를 구별해 보면, a, b는 변수, 5는 상수, 계수는 3과 2이다.

식 '$ax^2 + bx - c$' 에서 구별해 보면,

변수는 x, 상수는 c, 계수는 a, b, c 이다. 여기서 c는 상수인 동시에 계수다. C 는 cx^0로 볼 수 있기 때문이다. 이 식은 위의 식과 약간 다른 점을 발견하였는가? 그렇다. 'ax^2'과 같이 변수 x 다음에 작은 글자 2가 보인다. 이를 지수exponential라 부르는데, 숫자가 2일 경우에는 스스로 곱했다는 뜻의 제곱이라 부른다. 그래서 숫자가 3이면 세제곱, 4이면 네제곱… 그런데 80년대까지만 해도 제곱을 한자말로 자승自乘, 세제곱은 3승, 네제곱은 4승 이렇게 불렀다.

즉 지수란 기본에 몇 번을 곱해야 하는지를 알려주는 숫자라고 할 수 있다. 지수의 또 다른 뜻은 통계에서 사용되는 의미로 시간이 지날수록 바뀌는 수학적 수치를 말한다. 영어로는 'index'라 부른다. 대표적으로는 '물가지수', '주가지수' 등으로 쓰이는데, 우리나라 주가지수는 KOSPI, 즉 한국종합주가지수KOSPI: Korea composite Stock Price Index에서도 지수는 Index로 번역된다. 이제 변수, 상수, 계수, 지수를 알았으니 방정식의 구조는 다 아는 셈이다.

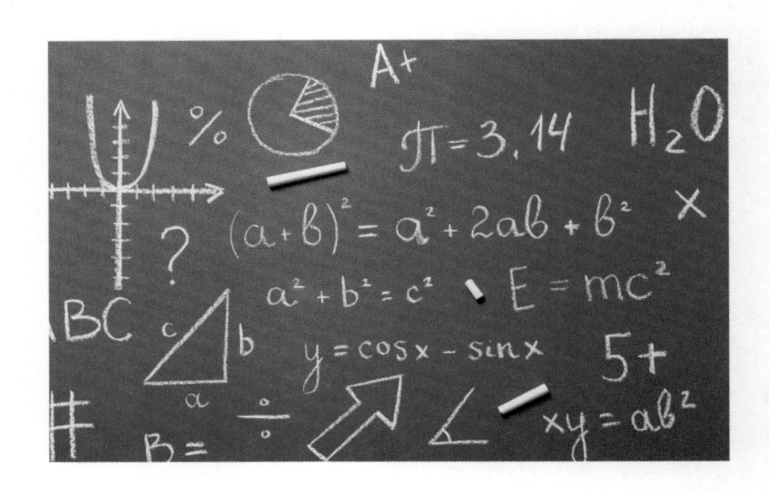

오늘날처럼 미지수에 로마자 뒷부분인 x, y, z 을 쓰기 시작한 것은 '나는 생각한다. 고로 나는 존재한다.'라는 유명한 명제를 낸 프랑스의 철학자이자 수학자, 물리학자인 르네 데카르트가 처음 썼다고 알려져 있다. 표기는 보통 $a, b, c, d, \ldots, x, y, z$의 로마자나 $\alpha, \beta, \gamma, \ldots \omega$의 그리스 문자 등을 쓰지만, 사실은 한글로 써도 문제는 없다. 그렇게 하면 나 말고는 아무도 알아보지 못해서 문제이지만 말이다.

수학이나 과학, 특히 물리학에서 나오는 방정식을 보게 되면 대개는 머리를 싸매고 고개를 돌리기 일쑤다. 글쓴이도 가끔 그런다. 그런 사람들에게 방정식은 외계인의 언어일 뿐 수학이 아닌 것이다. 그래서 수학을 외계어로 치부해 버리는 사람들을 위해 특별히 굳이 그럴 필요가 없다는 것을 말하고 싶다. 왜냐하면 몇 가지만 알아두면 외계어처럼 보이던 방정식이 눈에 들어오고 해독이 가능해지기 때문이다.

흔히 사용되는 상수와 변수 기호를 정리해보면 사실 방정식의 복잡한 기호가 매우 간단하다는 것을 알 수 있다. 즉 방정식에서 x, y, z 는 변수, t 는 시간(time), n은 개수(number), v는 속도(velocity), m은 질량(mass), l은 길이(length)이다. 주로 이것만 알면 된다. 상수는 c는 빛의 속도, g는 중력가속도, π 는 원주율 정도만 알면 된다.

그렇다면 유명하고 아름다운 아인슈타인의 방정식

$$E = mc^2$$

를 이제는 쉽게 해독할 수 있지 않은가?

에너지의 크기는 빛의 속도의 제곱에 질량을 곱한 것과 같다.

다음 페이지의 표에 나오는 것이 거의 모든 것이다. 외울 필요는 없고 그냥 보고 '그렇구나' 하며 이해만 하면 된다. 대신… 방정식을 보고 겁을 먹지 말아야 한다.

기호	의미	단위
x, y, z	좌표, 독립 변수	
t	시간 (time)	초 (s)
s	거리, 변위 (displacement)	미터 (m)
v	속도 (velocity)	m/s
a	가속도 (acceleration)	m/s^2
l	길이 (length)	미터 (m)
m	질량 (mass)	킬로그램 (kg)
n	개수 (number of particles)	–
E	에너지 (Energy)	줄(J)
N	힘 (force), 개수 (number)	뉴턴(N)
P	압력 (pressure), 힘 (power)	파스칼 (Pa), 와트(W)
Q	전하량 (charge), 열량 (heat)	쿨롱 (C), 줄 (J)
R	반지름 (radius), 저항 (resistance)	미터 (m), 옴(Ω)
T	온도 (temperature), 주기 (period)	캘빈(K)
U	전위 (potential energy)	볼트(V)
V	전압 (voltage), 부피 (volume), 속도 (velocity)	볼트(V) 입방미터(m3), m/s
W	일 (work), 에너지 (energy)	줄 (J)
c	빛의 속도 (speed of light)	3.00×10^8 m/s
g	중력 가속도 (gravitational acceleration)	9.81 m/s
π	원주율 (pi)	3.141592···
ϕ	황금비 (golden ratio)	1.618
I	전류 (current)	암페어(A)
V	전압 (voltage)	볼트(V)
R	저항 (resistance)	옴(Ω)
C	정전용량 (capacitance)	패럿(F)
L	인덕턴스 (inductance)	헨리(H)
B	자기장 (magnetic field)	테슬라(T)
W	일 (work)	줄(J)
λ	파장 (wavelength)	미터(m)
f	진동수 (frequency)	헤르츠(Hz)
ω	각진동수 (angular frequency)	rad/s

다음은 수학과 과학에서 사용되는 그리스 문자를 총망라했다. 이것도 그냥 이런게 있구나 정도로 이름만 알아도 된다. 사실 이 중에서 사용되는 것은 몇 개 없다. 알파 베타 감마 델타 소문자는 주로 미지수를 표현하거나 특정한 수를 표현할 때 사용한다. 시그마의 대문자는 엑셀에서 볼 수 있듯이 몽땅 더하기 하는 기호로 쓰이고, 세타는 도형에서 정해지지 않은 각도를 나타낼 때 쓴다. 람다는 주파수에서 파장을 나타낼 때 쓴다.

대문자	소문자	이름 (읽는법)	수학 및 과학에서의 의미
A	α	알파 (Alpha)	각도, 계수, 입자 계열(알파 입자)
B	β	베타 (Beta)	각도, 베타 입자, 변형률, 통계학에서 형상 모수
Γ	γ	감마 (Gamma)	감마 함수, 감마선(방사선), 로런츠 인자
Δ	δ	델타 (Delta)	대문자: 변화량 (Δx) / 소문자: 미소 변화 (δx)
E	ε	엡실론 (Epsilon)	오차 (ε), 유전율 (ε_0)
Z	ζ	제타 (Zeta)	리만 제타 함수 ($\zeta(s)$)
H	η	에타 (Eta)	효율 (η), 점성 계수
Θ	θ	세타 (Theta)	각도 (θ), 수학적 변수
I	ι	이오타 (Iota)	드물게 사용됨
K	κ	카파 (Kappa)	비열비 (κ), 곡률
Λ	λ	람다 (Lambda)	파장 (λ), 고유값
M	μ	뮤 (Mu)	마이크로(μ), 평균, 감쇠 계수
N	ν	뉴 (Nu)	주파수 (ν), 포아송 비
Ξ	ξ	크사이 (Xi)	확률변수, 파동함수
O	o	오미크론(Omicron)	거의 사용되지 않음
Π	π	파이 (Pi)	원주율 (π), 곱셈 기호 (Π)
P	ρ	로 (Rho)	밀도 (ρ), 전하밀도
Σ	σ	시그마 (Sigma)	대문자: 합 (Σ) / 소문자: 표준편차, 응력
T	τ	타우 (Tau)	토크(모멘트), 시정수
Y	υ	입실론 (Upsilon)	고에너지 물리학에서 사용
Φ	φ	파이 (Phi)	자기선속, 황금비 (φ)
X	χ	카이 (Chi)	카이제곱 검정, 특성값
Ψ	ψ	프사이 (Psi)	파동함수 (ψ), 양자역학
Ω	ω	오메가 (Omega)	각속도 (ω), 저항(옴, Ω)

Ⅱ
물의 원소, 수소

01 물의 원소, 수소

"만일 신이 하나의 단어로 세상을 창조했다면 그 단어는 분명 '수소'였을 것이다."

미국 천문학자 '할로 섀플리'의 말이다. 일견 공감은 가지만 완전히 이해하기에는 조금 애매한 구석이 있어서 오랫동안 수소를 연구해 온 글쓴이는 이렇게 주장을 해본다.

"수소는 모든 에너지의 원천이다."

수소에 다분히 철학적 의미가 내포된 할로 섀플리의 주장에 비하면 다소 빈약한 면이 없지 않지만, 철학을 배제하고 순수한 과학적 증거만 따진다면 모든 에너지에는 수소가 포함되어 있다는 뜻이다. 예외는 있을 수 있다. 태양, 풍력, 수력 등의 신재생 자연에너지는 배제한다는 예외를 둔다면 말이다.

또한 '모든 에너지의 원천은 태양이다.'라는 주장도 있다. 그러나 태양이 순전히 수소 덩어리라는 사실을 알고 있다면 글쓴이의 주장이 터무니없다는 얘기는 못 할 것이다. 물론 우리는 모두 물이 수소와 산소로 이루어져 있다는 사실은 잘 안다. 따라서 수소가 물의 원소라는 사실은 모두가 잘 알겠지만 아마도 딱 거기까지만 알고 있을 것이다. 물의 원소기호는 'H_2O'다. 새삼 나열할 필요도 없는 물의 화학식인데 두 개의 수소(H)원자와 하나의 산소(O) 원자가 결합한 형태다.

<u>짚고 넘어가기</u>: **가장 작은 물질의 성분은 '원소'라 하지만 이것을 셀 수 있는 단위로 표현할 때는 '원자'라 부른다. 원자들의 조합으로 구성된 물질은 '분자'라 한다.**

원소를 구분하고 간단히 표기하기 위해 원소마다 기호를 붙였고, 분자도 이 기호를 조합해서 나타내기로 약속했기 때문에 수소Hydrogen은 'H', 산소Oxygen은 'O'로 표현한다. 이것이 화학식의 시작이자 기본이다.

수소의 대표적인 특징은 '무한하다'와 '가장 가볍다'이지만, 우리는 '수소 폭탄'부터 생각한다. 왜일까? 잘 모르는 것에 대한 막연한 두려움 때문이다. 그러나 알고 나면 달라진다. 수소는 초등학교 때 들어보았던 주기율표의 원자번호 1번의 원소로 지구상에서 가장 가벼운 무색 무취 무미의 기체다. 우리 몸의 약 60%를 차지하고 있는 물의 원소이기도 하고 질량 기준으로 보면 우주의 75%를 차지하는 원소이며, 태양의 원료이기도 하고 바닷물에 무한하게 포함되어 있어 고갈 염려가 없는 '무한 연료'다. 이 정도만 알아도 상식 수준은 뛰어넘는다.

수소가 무한하다는 뜻은 어디에나 있다는 뜻이지만 사실은 우리 주위에 순수 수소는 존재하지 않는다. 수소는 가스 상태로 대기 중에 있지 않고 무조건 우주로 줄행랑 쳐버린다. 지구상에서 가장 가볍기 때문에 지구 중력으로는 수소를 잡아 둘 방법은 없다. 그래서 수소는 혈혈단신으로는 존재하기 어렵고 날개 없이도 무조건 하늘로 날아 올라가 버리는 이유가 그것이다. 수소가 하늘로 올라가면 대기권의 가장 바깥층인 '열권Thermosphere'에 잠시 멱살 잡히는데, 이 또한 강한 자외선과 태양풍을 받으면 또다시 지구 중력을 벗어날 수 있는 충분한 속도를 얻게 되어 우주로 탈출을 감행한다. 이 현상을 '대기 탈출 Atmospheric Escape'이라 하는데, 이런 이유로 수소는 공기 중에 거의 남아 있지 않지만 만일 공기 중의 수소 농도가 4%가 넘어가면 폭발이 시작되는 아주 위험한 물질이다.

공기 중 농도 4%를 하한폭발한계점이라 하는데 이번에는 공기 중 농도가 75% 넘으면 오히려 산소 부족으로 폭발을 멈추게 된다. 이 지점을 상한폭발한계점이라 부른다. 아이러니하게도 수소는 스스로 폭발할 수 없고 반드시 점화원인 불꽃과 산소의 도움이 필요한 것이다. 따라서 수소와 산소는 떼려야 뗄 수 없는 불가분의 관계인 것은 맞는 것 같다.

그렇다면 수소는 어떻게 우리 주위에 무한하게 분포하고 있는 것일까? 모든 수소는 순수 수소보다는 대부분 수소화합물과 탄소화합물 형태로 존재한다. 수소화합물이란 수소 원자가 다른 원자와 결합하여 형성된 화합물로, 대표적으로 물(H_2O), 암모니아(NH_3), 염화수소(HCl) 등이 있다. 탄소화합물이란 탄소 원자를 중심으로 형성된 화합물로 메탄(CH_4), 에탄올(C_2H_6O), 포도당($C_6H_{12}O_6$) 등이 있다.

순수 수소의 또 다른 형태인 액화수소는 다음과 같은 문제점이 있다. 액화수소는 20°K(Kelvin)인 영하 253℃ 이하로 냉각하여야만 액체 상태로 만들어진다. 방금 언급한 온도 20°K인 켈빈에 대해서 먼저 짚고 넘어가 보자. 내용이 조금 어려우니 읽다가 어려우면 페이지 71의 '액화수소는 계륵인가 아니면 필수적 선택인가?'로 건너뛰기 해도 별문제 없다. 그런데 상식적으로 올라갈 수 있는 최고온도와 내려갈 수 있는 최저온도쯤은 알아야 하지 않을까?

02 온도의 단위

무지 덥다와 무지 춥다의 차이는?

우리가 아는 온도의 단위는 섭씨다. 아마도 화씨도 알고 있을지 모르겠다. 그냥 온도의 종류 중 하나라고 하자. 그럼, 섭씨와 화씨 말고 아는 온도 종류가 있는가? 전 세계적으로 온도를 읽는 단위는 여덟 가지나 있다. 그 여덟 가지는 섭씨, 화씨, 켈빈, 란씨, 드릴도, 뉴턴도, 열씨, 뢰머도이다. 참 많기도 하지만, 그중 우리가 일상에서 쓰는 것은 아마도 섭씨와 화씨 정도로만 알고 있을 것이다. 섭씨(℃)는 세계 대부분의 국가가 사용하는 온도의 단위지만, 애석하게도 미국은 어긋난 돼지 발톱처럼 화씨(°F)를 사용한다. 더 나아가 우습게도 너덧 개의 잔챙이 국가들이 미국을 따라서 화씨를 사용하고 있다.

하지만 화씨는 몰라도 꼭 알아야 하는 온도 단위가 있다. 바로 캘빈이다. 그럼 다른 온도 단위는 '~씨'인데 왜 켈씨가 아니라 켈빈인가? '씨'는 무슨 뜻인가? 성씨의 씨인가? 맞다. 성씨의 씨가 맞다. 성이 '섭'인 사람과 성이 '화'인 사람이 최초에 온도의 단위를 고안한 것이다. 그리고 켈빈(°K)도 약간은 다르지만 그렇다.

섭씨의 원래 발음은 셀시어스Celsius이고 스웨덴 천문학자 안데르스 셀시우스의 성이며, 화씨의 원래 발음은 파렌하이트Fahrenheit이고 독일 물리학자 다니엘 파렌하이트의 성이다. 그렇지만 19세기 중국 청나라에서 이 온도 단위를 받아들일 때 셀시어스의 중국 발음 서얼쓰攝爾思 한국발음 '섭이사'氏씨를 그냥 섭씨攝氏라 음차하여 부른 것이다. 화씨도 마찬가지다. 파렌하이트의 화룬하이터華倫海特의 한국발음 '화륜해특'氏씨를 그냥 화씨華氏라 부른 것이다. 한자와 병용을 했던 우리도 1980년대까지만 해도 대부분 이런 식으로, 한자식으로 음차하여 이름 지었던 것이다. 한글로 모든 발음을 표시할 수 있음에도 우리는 부끄

럽지만, 이런 우매한 짓을 저질렀다.

대표적으로 클럽을 구락부俱樂部로, 아메리카를 미국美國, 유럽을 구라파歐羅巴로, 스페인을 서반아西班牙로, 잉글랜드를 영국英國으로, 이탈리아를 이태리伊太利로, 프랑스를 불란서佛蘭西로, 네덜란드를 화란和蘭으로, 도이칠란트를 독일獨逸로, 베트남을 월남越南으로, 타이를 태국泰國으로, 오스트레일리아를 호주濠洲로, 인디아를 인도印度로, 필리핀을 비율빈比律賓으로, 소비에트 연방을 소련蘇聯으로, L.A를 나성羅城으로… 셀 수도 없다. 왜냐하면 1980년대까지도 모두가 그렇게 불렀으니까.

켈빈은 앞의 경우와 비슷하지만 약간 다르다. 켈빈은 영국의 물리학자 윌리엄 톰슨의 작위 명이다. 비유가 맞을지는 모르겠지만, 이해를 돕기 위해 '충무공 이순신'에서 충무공은 시호이고 성명은 이순신인 것처럼, '캘빈 경 윌리엄 톰슨 Lord Kelvin William Thomson'에서 캘빈은 작위 명이고, 성명은 윌리엄 톰슨이다. 그는 열역학 분야에 남긴 업적이 매우 크고 절대온도 척도Kelvin scale를 개발하여 그 공헌으로 그는 기사 작위를 받았는데 작위 명이 켈빈이라, 켈빈을 절대온도 단위로 따 쓰고 있다. 왜 톰슨으로 쓰지 않고? 또 다른 톰슨 때문에 그런다나….

절대온도라는 단어를 본 적이 있는가? 공학이나 과학을 전공하지 않았다면 들어보지 못했을 수 있다. 그럼, 절대온도란 무엇인가?

03 최고온도와 최저온도

혹시 온도를 올릴 수 있는 최고온도와 내릴 수 있는 최저온도가 어느 정도인지 생각해 본 적 있는가? 참고로 태양의 표면온도는 섭씨 6,000도이고 내부 온도는 섭씨 1,500만 도라고 한다. 그렇다면 지구상에서 섭씨 1억 도까지 올리는 것이 가능할까? 현실적으로 가능하다. 이미 핵융합 장치에서 실현했다. 그럼, 섭씨 1조 도, 섭씨 1,000조 도가 가능할까? 가능하다. 그러나 섭씨 1,000조 도까지 올릴 수 있는 에너지가 없기 때문에 어려운 것이지 에너지만 충분하다면 이론적으로는 가능하다.

이번에는 반대로 온도를 내리는 것을 알아보면 몇 도까지 내릴 수 있을까? 영하 1,000도까지 내릴 수 있을까? 답변을 먼저 말하면 절대 불가능이다. 온도는 이론상 거의 무한히 올릴 수 있지만, 무한히 내리는 것은 불가능하다.

내려갈 수 있는 마지막 온도는 섭씨 영하 273.15도 (−273.15℃)이다. 이 온도 이하로는 내려갈 수 없어서 절대온도라 부르고 이 온도를 0°K^{Zero Kelvin: 절대영도}라 부른다.

즉, 0°K = −273.15℃

그렇다면 절대영도에 따르면 물의 녹는점은 273.16°K이 되고 끓는점은 373.15°K이 된다. 실생활에 적용하기 어렵다면 간단하게 섭씨온도에 273을 더하면 절대온도인 캘빈이 된다. 섭씨 영하 20도(−20℃)일 경우,

273 + (−20℃) = 253K

이므로 253에 온도 단위인 켈빈을 붙여 253켈빈이라 하면 된다. 그럼, 섭씨 20도의 절대온도 값은 273에 20을 더한 293켈빈이 된다. 섭씨를 쓰는 사람들에게는 어렵지 않다. 섭씨온도에서 273을 빼거나 더하면 된다. 그러나 화씨는 쓰는 고집쟁이들에게는 좀….

켈빈 단위는 처음에는 켈빈도인 '°Kdegree kelvin'을 썼으나, 1967년 국제 도량형 총회에서 이름과 표기를 그냥 켈빈 'Kkelvin'으로 쓰기로 합의하여 지금은 'K'만 쓴다. 한 가지 더 알아 두어야 할 사항은 국제 단위계인 SI에서의 표준온도 단위는 섭씨도 화씨도 아닌 켈빈이다. 그렇지만 전 세계 대부분의 국가에서 섭씨를 사용하기 때문에 현대의 SI 표준 단위는 켈빈이고 부속 단위로 섭씨를 사용한다.

그럼, 온도 단위로 섭씨를 사용하지 않고 왜 켈빈을 쓸까? 일상에서 다루는 온도는 대부분 상온Room Temperature에서 일어나지만, 과학기술이나 공학을 다루는 학문 영역에서는 상온보다는 저온 혹은 극저온에 대한 표기에 섭씨와 화씨는 표기가 불분명할 수 있고, 국가 간 표기 단위도 다르며, 섭씨와 화씨는 서로 변환 체계가 있어야 해서 복잡하다. 그러나 절대 온도계로 시작하면 아무 문제가 없기 때문이다.

그럼, 섭씨와 화씨에 대해 알아보면, 섭씨는 기준이 명확하다. 1기압에서 0℃에서 물이 얼고, 100℃에서 물이 끓는다. 그 사이를 100등분 하여 단위로 정한 것이다. 화씨는 물이 어는 온도를 32°F, 물이 끓는 온도를 212°F이고, 그 사이를 180등분 하여 단위로 정한 것이다. 섭씨보다 많이 복잡하다…. 어쨌든 여기서 느낄 수 있듯이 온도를 정하는 모든 기준은 바로 '물'이다.

화씨를 섭씨로 바꾸는 공식은 $℃ = \frac{5}{9} \times (°F - 32)$이다.

즉, 화씨 95도이면 $(95-32) \times \frac{5}{9} = 35$, 섭씨 35이다.

섭씨를 화씨로 바꾸는 공식은 $°F = ℃ \times \frac{9}{5} + 32$이다.

캘빈을 구하는 공식은 $K = ℃ + 273$이다.

이제는 좀 더 깊게 파보자.

17세기 중반부터 사람들은 뜨거움에는 한계가 없다는 것을 알았으나 차가움에는 한계가 있는지에 대한 궁금증을 가졌다. 그러나 그 궁금증은 1848년 윌리엄 톰슨 캘빈경에 의해 차가움의 한계인 '절대온도' 개념이 정의됨으로써 해소되었다.

이 우주에서 가장 낮은 온도는 정말 −273℃인 0K일까? 더 내려갈 수는 없는 것일까?

열과 온도를 같이 생각하면 이 문제에 대한 해답을 풀어낼 수 없다. 그럼, 열과 온도를 분리해서 생각한다면 다음과 같이 정의해 볼 수 있다.

열은 물체로 이동하는 내부 에너지의 변화로 열의 이동과 외부에 대한 일, 그리고 물질의 출입에 대한 에너지의 이동을 모두 포함하는 양量이지만, 온도는 물체가 가지고 있는 에너지의 수준을 계량화, 즉 숫자화 한 것이다.

온도는 물체의 상태를 나타내는 특성일 뿐, 즉 온도는 에너지의 척도이지 그 자체가 에너지는 아니며, 열에너지가 어디로 흐를지 그 방향을 결정한다.

열은 온도가 에너지의 한 형태이며 이는 물질이 아닌 에너지의 전달 과정이다. 에너지는 자연스럽게 고온에서 저온으로 흐르게 된다.

온도와 열의 큰 차이점은 열은 에너지가 이동하는 과정이고, 온도는 물체의 상태를 나타내는 척도다.

04 왜 온도는 절대온도 이하로 내려갈 수 없나?

그렇다면 절대온도인 0K 이하로 내려갈 수 없는 이론적 이유를 알아보면, 기본적으로 보일-샤를의 법칙을 이해해야 한다. 그런데 벌써 우리가 이미 중학교 때 배웠던 '보일-샤를의 법칙'이라는 말에 머리에 쥐가 날 수 있다. 그러나 언제나 '~~법칙'에 부담 갖지 않고 가만히 뜯어보면 쉽게 이해할 수 있다. 항상 법칙이란 이해를 돕기 위해서 이름 붙인 것에 불과하다. 그리고 보일의 법칙과 샤를의 법칙이란 용어를 굳이 기억하지 않아도 된다. 그저 상식 수준에서 생각하면 된다.

겨울이 되면 갑자기 자동차 타이어의 공기압 경고등이 들어온다. 그 이유는 날씨가 추워져서 타이어 안을 채우고 있는 공기의 부피가 줄어들어 공기압도 낮아졌기 때문이다. 탁구공이 찌그렸다면 뜨거운 물에 둥둥 띄워 보면 탁구공이 원상 복구될 것이다. 뜨거운 물 때문에 탁구공 안의 기체가 부피가 늘어나서 그렇다.

그럼, 기체의 온도가 내려가면 기체 분자들의 운동에너지가 감소하여 기체가 쭈그러드는 반면, 기체의 온도가 올라가면 기체 분자들의 운동에너지가 증가하여 기체가 팽창하고 부피가 늘어난다. 그런데 늘어나거나 줄어드는 비율이 1℃ 오르고 내릴 때마다 1/273만큼 늘어나거나 줄어든다. 이것을 '샤를의 법칙'이라 부른다.

학문적 용어로 정리하면 '기체의 온도는 부피의 크기에 비례한다.'이다. 온도가 올라가면 부피가 커지고 내려가면 작아진다. 일정량 기체의 부피는 압력이 일정할 때 온도가 1℃ 올라갈 때마다 0℃일 때 부피의 273분의 1씩 증가하고, 온도가 내려갈 때는 반대로 부피가 같은 비율로 감소한다는 법칙이다.

공기보다 가벼운 기체를 넣은 풍선은 하늘 높이 올라가지만. 일정 높이까지 올라가면 풍선이 터져버리게 된다. 그런 것을 잘 이용한 것이 북한의 오물 풍선이나 대북 전단 풍선의 원리다. 멀쩡하던 풍선이 높이 올라가면 왜 터질까?

그 이유는 높이 올라갈수록 대기압이 낮아져서 그렇다. 풍선 안의 기체는 일정한 분자운동을 하는데, 지상에서는 1기압이라는 대기압 때문에 풍선 안의 기체가 기압에 눌려서 일정한 부피를 형성하지만, 하늘 높이 올라가면 공기가 희박해져 기압이 감소하므로 풍선 안의 기체 부피가 커져서 풍선이 터져버리는 것이다. 결국은 기압이 낮아지면 기체의 부피는 커지게 되고, 기압이 높아지면 기체의 부피는 작아진다. 이것이 '보일의 법칙'이다. 학문적으로 정리하면 '기체의 압력은 부피의 크기에 반비례한다.' 이다.

그럼, 보일과 샤를의 법칙을 결합하면 '기체의 부피는 온도에 비례하고 압력에 반비례한다.'로 볼 수 있다.

이 정도의 상식이 갖춰졌으면, 다음을 이해해 보자.

섭씨온도(°C)에서 해석해 보면, 온도가 1°C씩 내려갈 때마다 기체의 부피는 원래 부피의 1/273만큼 줄어든다. 그렇다면 온도가 −273℃가 되면 부피가 0이 된다는 뜻이다. 이론적으로 온도가 −273℃에 도달하면 기체의 부피가 0이 되고, 분자의 운동 에너지가 완전히 멈춘다고 가정할 수 있는데, 실제로는 어떤 물질이라도 −273℃에 도달하기 직전에 액체나 고체 상태로 변해 버린다. 그래서 실제로 절대영도인 물질은 없다. 현존하는 가장 온도가 낮은 물질은 4K(−269℃)인 액체 헬륨이다.

결론적으로 보면 −273℃인 0K는 기체의 부피가 마이너스가 될 수 없기 때문에 이론적으로 0이 되는 절대적인 최저 온도이며, 절대영도라고 부른다. 이는 기체와 온도, 부피의 관계를 설명하는 열역학의 핵심 개념이며, 현대 과학기술의 기초인 열역학, 저온 물리학, 그리고 에너지에 대한 이해를 돕는 데 중요한 역할을 하고 있다.

우주의 평균 온도는 어느 정도 될까? 궁금한 내용일 것이다. 광활하고 아름답게 보이는 우주를 날아보거나 유영을 해본다면 하는 상상을 해볼 수 있다. 그러나 우주 온도는 너무 낮기 때문에 그냥 나갔다 가는 순식간에 동태 할아버지가 되는 신세를 맞을 것이다. 우주의 평균 온도는 2.7K(–270.3℃)이다.

그럼, 우주에서 일어나는 가장 높은 온도는 몇 도일까?

과학자들은 빅뱅 순간의 온도였을 것으로 추정한다. 빅뱅 직후, 우주는 플랑크 시간이라 불리는 10^{-43}초 동안 극도로 높은 에너지를 가진 상태였을 것으로 추정된다. 이 시점에서 온도는 10^{32}K에 이르렀을 것으로 계산된다. 그리고 시간이 10^{-12}초 지나면서 온도는 10^{15}K로 떨어졌고, 10^{-6}초가 지났을 때 온도는 플라즈마 단계인 10^{12}K로 낮아졌다.

빅뱅 후 약 3분이 경과되었을 때 우주 온도는 약 10^{9}K가 되었고 이 시점에서 핵융합이 발생해 헬륨과 소량의 리튬 같은 경원소가 형성되었다. 그리고 우주 나이가 약 38만 년이 되었을 때 온도는 비로소 3,000K으로 감소하였다.

그렇다면 10^{32}K는 어느 정도 될까? 우리가 쓰는 전통적 단위로 알아보면, 우리는 조, 경, 해 정도는 알지 모르겠다. 그 이상은?

동양의 전통 단위를 나열해 보면 다음과 같다. 놀라지 말라….

일 – 만 – 억 – 조 – 경 – 해 – 자 – 양 – 구 – 간 – 정 – 재 – 극 – 항하사 – 아승기 – 나유타 – 불가사의 – 무량대수 – 대수 – 업

그럼, 온도 10^{32}K는 '구'에 해당하는데, 얼른 감이 오지 않는다. 그래서 우리가 아는 단위인 '조' 단위로 표현해 보면 1구는 10^{32}이가 때문에 1조인 10^{12}로 나누면 10^{20}조가 나온다. 그래서 10의 20제곱 조인 '100,000,000,000,000,000,000조 캘빈'에 해당한다. 어떻게 해봐도 가늠이 안 되기 때문에 그냥 넘어가자.

위에 나열된 단위는 동양의 전통적 단위이고, 이 단위는 일만(10,000) 단위, 즉, 각 단위가 넘어갈 때마다 0이 4개씩 붙는다. 즉 네 자리씩 끊어서 읽고 단위가 붙는다. 그런데 서양 단위는 세 자리씩 끊어서 읽고 단위가 붙는다.

보통 우리는 숫자에 0이 6개 이상 넘어가면 쉽게 읽지 못한다. 반면에 서양인들은 그렇지 않다. 사람들은 서양인들이 숫자를 잘 읽는 이유로 그들이 숫자에 밝기 때문이라고 하지만 그것은 사실이 아니다. 그들은 그들의 표기 체계에 맞게 읽는 것이고, 우리는 표기체계는 서양 단위에 따르지만 읽기는 동양 단위로 읽기 때문에 그렇다. 쉽게 읽는 방법은 다음과 같다.

예를 들면 우리는 100,000을 '십만'이라고 읽지 '일백 천'이라 읽지 않는다. 그러나 서양은 이를 '일백 천 Hundred Thousand'로 읽는다. 그럼 우리는 어떻게 하면 쉽게 읽을 수 있을까? 콤마(,)의 숫자에 따라서 천 – 백만 – 십억 – 일조로 읽는다. 그러니까 앞자리 단위는 천 – 백 – 십 – 일로 보면 되고, 뒤 단위는 (천)–만–억–조로 기억하면 쉽다. 따라서 콤마가 하나면 천, 둘이면 백만, 셋이면 십억, 넷이면 조 단위이고, 사이 숫자는 앞자리에서 십, 백, 천, 만, 억으로 채우면 된다. 그렇게 하면 아래와 같이 그나마 좀 쉽게 즉시 읽을 수 있다. '0' 숫자를 세지 말고, 콤마 숫자를 세어라.

1,000 – **천** / 10,000 (**만**) 100,000 (**십만**)

1,000,000 – **백만** / 10,000,000 (**천**만) 100,000,000 (**억**만)

1,000,000,000 – **십억** / 10,000,000,000 (**백**억) 100,000,000,000 (**천**억)

1,000,000,000,000 – **일조** / 10,000,000,000,000 (**십**조)

100,000,000,000,000 (**백**조)

다음은 네 자리씩 끊어서 읽는 동양의 단위는 네 자리마다 단위가 바뀐다. 확인해 보면 다음과 같다.

1,0000 (10^4) : **만**

10,0000 (10^5) : 십만

100,0000 (10^6) : 백만

1000,0000 (10^7) : 천만

1,0000,0000 (10^8) : **억**

10,0000,0000 (10^{9}) : 십억

100,0000,0000 (10^{10}) : 백억

1000,0000,0000 (10^{11}) : 천억

1,0000,0000,0000 (10^{12}) : **조**

1000,0000,0000,0000 (10^{16}) : **경**

1000,0000,0000,0000,0000 (10^{20}) : **해**

1000,0000,0000,0000,0000,0000 (10^{24}) : **자**

1000,0000,0000,0000,0000,0000,0000 (10^{28}) : **양**

1000,0000,0000,0000,0000,0000,0000,0000 (10^{32}) : **구**

1000,0000,0000,0000,0000,0000,0000,0000,0000 (10^{36}) : **간**

1000,0000,0000,0000,0000,0000,0000,0000,0000,0000 (10^{40}) : **정**

1000,0000,0000,0000,0000,0000,0000,0000,0000,0000,0000 (10^{44}) : **재**

1000,0000,0000,0000,0000,0000,0000,0000,0000,0000,0000,0000 (10^{48}) : **극**

1000,0000,0000,0000,·········,0000,0000,0000,0000,0000 (10^{52}) : **항하사**

1000,0000,0000,0000,·········,0000,0000,0000,0000,0000 (10^{56}) : **아승기**

1000,0000,0000,0000,·········,0000,0000,0000,0000,0000 (10^{60}) : **나유타**

1000,0000,0000,0000,·········,0000,0000,0000,0000,0000 (10^{64}) : **불가사의**

1000,0000,0000,0000,·········,0000,0000,0000,0000,0000 (10^{68}) : **무량대수**

1000,0000,0000,0000,·········,0000,0000,0000,0000,0000 (10^{72}) : **대수**

1000,0000,0000,0000,·········,0000,0000,0000,0000,0000 (10^{76}) : **업**

그럼 세 자리씩 끊어서 읽는 서양의 단위는 세 자리마다 단위가 바뀐다. 이를 확인해 보면 다음과 같다.

1,000 (10^{3}) : Thousand (천)

1,000,000 (10^{6}) : Million (백만)

1,000,000,000 (10^{9}) : Billion (십억)

1,000,000,000,000 (10^{12}) : Trillion (조)

1,000,000,000,000,000 (10^{15}) : Quadrillion

1,000,000,000,000,000,000 (10^{18}) : Quintillion

1,000,000,000,000,000,000,000 (10^{21}) : Sextillion

1,000,000,000,000,000,000,000,000 (10^{24}) : Septillion

1,000,000,000,000,000,000,000,000,000 (10^{27}) : Octillion

1,000,000,000,000,000,000,000,000,000,000 (10^{30}) : Nonillion

1,000,000,000,000,000,000,000,000,000,000,000 (10^{33}) : Decillion

1,000,000,000,000,··················.,000,000,000 (10^{36}) : Undecillion

1,000,000,000,000,··················.,000,000,000 (10^{39}) : Duodecillion

1,000,000,000,000,··················.,000,000,000 (10^{41}) : Tredecillion

1,000,000,000,000,··················.,000,000,000 (10^{45}) : Quattuordecillion

1,000,000,000,000,··················.,000,000,000 (10^{48}) : Quindecillion

1,000,000,000,000,··················.,000,000,000 (10^{51}) : Sexdecillion

1,000,000,000,000,··················.,000,000,000 (10^{54}) : Septendecillion

1,000,000,000,000,··················.,000,000,000 (10_{57}) : Octodecillion

1,000,000,000,000,··················.,000,000,000 (10^{60}) : Novemdecillion

1,000,000,000,000,··················.,000,000,000 (10^{63}) : Vigintillion

읽는 것은 고사하고 보기만 해도 숨이 찰 지경이다.

온도에 대한 결론적인 내용을 종합해 보자면

온도는 실체가 없는 편의상의 기준이고, 입자나 분자의 운동 상태를 나타내는 척도일 뿐이다. 높일 수 있는 온도는 거의 무한하지만 높일 수 있는 에너지가 필요하다. 실생활의 예를 들면 방을 데우기 위해서는 보일러를 가동해야 하고 보일러를 가동하기 위한 에너지인 가스가 있어야 한다는 뜻이다.

내릴 수 있는 온도의 한계는 −273℃이다. 이 온도를 절대온도 혹은 절대영도인 켈빈이라 부르는데, 켈빈은 분자 운동이 완전히 정지한 때인 '0'K을 기준으로 삼았다. 기체는 온도가 낮아지면 물성에 따라 액체 혹은 고체로 변한다. 기체는 샤를의 법칙에 의해 온도가 1℃씩 떨어질 때마다 1/273씩 부피가 감소한다. 그래서 절대온도보다 낮은 온도는 존재할 수 없다. 만약 그런 온도가 존재한다면 부피가 즉 크기가 '마이너스'가 되는 모순이 일어나기 때문이다. 이 세상에 마이너스의 크기의 물질은 존재하지 않는다.

물의 삼중점이란 것이 있다. 물이 기체와 액체, 고체가 동시에 평형을 이루며 공존하는 특정한 온도와 압력 상태를 의미한다. 즉 어느 한 상태가 다른 상태로 변화하지 않고 세 가지 상(고체, 액체, 기체)이 공존하는 유일한 조건이다. 물의 삼중점은 다음과 같은 정확한 온도와 압력에서 발생한다.

온도: 0.01℃ (273.16K)

압력: 611.657Pa (약 6.116mbar, 0.00604기압)

***참고: 1기압(atm) = 1,013mbar = 101.325kPa = 760mmHg = 14.7PSI**

삼중점이 왜 중요한가? 의 삼중점은 절대온도(K) 정의의 기준이 되기 때문이다. 과거에는 섭씨(℃)온도 기준이 물의 어는점(0℃)과 끓는점(100℃)으로 설정되었지만, 현재는 273.16K(0.01)인 삼중점이 기준 온도로 사용된다.

사실 실생활 사용을 기준으로 정의했다면 간단하지만 문제점은 있었다. 바로 기준이 되는 물질인 '물' 때문이다. 단위를 정의할 때 가장 우선시되는 기준은 불변성과 독립성, 대표성이다. 그런데 물의 삼중점은 영원히 변하지 않는 불변성은 같지만, 물은 모든 온도를 대표할 수 있는 물질도 아니고 독립된 물질이 아닌 수소와 산소의 화합물이기 때문이다.

05 액화수소는 계륵인가 아니면 필수적 선택인가?

길고 긴 온도에 대한 지식을 쌓았으니 다시 액화수소로 돌아와 보자.

액화수소는 기체 수소에 비해 800배 정도의 높은 밀도를 가지고는 있으나, 수소를 액화하기 위해 약 -253°C로 온도를 낮춰야 해서 극저온으로 냉각시킬 때 에너지가 많이 소비된다. 변환 과정에서 무려 30~40%의 수소가 허공에 날아가 버리는 에너지 변환 손실이 발생한다. 또한 냉각된 액화수소는 -253℃를 유지해야 하므로 진공 단열 특수탱크와 극저온 유지비용이 필요하다. 이로 인해 수소 생산 비용은 물론이고 저장에 필요한 비용이 계속 소요되므로 기체 수소에 비해 2~3배의 비용이 발생하기 때문에 경제성 문제로 인해 흔히 사용되지는 않는다.

액화수소는 수소 경제에서 중요한 역할을 한다는 점은 분명하지만, 이러한 비용과 효율성 문제 때문에 '계륵'처럼 여겨질 수 있다는 우려는 매우 현실적인 시각이다. 높은 액화 비용, 증발 손실 문제, 인프라 부족, 비효율성이 액화수소의 앞길을 막는 걸림돌들이다. 이미 밝혔듯이 액화 과정 자체가 매우 에너지 집약적인 공정이라 전체 에너지의 상당 부분이 손실되기 때문에 결과적으로 액화로 인한 수소 가격 증가와 경쟁력 저하를 가져올 것이다. 또한 액화된 상태를 유지하기 위해서 초저온 저장이 필요하지만 장기간 보관에 의한 열 침투로 발생하는 '보일오프Boil-off' 현상에 의한 증발로 손실되는 수소가 많다.

액화수소의 생산, 운송, 저장을 위한 초저온 인프라를 위한 초기 투자 비용이 너무 크기 때문에 이러한 인프라 구축이 글로벌 차원에서 동시다발적으로 이루어지지 않는다면, 상용화 과정에서 병목현상이 발생할 수 있다. 또한 대규모 저장 및 운송에서는 장점이 있지만, 소규모 지역 공급이나 단거리 운송에서는 압축 수소Compressed Hydrogen나 암모니아 기반 수소 운송 같은 대체 기술보다 비효율적일 수 있다. 따라서 현재는 주로 장거리 운송과 대규모 저장에 적합한 자원으로 평가되어 전 세계가 동등한 수소 경제 체계를 구축하지 않는 한 활용도가 제한되어 액화수소는 '유용하지만 부담스러운' 자원으로 전락할 위험에 처해 있다.

액화수소는 수소 경제를 위한 중요한 선택지이지만, 현시점에서는 고비용과 기술적 제약으로 인해 상용화에 어려움을 겪고 있는 것도 사실이다. 액화 기술 발전과 글로벌 수소 인프라 확대가 된다면, 액화수소는 필수적이면서도 효율적인 에너지원으로 자리 잡을 가능성이 높다. 따라서 액화수소를 '계륵'으로 보느냐, '기회의 자원'으로 보느냐는 비용을 낮추기 위한 기술적 혁신과 인프라 투자가 얼마나 성공적으로 이루어지는지에 달려 있다.

그래서 액화수소보다는 수소의 또 다른 형태, 혹은 안전한 형태로 전환하는 기술이 더 개발되고 있는 것이 사실이다. 수소의 또 다른 형태란 수소 화합물을 의미한다. 즉 수소가 포함된 다른 에너지로 변환시키는 방법인데, 이는 전 세계적으로 기존의 화석연료 기반 에너지 시스템에서 탈탄소화decarbonization를 목표로 하는 재생 가능하고 지속 가능한 에너지 시스템으로의 변화 과정을 의미한다. 이미 세계는 기후변화 대응, 에너지 안보 강화, 그리고 경제적 지속 가능성을 위한 필수적인 움직임으로 글로벌 에너지 대전환Global Energy Transition을 준비하고 있다.

사실 신재생에너지는 태양광, 풍력, 수력, 지열 발전 등 자연에서 얻을 수 있는 에너지를 활용하여 화석연료를 대체하는 에너지를 의미한다. 그런데 신재생에너지는 치명적인 두 가지의 단점이 있다.

그것은 간헐성과 독립성이 뚜렷하다는 점이다. 즉 태양은 항상 떠 있는 것이 아니고 바람도 1년 365일 부는 것이 아니라 불기도 하고 잔잔해지기도 한다. 전기가 필요한데 바람이 불지 않으면 전기를 얻을 수 없다. 또한 밤에는 발전이 불가능하고 오로지 낮에만 가능하다. 이런 것들이 간헐성인 것이다.

독립성이란 물론 간헐성과 연관이 되어 있기는 하지만 에너지원 자체의 독립성을 의미한다. 밤중에 전기가 필요하다고 해서 강제로 태양을 떠올리게 할 수 없듯이 자연은 스스로 독립적으로 움직인다. 이로 인한 문제를 해결하기 위해서는 에너지를 저장해야 한다.

그런데 문제는 에너지 저장 장치ESS의 비용이 너무 비싸다는 것이다. 예를 들면 1,000MW/h 급 발전소 건립비용과 1,000MW급 에너지 저장 장치의 비용이 같다는 점이다. 이 뜻은 발전소가 1시간 발전한 전기를 저장할 수 있는 에너지 저장 장치의 비용이 발전소 건설비용과 같으므로, 발전소가 5시간 발전한 에너지를 저장하기 위해서는 에너지 저장 장치의 비용이 발전소 건설비용의 5배에 달하게 된다.

따라서 에너지를 에너지 저장 장치에 전기 에너지 형태로 저장하는 것보다는 수소의 가장 안전형 형태의 화합물로 저장하는 것이 바람직하다는 결론에 도달했다. 그것이 바로 세계가 주목하고 있는 '에너지 대전환'이다. 수소의 가장 안전한 형태의 화합물이 무엇일까? 지금까지는 그 '암모니아'로 알고 추진하였으나, 암모니아에서 다음과 같은 문제점 때문에 결국은 '메탄올'이 미래의 에너지원으로서 자리 잡는 추세다. 암모니아는 기체이기 때문에 고압으로 압축하거나 액화를 시켜야만 저장 및 운송이 가능한데, 이때 온도가 −33°C 이하의 조건이 필요하므로 액화수소의 −253°C까지는 아닐지라도 상당한 유지비용이 소요된다. 또한 독성이 강한 물질로, 누출 시 사람의 생명을 빼앗을 수 있는 위험성이 있으며 심각한 환경 및 건강 문제를 초래할 수 있다. 특히 메탄올이나 수소는 물론 기존 화석연료에 비해 에너지 밀도가 낮아 동일한 에너지를 생성하기 위해서는 훨씬 더 많은 양의 필요하다.

위와 같은 많은 이유로 인해 미래의 에너지원은 메탄올이 될 것이 분명해 보이지만, 아직 난관은 많다. 서두에 나온 '수소가 에너지의 원천'이라는 글쓴이의 주장은 방금 언급된 메탄올 이외의 모든 에너지는 수소에 기인하였다는 관점에서 나온 것으로 개인적인 주장은 맞다. 이제 그 설명을 이어가겠다.

06 수소는 모든 에너지의 원천

우리가 쓰는 에너지는 모두 화석연료에서 비롯되었다. 대표적인 연료가 휘발유, 등유, 경유, 알코올, 부탄가스 등 석유에서 정제되어 나온 것들이다. 그렇다면 위에 나열된 연료, 즉 에너지의 화학식을 들여다보면 모두 수소가 기반으로 되어있다는 사실에 놀라움을 금치 못할 것이다. 수소에 탄소를 적당히 섞어주면 탄소 숫자에 따라서 휘발유도 되고 경유도 되고, 부탄도 되고 프로판도 되는 것이다. 놀랍지 않은가?

수소에 탄소 하나를 붙여보자. 물론 탄소는 다른 원소와 결합하기 위한 팔을 4개를 가지고 있고 수소는 하나만 가지고 있다. 그래서 탄소 1개와 수소 4개로 이루어진다. 분자식은 'CH_4'인데 이것은 메탄가스다. 여기에 산소 하나를 가져다 붙여보면 가스가 아닌 액체 메탄올, 즉 메틸알코올이 된다. 분자식은 'CH_4O' 혹은 'CH_3OH'로 표현할 수 있는데 이 경우에는 'CH_3OH'를 더 많이 사용한다.

그럼, 수소에 탄소 2개를 섞어보자. 분자식은 'C_2H_6'로 에탄이다. 그럼, 여기에도 산소를 하나 붙여보면 액체 에탄올, 분자식이 'C_2H_6O' 혹은 'CH_3CH_2OH'인 에틸알코올인데, 병원에서 소독약으로 사용하는 알코올이 그것이다. 우리가 즐겨 마시는 소주는 에탄올 'C_2H_6O'에 물 'H_2O'를 단순하게 섞은 희석식 소주다. 여기서 'CH_3CH_2OH'와 'C_2H_6O'는 그냥 같은 것이다. 복잡하게 보이는 영문자와 작은 숫자를 무서워하지 마라. 그냥 단순히 H가 몇 개인지 C가 몇 개인지만 따지면 된다. 일종의 전문가들의 전문가 놀이 중 하나다.

정리해 보면, 수소에 탄소를 하나 붙여보았더니 LNG액화천연가스의 주성분인 메탄이 되고 여기에 산소를 더하니 메틸알코올이 되고, 탄소를 두 개 붙여보았더니 에탄이 되고 산소를 하나 더하니 에틸알코올이 되었다. 그럼 세 개는? 화학식을 보면 'C_3H_8' 로 LPG액화석유가스의 주성분인 프로판 가스다. 네 개를 붙여보면 'C_4H_{10}'인데, 우리가 잘 아는 부탄가스다. 휴대용 가스레인지의 대명사로, 전국적으로 우리나라 인구만큼 수량이 많다는 부르스타BlueStar에 쓰는 그 가스통에 넣는 가스다. 프로판 가스와 부탄가스를 이제 구분할 수 있겠는가?

수소에 대충 탄소 8개를 붙여보면 자동차 연료로 사용되는 휘발유가 된다. 수소에 탄소 10개를 붙여보면 등유, 탄소 16개를 붙이면 경유가 된다. 물론 탄소의 숫자가 정확한 것은 아니다. 평균적으로 휘발유는 6~10개 사이의 탄소 수를 등유는 10~12개 사이의 탄소 수를, 경유는 12~20개 정도의 탄소 수를 가진다.

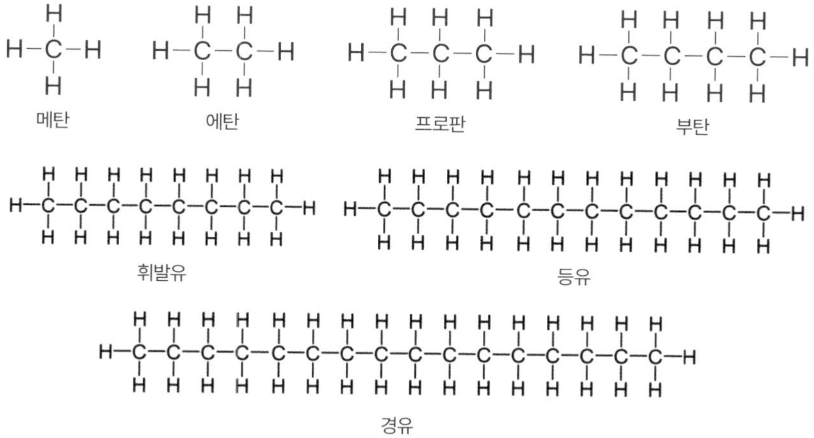

메탄 에탄 프로판 부탄

휘발유 등유

경유

방금 설명한 바와 같이 모든 에너지에는 수소가 붙어있고, 그래서 수소가 에너지의 원천이라고 하는 것이다. 그럼, 탄소가 많으면 어떻게 되는가?

탄소 수가 많으면 그만큼 태울 것이 많다는 뜻이기도 하고 열량 즉 힘이 많이 난다는 뜻도 된다. 앞서 복잡해 보이는 화학식 이야기를 꺼내는 이유는 석유화학에서는 탄소 숫자가 매우 중요하기 때문이다. 휘발유의 탄소 수는 8개, 경유는 16개. 당연히 경유가 태울 게 많으니까 열량도 높다. 같은 부피로 더 많은 열에너지를 내기 때문에 자동차로 치면 연비가 높다. 저속에서도 큰 힘이 필요한 트럭에 탄소가 많은 경유 엔진을 쓰는 이유가 여기서 설명된다. 또한 뒤집어 보면 태우기가 어렵다는 뜻이기도 하다. 그래서 같은 부피라면 탄소 수가 많은 것이 무게가 많이 나간다.

탄소를 태운다는 의미는 휘발유나 경유와 같은 탄화수소가 공기 중의 산소와 결합하여 이산화탄소(CO_2)와 물(H_2O)을 생성하며 에너지를 방출하는 것을 말한다. 경유나 휘발유 같은 연료는 탄화수소 덩어리인데 앞페이지 분자식 그림에서 볼 수 있듯이 탄소 하나에 수소가 네 개 붙어있다. 탄소 위치 기준으로 동서남북에 하나씩 붙는다고 보면 되는데, 에탄올(C_2H_6O)처럼 탄소가 두 개일 경우는 수소가 여섯 개 붙어 있다. 탄소가 탄소끼리 연결돼 있기 때문에 탄소 하나에 세 개의 수소만 붙어서 도합 여섯 개다. 탄소를 태운다는 건 이 탄화수소에서 수소를 떼어내고 다시 산소를 붙이는 과정이다. 그래서 탄소 하나에 산소가 하나 붙으면 일산화탄소(CO)가 되고 산소가 두 개 붙으면 이산화탄소(CO_2)가 된다.

일산화탄소는 연탄가스 같은 독가스이고 마시면 호흡곤란 증세가 오고 심하면 생명을 잃게 된다. 그러나 이산화탄소는 인체에 좋지는 않으나 최소한 독성은 없다. 탄소도 모두 타는 것이 아니라 타지 않고 불완전 연소하여 시커멓게 남는 것이 있다. 그것을 그을음이라 부른다. 탄소는 타면서 산소와 만나 이산화탄소가 되어 손잡고 공기 중으로 날아가야 하는데 그렇지 못하고 시커먼 알갱이로 날아다니기도 한다. 이것을 매연이라 부른다. 매연은 불완전 연소한 그을음 덩어리로 우리 몸에 매우 해롭다. 경유차에 매연이 많이 나오는 이유를 이제 이해할 수 있겠는가?

우리가 사용하는 내연기관 자동차는 가솔린(휘발유)와 디젤(경유) 두 가지 연료 중 한 가지를 사용한다. 물론 둘을 동시에 넣고 사용할 수 있는 차는 존재하지 않는다. 그래서 휘발유 엔진 차는 당연히 휘발유를 넣어야 하고 경유 엔진 차는 경유를 넣어야 한다. 우리는 기름을 넣을 때 무게로 넣지 않고 부피로 넣는 것이 상식이다. (주유소에 들어가서 '휘발유 30kg 넣어주세요 하지 않고 휘발유 30ℓ 넣어주세요' 한다. 그러나 실상 우리는 '휘발유 5만 원어치만 주세요.'로 금액 단위로 주유한다.)

07 비중은 무엇일까?

그런데 이 휘발유 30ℓ 와 경유 30ℓ 두 가지 연료의 무게는 똑같을까? 1ℓ 들이 통에 각각 휘발유와 경유, 그리고 물을 넣고 무게를 측정해 보면 어떤 결과가 나올까?

측정 결과를 보면 경유 1ℓ 는 840g 정도, 휘발유 1ℓ 는 720g, 물 1ℓ 는 1,000g 정도라서 경유가 휘발유보다 더 무겁다. 그 이유는 무엇일까? 비중 때문이다. 비중은 연료가 가지고 있는 탄소 숫자, 즉 탄소 함유 비율에 따라 결정된다. 모든 연료의 비중이 단순히 탄소 숫자에 의해 결정되는 것은 아니고 분자의 전체적인 화학적 특성이나 조성에 따라 달라지지만 대체로 탄소 함유 비율이 높을수록 비중도 높다.

에너지별 비중은 다음 표와 같다. 여기에서 볼 수 있듯이 비중을 정하는 모든 기준은 또 '물'이다. 물 1ℓ 는 1,000g(1kg)이기 때문에 휘발유를 포함한 대부분의 연소연료는 물보다 가볍다.

물질(연료)	비중(범위)	기준 온도	특징
물	1	4°C	비중의 기준 물질
메탄올	0.791~0.793	20°C	알코올, 물과 잘 섞임
에탄올	0.789~0.791	20°C	바이오 연료로 사용 가능
휘발유	0.710~0.775	15°C	휘발성이 강하고 가벼움
경유	0.820~0.850	15°C	중질 연료, 에너지 밀도 높음
등유	0.780~0.830	15°C	항공 및 우주선, 난방 연료, 중간 성질

그럼, 머리 회전이 빠른 사람은 눈치챘을 것이다. 비중만 알면 여러 가지 물질에 대한 무게도 대충 알 수 있다는 것을….

비중Specific Gravity은 어렵게 설명하면 어떤 물질의 밀도를 기준물질인 물의 밀도와 비교한 값을 의미하는데, 물질의 상대적인 무게를 알아낼 수 있다는 뜻이고, 쉽게 설명하면 부피 1ℓ 의 물이 1kg인 것을 기준으로 하면 같은 부피의 물질이 물보다 얼마나 가볍거나 무거운가 라는 뜻이다. 아르키메데스가 목욕하다 말고 홀딱 벗고 뛰어나가며 '유레카'를 외쳤던 것이 바로 순간적으로 비중의 원리를 알아냈기 때문이다.

기름이 물에 둥둥 뜨는 이유를 아는가? 식용유 같은 기름은 점도가 높아 끈적해 보이기 때문에 당연히 물에 가라앉을 것으로 생각하지만 죄다 물에 뜬다. 그 이유가 바로 기준인 물보다 비중에 낮아서 그런 것이다. 다르게 표현하면 밀도가 낮다는 뜻이다. 비중은 물이 기준이기 때문에 1보다 크면 물에 잠기고 1보다 작으면 물에 뜬다. 또한 물에 대한 단순 비교이기 때문에 별도의 단위는 존재하지 않는다.

그래서 비중은 1기압에서 4℃인 물의 밀도를 '1'로 하여, 그 기준으로 삼는다. 왜냐하면 물은 같은 부피라면 1기압 4°C에서 가장 무겁다. 즉 밀도가 가장 높다는 뜻이다. 기체의 비중은 1기압 15°C의 공기를 기준으로 한다.

통상적으로 비중은 다음과 같이 초등학교 때 배웠던 나누기 공식만 알면 구할 수 있다.

$$\text{비중} = \frac{\text{물질의 밀도}}{4^\circ C\text{인 물의 밀도}}$$

위 식을 전문가들이 쓰는 공식으로 바꿔보면,

비중을 SG Specific Gravity라 하고,

1기압 상태에 있는 물질의 밀도를 ρ 로 하면,

$$SG = \frac{\rho}{\rho H_2O}$$

이 비중 공식에 따라 아르키메데스가 목욕하다 말고 깨달은 몇 가지 물질에 대한 비중을 알아보면 다음 표와 같다. 눈여겨 볼 부분은 얼음과 바닷물 그리고 금의 비중이다. 얼음의 비중이 0.92이기 때문에 물과 바닷물에 뜰 수 있는 것이다.

물질	비중
나무	10.2
얼음	0.92
고무	0.93
바닷물	1.03
유리	2.45
알루미늄	2.7

물질	비중
철	7.86
구리	8.93
납	11.35
수은	13.56
금	19.3
백금	21.4

휘발유 경유 등유 메탄올 등 같은 원유에서 추출된 석유제품인데 이렇게 차이가 나는 이유가 무엇일까? 원유는 탄소와 수소의 화합물 덩어리다. 사슬처럼 길게 엮여 있어서 끈적하고 빽빽하다. 이 탄화수소 연결고리를 조각조각 자르는 것이 바로 석유의 정제 과정이다.

08 원유를 정제하면?

원유의 주성분인 탄화수소는 증류시켜 분리가 가능한데, 탄화수소의 끓는 점이 각각 다르다는 특성을 이용해 원유에서 주요 성분을 분리해 뽑아낸다. 정유공장에는 그런 대표적 시설로 원유 정제 설비CDU: Crude Distillation Unit가 있다. 원유정제설비는 통상 밥 짓는 가마솥에 비유할 수 있다. 가마솥에 원유를 붓고 아래에서 불을 지피면 대략 7층 밥이 지어진다. 이때 원유를 가열하면 끓는 점이 낮은 것부터 차례로 증발해 기화되면 이것을 잡아들여 식힌 후 차례로 용기에 담는 식이다.

이같이 끓는점의 차이에 의해 각각의 석유제품들이 나오게 되는데, 솥뚜껑 열면 수증기가 확 올라오는데 이것은 끓는 점이 가장 낮은 액화석유가스LPG이다. 이어서 휘발유, 나프타, 등유, 경유, 중유, 마지막으로 역청이라고도 불리는 아스팔트Coal Tar가 찌꺼기로 남게 된다.

일반적으로 원유 1배럴(약 159리터, 42갤런)을 정유하면, LPG는 2% 3.1ℓ, 휘발유는 8% 12.7ℓ, 나프타는 12% 19ℓ, 등유는 9% 14.3ℓ, 경유는 26% 41.3ℓ, 중유는 38% 60.3ℓ, 나머지는 아스팔트와 석유 코크스 5% 7.9ℓ로 정제된다. 즉 휘발유는 8~9%, 경유는 26% 정도 밖에는 나오지 않는다.

정유 과정에서 맨 먼저 나오는 LPG의 주성분은 프로판과 부탄이다. LPG는 간혹 LNG와 오해하기 쉬운데 LNG는 석유에서 분리된 것이 아닌 유전에서 나오는 유전가스나 가스전에서 채취한 가스를 액화시킨 것이기 때문에 본질적으로 출신성분이 다르다.

LPG는 주로 가스용기에 충전시켜 가정 및 상업시설에서 난방과 취사에 사용하거나 LPG 택시나 렌터카 등 LPG 차량 연료로는 부탄이 쓰인다. 자동차 연료로 사용되는 휘발유는 우리에게 가장 친숙한 석유제품이다. 미국에

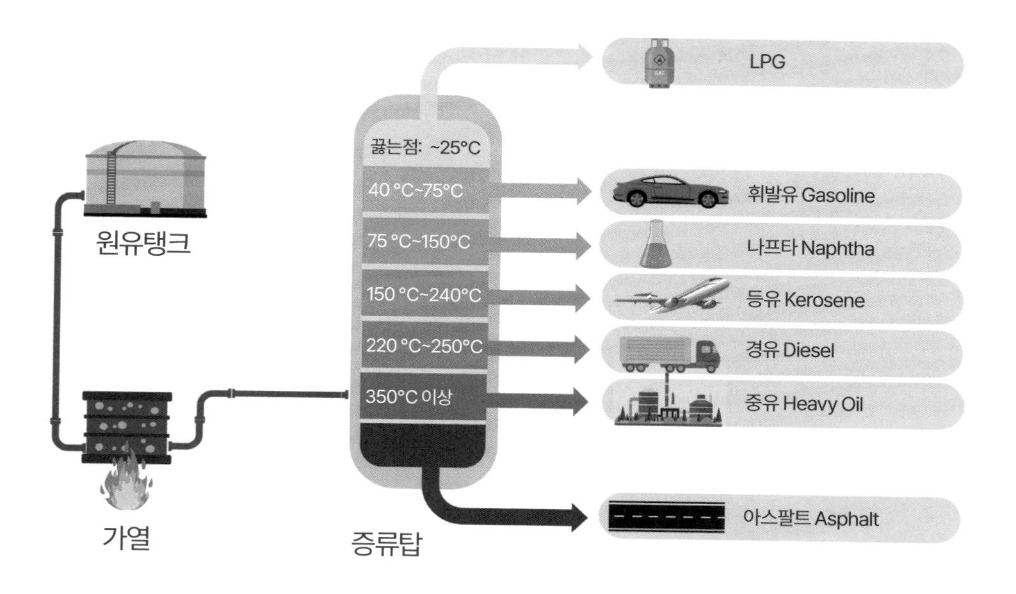

원유의 정제와 석유제품들_밥솥의 7층 밥처럼 끓는점의 차이에 의해 여러 종류의 석유가 정제되어 나온다.

서는 휘발유를 가솔린Gasoline, 줄여서 가스Gas라 부르는데 그 이유는 휘발유의 성질과 많은 관련이 있다. 휘발유는 휘발성이 너무 강해 마치 가스와 기름의 중간적 성격으로 보여 가스Gas와 오일Oil, 그리고 유기화합물에 붙는 접미사 '~ine'가 붙어 'Gas-Oil-ine'이 되었는데, 발음 편의상 'Oil'의 'i'가 탈락하여 'Gasoline'이 되었다고 한다. 휘발유는 일반적으로 자동차용 · 항공용 · 공업용 등 세 가지로 나뉜다. 항공용 휘발유는 우리가 쉽게 접하는 민간 여객기용은 아니고 프로펠러를 가진 개인용 경비행기에 사용되는 연료를 의미하고 공업용 휘발유란 드라이클리닝용, 유지 추출용, 도료용 등으로 쓰이는 것을 말한다.

다음에 나오는 나프타는 다양한 석유화학 제품의 원료로 활용된다. 대표적인 것이 플라스틱을 포함한 모든 화학제품에 활용된다. 등유는 기본적으로 난방과 주방용 등 가정용으로 많이 쓰이지만, 제트유라고도 부르는 항공유가 등유의 일종이다. 제트유는 JP-4와 Type-A가 있는데, 제트여객기는 인화성이 낮은 Type-A, 인화성이 비교적 높은 JP-4는 군용기에 주로 사용한다. 또한 등유를 용도별로 이원화해 주로 가정 난방용 연료로 사용하는 실내 등유와 농업용 하우스 난방에 주로 사용되는 보일러 등유로 구분했다. 등유 다음으로 나오는 경유는 대부분이 자동차 등 디젤엔진의 연료로 쓰인다. 이밖에 벙커C유는 흔히 중유라고 부르는 무겁고 끈적끈적한 석유제품으로 대형 엔진의 동력원과 보일러 연료 등으로 사용된다.

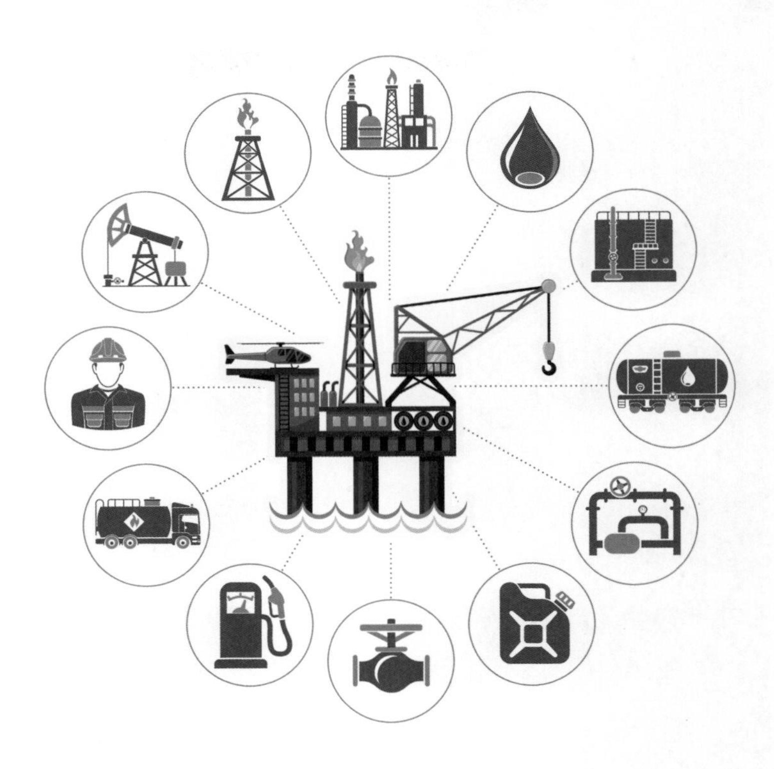

09 휘발유와 경유에 대한 상식

휘발유와 경유에 대한 또 다른 상식은 자동차 연료로 사용될 때 근본적인 차이점이 있다는 점이다. 즉 휘발유 엔진과 경유 엔진은 구조와 구동 방식 자체가 다른데, 가장 큰 차이점은 휘발유 엔진에는 점화 플러그가 있지만 경유 엔진에는 점화장치가 없다는 점이다. 또 다른 근본적인 차이점은, 물론 상식에 속하는 것이지만 휘발유차와 경유차의 엔진 구조가 다르다.

휘발유 엔진은 흡입→압축→폭발→배기의 순서로 이뤄지고 경유는 흡입→압축→배기의 3단계로 이뤄진다.

즉, 가스레인지 켤 때 '따다닥'하고 불을 붙여 주는 장치가 디젤 엔진에는 없다. 엔진 작동 원리는 이렇다. 흡입-압축-팽창(폭발)-배기. 교과서에도 나오는 아주 익숙한 원리다. 연료를 빨아들인 후 폭발시킨 힘으로 피스톤을 밀어내고, 밀려난 피스톤이 축을 회전시키면서 그 힘을 바퀴에 전달하여 자동차를 달리게 하는 것이다.

이것이 두 엔진 기관의 가장 핵심적인 차이다. 엔진의 구조로 보더라도 점화 플러그가 있는지 없는지의 차이 외에는 별다른 특징은 없다. 휘발유 엔진은 공기와 섞은 휘발유를 실린더에 분사하고 압축시킨 후 점화플러그로 불꽃을 튀겨 폭발시키는 데 반해 디젤 엔진은 공기만을 압축해 고온을 만든 후 경유를 분사해 폭발시키는 방법을 사용하는 것이다.

왜 디젤엔진에는 점화플러그가 없을까? 디젤의 경우에는 휘발유보다 착화점이 높기 때문이다. 어지간해서는 휘발유처럼 불이 잘 붙지 않는다. 성냥개비에 불을 붙여 경유에 던져 봐라. 오히려 성냥불이 꺼질 것이다. 그렇다고 해서 절대로 따라 하지는 말고, 해 본 경험을 얘기한 것이니 그대로 믿어라. 만일 휘발유에는 그렇게 했다가는 큰일 난다. 불이 붙는 정도가 아니라 아예 엄청난 폭발을 할 것이다. 잘못하면 바비큐 된다.

어쨌든 경유에 불이 붙고 폭발이 되어야 엔진이 작동할 텐데, 불이 잘 안 붙으니 고민이다. 경유는 불이 붙는 발화점이 높아서 웬만한 불꽃으로는 불붙이기 힘들다. 고민하고 고민하다 보니, 앞서 언급된 '기체의 온도는 부피에 비례한다'는 샤를의 법칙이 생각난다. 그리고 '기체의 부피는 압력에 반비례한다'는 보일의 법칙, 이 두 가지를 참조하면 '온도는 압력에 비례한다'라는 법칙이 성립되는데 즉, 온도가 올라가면 압력이 증가하고, 온도가 내려가면 압력이 감소한다는 상식적인 결론이 나온다. 이것이 '게이-뤼삭의 법칙'이다.

그럼, 경유에 불을 붙이려면 압력을 높이면 된다는 계산이 나온다. 게이-뤼삭의 법칙대로 압력을 높이니 경유에도 불이 붙는 점화온도에 도달했다. 그런데 압축을 시켜 힘을 내다 보니 디젤 엔진은 소리도 크고 진동도 엄청 심하다. 혹시 인테리어 공사장 가면 압축기컴프레셔 돌아가는 소리 들어보았나? 그렇지만 힘은 좋다. 그 힘으로 바퀴를 굴리니 휘발유차보다 당연히 연비가 높을 수밖에 없다.

그런데 디젤엔진은 압력을 높여서 온도를 높이는 특성 때문에 가끔은 압력을 엄청나게 가해도 불이 안 붙어 시동이 안 걸린다. 왜? 날씨가 너무 추우면…. 그렇다. 그래서 주로 추운 겨울에 영하의 기온이면 참 난감하게도 시동이 잘 안 걸린다. 이때는 경유의 품질 문제가 아니다. 우리나라 경유는 세계에서 품질이 제일 좋은 편에 속한다. 그 때문에 겨울에 곧장 시동이 걸리지 않는 것은 엔진 문제도 아니고 경유 품질 문제도 아니고… 그냥 엔진의 메커니즘이 그래서 그렇다. 그래서 경유에는 착화성을 나타내는 수치로 세탄가가 있다. 즉, 발화점을 낮춰서 쉽게 불이 붙도록 하는 것인데, 발화점을 높이는 휘발유의 옥탄가와는 정반대 역할을 한다. 그 이유는 두 연료를 사용하는 엔진 메커니즘의 근본적인 차이 때문이다.

10 옥탄가와 노킹

휘발유 자동차를 운전해 본 사람이라면 한 번쯤 들어보았을 용어인 무연휘발유와 옥탄가에 대해서 알고 있는가? 사실 이 두 용어는 엔진 노킹과 매우 밀접하게 관련되어 있다. 그럼, 노킹은 또 뭔가?

말 그대로 노크하는 소리가 난다. 즉 엔진에서 두드리는 소리가 나는 현상인데, 차에서 짜르르 하는 엽전 떨리는 소음이 나며 차가 힘이 없을 때도 노킹 현상의 일종이다. 가솔린의 경우 불이 붙는 온도가 굉장히 낮은 편이다. 연소 과정에서 먼저 일찍 폭발해 버리거나 비정상적인 점화가 일어나는 경우가 종종 있는데 이러한 불완전 연소 현상을 '노킹Knocking 현상'이라고 한다. 노킹현상이 발생하게 되면 피스톤, 실린더, 밸브 등에 무리가 생기고 출력이 저하됨은 물론 엔진수명이 단축된다. 그래서 옥탄가는 휘발유의 발화점을 높여서 너무 일찍 폭발하지 않도록 하는 물질이 첨가된 수치를 의미한다.

휘발유가 처음으로 나왔던 1920년대의 뉴욕 거리의 차량 중 50% 정도가 전기차였다는 사실을 믿을 수 있는가? 21세기에 들어서야 첨단 차로 둔갑한 전기차가 보편화된 줄 알았는데… 배신감까지는 아닐지 몰라도 아마도 좀 속은 느낌일 것이다. 그러나 실제로 그랬다. 1920년대 미국에서는 30%가 증기자동차, 48%가 전기자동차, 22%가 휘발유 자동차였다. 당시 미국에 등록된 전기자동차는 40,000대가 넘어 가장 대중적인 자동차였다. 왜냐하면 당시의 전기차는 휘발유 차량과 비교하여 소음, 진동, 냄새가 없었고, 일일이 변속하지 않아도 되었으며, 경운기의 시동을 걸듯이 팔 힘을 이용해 엔진을 직접 돌려 시동을 걸지 않아도 되는 장점이 있었다.

당시의 휘발유 엔진은 소음이 엄청났고 매연이 심했으며 엔진 내 연소가 불균일하여 노킹이 발생하였기 때문에 효율이 떨어지고 걸핏하면 엔진이 고장

나는 경우가 많았다. 당시의 휘발유 품질은 매우 저급하여 노킹과 엔진 고장이 잦았기 때문에 휘발유를 연료로 하는 자동차 판매가 부진했다.

한편, 이러한 문제를 해결하기 위해 미국의 휘발유 자동차 회사 GM 사의 엔지니어인 '토마스 미즐리'는 휘발유를 균일하게 연소시켜 줄 첨가제를 찾기 시작했다. 그리고 수천 가지 화합물을 실험한 끝에 1921년 휘발유에 납을 첨가하면 모든 문제가 싹 해결된다는 사실을 발견했다. 그러나 공기 중에 납이 방출되면 인체에 위험할 것이라는 견해를 극복하는 것이 관건이었다. 그런데 그가 심혈을 기울여 찾아낸 방법은 '몰래 숨기는 것'이었다. 그래서 1923년 새로운 물질의 이름을 '에틸 휘발유Ethyl Gasoline'란 이름으로 옥탄가를 획기적으로 높인 최초의 유연휘발유有鉛揮發油, Leaded Gasoline가 탄생한 것이다. 그런데 여기의 연鉛자는 연기煙를 의미하는 것이 아닌 '납'을 의미한다.

이 개발로 자동차와 비행기 엔진들은 연비도 엄청나게 향상되었고, 엔진 수명이 몇 배로 늘어났다. 하긴 노킹이 없어졌으니… 엔진이 실린더에 얻어맞을 일도 없었을 것이다. 결과적으로 회사는 막대한 이익을 챙겼다. 그 때문에 미즐리는 영웅으로 대접받았고, 미국에서 화학 분야의 상이란 상은 모두 휩쓸었다. 그런데 이미 설명했듯이 '몰래 숨긴 문제'가 문제였다. 애초에 에틸이라고 소개한 물질은 사실은 테트라 에틸 납TEL: Tetra Ethyl Lead, 즉 납이었다는 사실이다. 그럼에도 납이라는 사실을 숨기기 위해 '에틸 가솔린'이라는 이름으로 속여왔고, 심지어는 안전하다며 에틸로 손을 씻거나 60초 동안 냄새를 흡입하는 퍼포먼스까지 했지만 정작 본인도 이때 이미 심각한 납중독으로 치료를 받고 있었다.

이미 에틸을 취급하는 노동자들에게서 정신이상이나 사망자가 많이 나왔지만, 미즐리와 회사에서는 이게 에틸로 인한 게 아니라며 철저히 숨기기에 바빴다. 그 이후로도 수십 년 동안 사용되어 1986년에야 법적으로 사용금지 되었고, 미국 전역에 판매가 금지된 것은 1995년이다. '이런 미친놈'이라 안 할 수 없다. 우리나라도 유연휘발유를 1993년까지 판매했는데, 밝혀지지는 않았지만, 많은 사람들이 납에 중독되었을 것이다. 이러한 납을 제거한 휘발유를 무연휘발유無鉛揮發油: Unleaded Gasoline라고 하는데 여기에는 납 대신 MTBEMethyl Tertiary Butyl Ether라는 석유화합물을 첨가하여 옥탄가를 높였다. 지금 우리나라는 1987년부터 무연 휘발유 판매를 시작했는데, 지금은 주유소에 가면 일반 휘발유와 고급 휘발유 두 가지만 볼 수 있지만, 미국에 가면 다양한 옥탄가의 휘발유를 만날 수 있다.

국내의 고급과 일반 휘발유 주유기(좌)와 옥탄가별로 나뉜 미국의 주유기(우)_국내 주유기의 옥탄가는 두 종류로 구분되지만 미국은 최소 네 종류로 구분된다.

어쨌든 미즐리는 평생 두 가지의 대표적 발명품이 있었는데, 하나가 납을 넣은 '유연휘발유'이고 또 하나는 냉장고와 에어컨 냉매로 사용하는 '프레온 가스'다. 그러나 그의 대표적 두 발명품 모두는 오늘날에는 지구와 인류 건강에 큰 재앙이 되었기 때문에 그는 인류 역사상 최악의 발명가인 동시에 환경파괴범으로 전락하고 말았다.

그럼, 옥탄가에 대해서 저토록 목숨을 걸고서라도 개발하려고 목을 맸던 이유는 대충 짐작할 수 있다. 옥탄가는 이미 설명했듯이 휘발유 엔진 자동차의 가장 큰 적인 노킹을 발생하지 않도록 억제해 준다. 옥탄가는 0~100을 기준으로 숫자가 높을수록 옥탄가가 높은 것인데, 옥탄가를 측정하는 방법은 RON, MON, AKI 이렇게 세 가지 방법이 있다. 세계적으로는 RON Research Octane Number이 많이 쓰이는데 주로 한국, 유럽, 중국, 일본에서 사용한다. 우리나라 법규는 일반휘발유는 91, 고급휘발유는 94의 이상의 옥탄가를 만족하게 되어 있지만 실제로는 판매되는 휘발유의 경우 이보다 조금 더 높아 일반 휘발유의 옥탄가는 91~94정도, 고급 휘발유는 95~100 정도 된다고 보면 된다.

AKI Anti Knock Index는 주로 미국, 캐나다, 브라질에서 사용되는데 수치는 우리나라 기준에 비해 4~5 정도 낮다. 따라서 미국 기준으로는 일반 휘발유의 옥탄가는 87~90 정도, 고급 휘발유는 91~95 정도다.

이런 얘기가 있었다.

어쩌다 보니 내 차는 국산 차 임에도 불구하고 가격이 1억이 넘는다. 아마도 플래그쉽이기 때문에 그런 것 같다. 우연히 내 차에 탑승해 본 후배 교수가 이런 질문을 했다.

"이런 고급 차에는 고급 휘발유 넣어야 하지 않나요?"

나는 대답했다.

"아니다. 이 차가 고급형인 것은 맞고 우리나라에서 생산되는 차 중에 가장 비싼 차는 맞지만, 평균 옥탄가에 맞춰 설계된 엔진이기 때문에 고급 휘발유를 넣어도 효과가 별로 없다. 그래서 굳이 비싼 고급 휘발유가 아닌 일반 휘발유를 넣어도 된다."

그렇다. 대부분의 차는 일반 휘발유의 평균 옥탄가 '92' 정도에 맞춰서 엔진이 설계되었기 때문에 옥탄가가 높은 고급 휘발유를 주유하여도 별다른 효과를 보지 못한다. 그러나 페라리나 람보르기니 혹은 포르쉐 등 소위 슈퍼카들은 고출력 고성능 엔진이 탑재된 차들이기 때문에 높은 옥탄가의 고급 휘발유를 넣었을 때 엔진이 효율적이 되도록 세팅이 되어 있다. 따라서 고급 휘발유를 주유해야 출력이 좋아진다. 반대로 고급 휘발유를 주유해야 하는 고출력 차량이 일반 휘발유를 주유하면 엔진에 무리가 올 수 있어서 옥탄 첨가제를 넣거나 가급적 고급 휘발유를 주유하는 것이 좋다.

휘발유의 옥탄가가 연료가 연소할 때 이상 폭발을 일으키지 않는 정도를 나타내는 수치라면, 경유의 '세탄가'는 디젤 엔진의 착화성을 나타내는 수치다. 착화성이란 디젤엔진에 연료가 분사되고 불이 붙어 폭발하기까지 시간을 말하는 것인데, 경유의 세탄가를 최상으로 올려주면 착화성이 좋아져 출력이 좋아지는 효과를 볼 수 있다. 디젤엔진의 노킹현상은 가솔린엔진과 반대로 착화 시점이 늦게 되면 발생한다.

세탄가 역시 수치가 높을수록 착화점이 안정되고 노킹 억제와 연료 절감을 도와준다. 특히나, 디젤엔진은 날씨가 추워지면 착화 능력이 떨어지기 때문에 세탄가가 높은 경유 주유를 통하여 착화 능력을 높여주면 저온 시동과 연비 향상에 도움을 받을 수 있다.

경유는 휘발유와 달리 세탄가 높은 기름을 주유해도 즉시 효과를 볼 수 있는 것은 아니고 오래 넣어보아야 효과가 있다. 보통은 디젤의 적정 세탄가가 40~60인데, 실제로는 높은 세탄가 경유는 찾기가 어렵다. 가격이 고가이다 보니 수요가 적어 결국 시장 논리로 사라졌기 때문이다. 만일 높은 세탄가의 경유를 꼭 원하면 정유사 중 그나마 조금 세탄가가 높은 정유사를 찾거나 아니면 세탄가를 올려주는 첨가제를 사용하는 방법밖에 없다.

11 수소의 형제들

수소에게는 형제들이 있다는 사실에 대해 알고 있는가?

수소에는 형제인 동위원소가 두 개가 있다. 동위원소Isotope란 같은 원소이지만 중성자의 개수가 다른 원소를 말한다. 이해가 조금 어렵다면 이렇게 생각해 보자.

원자에 대해서는 다시 설명되겠지만, 간단하게 보면 원자의 질량은 양성자와 중성자에 의해 결정되고, 화학적 성질은 양성자와 전자의 개수에 따라 결정된다. 따라서 동위원소는 중성자 수만 달라졌기 때문에 화학적 성질은 같지만, 물리적 성질인 질량, 즉 무게가 달라진다. 그래서 동위원소란 같은 이름의 다른 무게를 가진 원소라고 이해하면 쉽다.

수소의 형제들은 중수소와 삼중수소로 불린다. 이들은 모두 같은 화학적 성질을 가지고 있지만 물리적 성질은 다르다는 사실은 이미 이해했을 것이다. 중수소와 삼중수소는 모두 2개의 수소와 1개의 산소원자로 구성된 물(H_2O)이 될 수 있다. 그러나 일부 동위원소는 불안정한 구조로 되어 있기 때문에 시간이 지나면 점차 붕괴한다. 이 과정에서 에너지가 방사선 형태로 방출되기도 한다. 안정적으로 존재하는 동위원소를 '안정 동위원소', 불안정하여 에너지가 방출되면서 붕괴하는 동위원소를 '방사성 동위원소'라 부른다.

수소는 핵에 양성자가 한 개 있고 전자가 핵을 돌고 있는 구조이지만, 수소의 동생인 중수소는 핵에 양성자 한 개와 중성자 한 개가 들어있는 구조다. 그래서 '중수소 重水素 deuterium, D, ^{2}H'라는 이름을 갖게 되었다. 그렇다면 수소의 둘째 동생인 삼중수소는 당연히 핵에 양성자 한 개와 중성자 두 개가 들어있을 것이다. 이를 '삼중수소 tritium, T, ^{3}H'로 부른다.

수소는 원래 'Hydrogen'으로 부르지만 형제들과 같이 불릴 때는 양성자 한 개만 가졌다고 해서 '프로튬protium'이라 부르기도 한다.

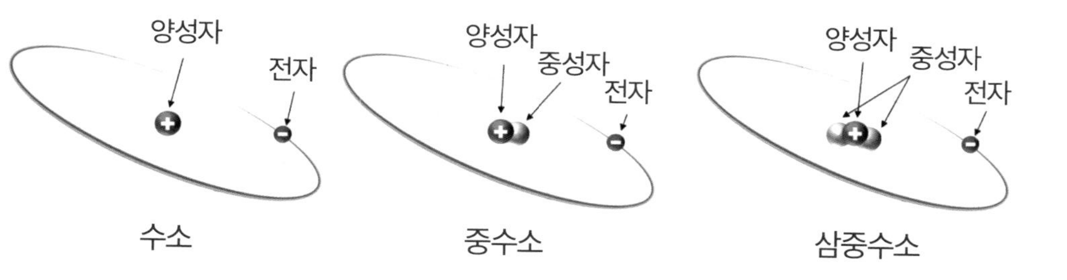

수소, 중수소, 삼중수소_중성자의 수에 의해 중수소와 삼중수소가 된다. 이때 수소는 Hydrogen이 아니라 Protium으로 불린다.

중수소는 '안정 동위원소'다. 중수소도 일반 수소처럼 산소와 결합하여 물을 만드는데, 이를 무거운 물인 '중수重水 heavy water'라 부르며, 화학식은 H_2O가 아닌 'D_2O'로 나타낸다. 이런 중수소는 물 6,400개 분자당 1개꼴인 약 0.0156% 정도가 포함되어 있고 바닷물 1리터에는 약 33mg의 중수소가 포함되어 있다. 그렇다면 일반 수소가 포함된 일상적으로 마실 수 있는 물을 가벼운 물인 '경수輕水 light water'로 표현할 수 있는데 실제로 무게 차이가 날까?

그렇다. 중수(D_2O)는 경수(H_2O)에 비해 약 1.11배 정도 더 무겁다. 그것은 수소의 질량차이에서 비롯되었는데, 원소인 수소의 질량 차이를 계산해 보면 일반 수소는 약 1.00784amu(원자질량 단위)이고 중수소는 약 2.01410amu이므로 중수소가 약 2배 무겁다.

경수와 중수의 밀도를 비교해 봐도 물의 밀도가 가장 높은 4℃ 기준에서 경수는 약 1.000 g/㎤지만 중수는 약 1.105 g/㎤이기 때문에 중수의 밀도가 약 10.5% 더 무겁다.

그럼, 중수를 마시면 어떻게 될까? 죽고 싶으면 마셔도 된다. 중수가 체내에 들어오면 우리 몸의 정상적인 세포 활동을 방해한다. 즉 세포분열이 비정상적으로 이루어지거나 사멸하게 되며, DNA 복제에 필수적인 효소 작용도 억제된다. 인체에 매우 해롭고 암 발생을 높이는 지름길이 된다.

삼중수소는 중수소보다 중성자를 1개 더 가졌기 때문에, 핵이 불안정하여 방사성을 가지고 있는데 반감기는 12.26년이다. 반감기半減期, Half-life란 방사성 동위원소가 붕괴하여 원래의 양이 절반으로 줄어드는 데 걸리는 시간을 의미한다. 모든 방사성 원소는 시간이 지나면서 자연적으로 방사선을 방출하며 안정한 원소로 변환된다. 그런데 이 과정이 일정한 확률로 일어나기 때문에 각 방사성 물질마다 고유한 반감기가 존재한다.

즉 10그램의 삼중수소가 반감 기간을 지나면, 그중의 5그램은 가벼운 일반 수소로 변하고 삼중수소는 5그램만 남게 된다. 삼중수소의 이런 짧은 반감기에도 지구에 삼중수소가 조금이라도 남아있는 이유는, 항상 새로 생겨나고 있어서이다. 즉 '우주선cosmic ray'이라 부르는 태양 또는 다른 우주에서 오는 강력한 방사선이 지구 대기권 상층의 수소와 충돌하여 삼중수소를 만들기 때문이다.

삼중수소는 대기 중의 산소와 반응하면, 방사성을 띤 물(T_2O)인 삼중수 분자가 되고, 이 방사성 물은 빗물에 섞여 바다와 호수로 들어오지만, 이들은 양이 적고 방사성이 약하여 생명체에 피해를 주지는 않는다.

그럼, 사중수소는 있을까? 사중수소Tetraneutron, ^4H는 양성자 1개 + 중성자 3개로 개념은 존재하지만, 이는 일반적인 원자핵처럼 안정적으로 존재하는 것이 아니라, 매우 불안정한 상태에서 짧은 시간 동안만 유지되는 입자 군집이다. 사중수소는 삼중수소보다 더 많은 중성자를 포함하고 있지만, 현재까지 발견된 바로는 매우 짧은 시간 내에 붕괴하여 다른 입자로 변환된다. 사중수소는 이론적으로 가능하지만, 자연에서는 발견될 수는 없다. 그러나 최근 물리학

실험에서 잠깐 존재하는 증거가 발견되었는데, 매우 불안정하기 때문에 실용적으로 사용될 가능성은 거의 없고, 너무 불안정하여 핵융합 연료로도 적합하지 않다.

경수와 중수하면 70년대 초등학교 꼬맹이 학생들 이름처럼 조금은 촌스러운 것 같지만, 뒤에 '로爐' 라는 글자가 붙으면 상황이 확 달라진다. 원자력 발전소에서 쓰이는 핵원자로 이름이 경수로와 중수로이기 때문이다. 그중 경수로는 김영삼 정부 시절인 1993년부터 KEDO한국에너지개발기구를 통해 한국형 원자로를 북한에 지원한다고 해서 '한국형 원자로'에 대해 언론에 많이 보도되었다. 원자로는 경수로 중수로 흑연로 세 종류가 있는데, 여기서 언급된 한국형 원자로는 바로 '경수로'다.

경수로나 중수로 등 원자로형은 들어봤지만, 차이를 아는 사람은 많지 않을 것이다. 그 차이에 대해 알거나 모르거나 관심을 두거나 두지 않거나 물론 살아가는 데 전혀 지장이 없다. 그러나 우리는 이제 미래 지속 가능한 에너지와 에너지 대전환의 시대에 살고 있기 때문에 원자력 발전에 대한 기본 상식은 쌓아둘 필요가 있다. 명백한 차이점은 원자로에서 사용되는 감속재를 기준으로 발전용 원자로가 구분된다. 감속재란 말 그대로 무엇인가의 속도를 감속시키는 재료를 말하는데, 바로 핵분열의 속도를 감속시키는 것을 의미한다.

12 원자력 발전을 위한 핵분열의 원리

원자력 발전의 원리는 핵분열을 이용하는 것인데, 원리는 그다지 복잡하지는 않다. 간단하게 표현하면 중성자 한 개를 원자핵에 충돌시키면 핵이 쪼개지면서 중성자 2~3개가 튀어나오고 엄청난 에너지가 발생되는데 튀어나온 중성자들이 또다시 연쇄적으로 다른 원자핵들에 충돌하며 수십 개의 중성자와 에너지를 발생시키고 기하급수적, 즉 폭발적으로 핵이 분열되며 에너지가 발생하게 되는 것이 핵분열의 원리다.

모든 물질은 기본적인 구성단위인 원자atom로 이루어져 있다. 또한 원자는 원소의 화학적 성질을 갖는 가장 작은 단위이기도 하다. 앞서 설명했듯이 원자는 중심에 원자핵이 있고 그 주위를 도는 전자로 이루어져 있는데, 원자핵은 양(+)전하를 띠는 양성자와 전기적으로 중성인 중성자가 모여 원자의 중심부에 자리 잡고 있고, 음(−)전하를 가진 전자는 그 주변을 둘러싸고 마치 달이 지구를 도는 것처럼 빙빙 돌고 있다.

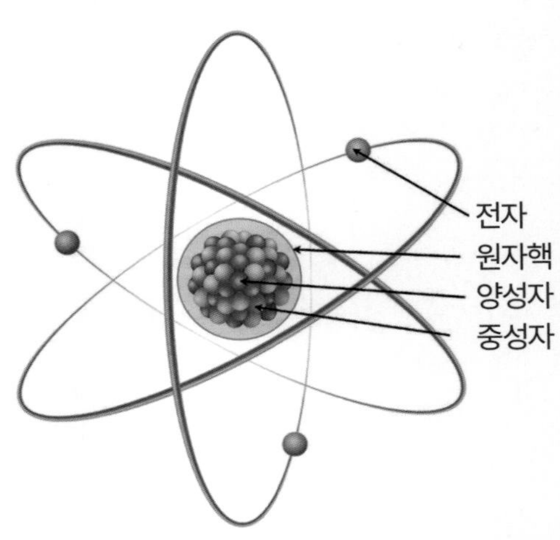

원자의 구조_그림으로는 원자핵이 꽤 크고, 이를 돌고 있는 전자의 궤도가 가까운 것처럼 보이지만, 실제는 전자의 궤도가 축구장 크기라면 원자핵의 크기는 축구장 한가운데에 있는 무당벌레 크기 정도 된다.

그러니까 원자핵은 양성자와 중성자들이 마치 주먹밥이 뭉쳐진 것처럼 서로 간의 강한 힘인 핵력에 의해 철썩 붙어 있으니까, 핵은 양성자와 중성자의 결합체다. 또한 양성자와 전자의 수는 같기 때문에 원자는 전기적으로, 중성적으로 안정된 상태를 유지한다. 그러나 원자의 크기는 지름이 100억분의 1mm 정도로 우리 눈으로는 절대 확인할 수 없을 정도로 매우 작다.

원자가 이해되었다면, 그 중심에 있는 원자핵이 지금 이야기의 주인공이다. 원자력에 이용되는 원자핵은 '우라늄-235'라는 물질의 원자핵이다. 원자력이라고 부르는 이유도 원자핵의 힘을 이용한다는 뜻이다. 그래서 원자력 발전은 원자핵의 분열을 이용하여 발전한다는 의미인데, 포켓볼 당구를 생각해 보면 쉬울 듯하다. 15개의 당구공을 삼각 틀에 넣고(당구공 배치도 룰이 있다) 배치한 다음 흰색 당구공을 15개의 당구공 무더기의 중심에 치는 것이다. 이렇게 초구를 치는 것을 브레이크라 하는데, 흰색 공에 맞은 중심을 맞은 당구공 무더기는 흩어지게 된다.

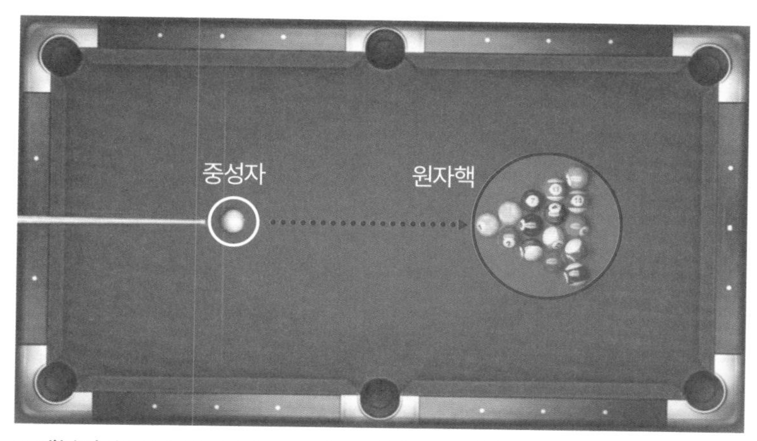

포켓볼의 초구를 치듯이 중성자가 원자핵에 부딪힌다_중성자가 원자핵에 부딪히면 여러 개로 쪼개져서 흩어지게 된다.

이때 흰색 공은 중성자가 되고 15개의 당구공 무더기는 우라늄-235 원자핵이 되는 것이다. 흰색 당구공에 맞은 당구공 무더기가 흩어지는 것처럼 우라늄-235도 중성자에 충돌되면 원자핵이 더 작은 원자핵인 바륨Ba과 크립톤Kr으로 쪼개진다.

이 과정을 핵분열Fission이라고 하며 이때 우라늄-235는 사라지고 분열 생성물인 바륨, 크립톤 그리고 2~3개의 중성자가 추가로 방출되는데, 이 방출된 중성자는 또 다른 우라늄-235와 충돌하여 연쇄반응을 일으킨다. 이 연쇄 반응이 바로 기하급수적으로 일어나는 핵분열, 즉 핵폭발이 되는 것이다. 그럼, 에너지는 어떻게 생성이 되는 것일까?

원자핵에 중성자가 충돌되면 바륨과 크립톤으로 쪼개질 때 질량이 결손되고, 그 결손 된 질량만큼이 에너지로 바뀌는 것이다. 그 에너지가 우라늄-235가 가지고 있는 전체 에너지 질량의 0.1% 정도인데…, 혹자는 '애개개

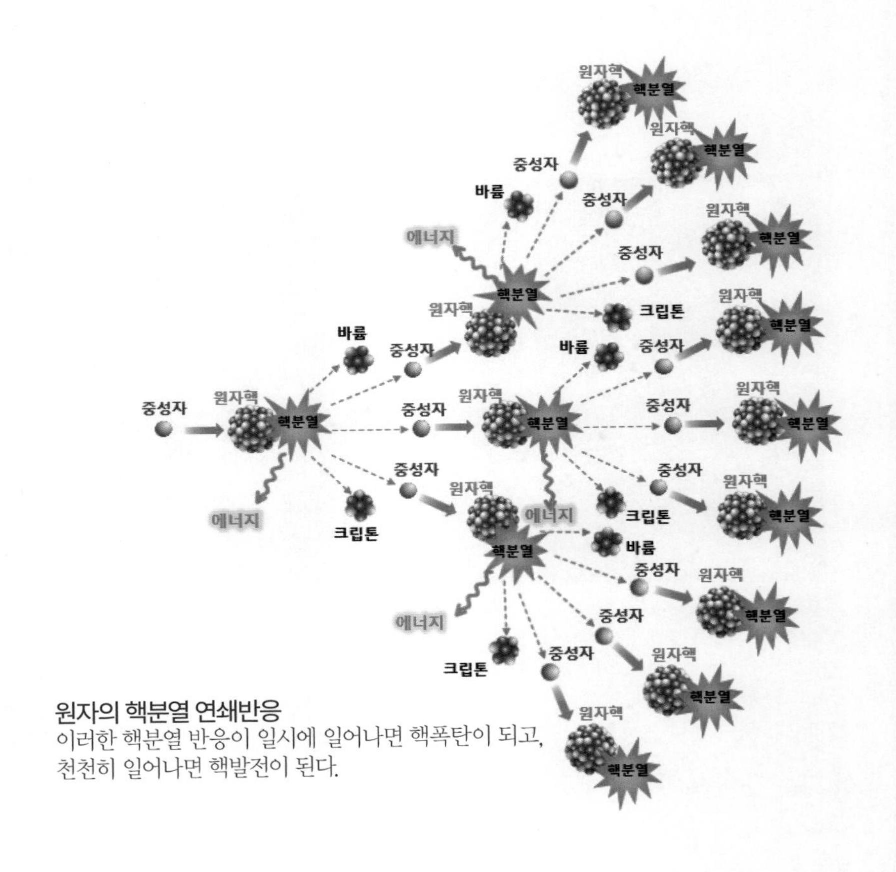

원자의 핵분열 연쇄반응
이러한 핵분열 반응이 일시에 일어나면 핵폭탄이 되고, 천천히 일어나면 핵발전이 된다.

꼴랑 0.1%를 누구 코에 붙여…' 라는 말을 할 수 있을 것이다. 그러나 이 0.1%의 질량은 과자 부스러기처럼 아주 적은 양이지만, 하나가 쪼개질 때마다 중성자가 나오면서 연쇄 핵분열 반응을 일으키다 보니 이 과정에서 엄청난 열에너지가 발생하게 된다. 이것을 같은 무게의 석유나 석탄을 태우는 것과 비교해 보면 약 200~300만 배 많은 에너지를 발생시킨다.

어떻게 그런 엄청난 에너지가 나올 수 있는 것일까? 그것은 바로 아인슈타인의 그 유명하고 아름다운 방정식인 $E=mc^2$에서 이유를 찾을 수 있다. 방정식의 의미는 '에너지는 질량에 빛의 속도의 제곱을 곱한 것과 같다.' 이다. 방정식에서 E는 에너지, m은 질량, c는 빛의 속도인 초속 약 30만km, 우주에서 가장 빠른 속도다. 바꿔 말하면 이러한 에너지는 질량에 빛의 속도 제곱을 곱한 값이므로 아주 조금의 질량만으로도 엄청난 에너지가 생성되는 것이다. 따라서 우라늄-235 1g이 핵분열 할 때 생기는 에너지는 석유 9드럼200ℓ ×9 = 1,800ℓ 이나, 석탄 약 3톤이 완전히 연소할 때 생기는 에너지와 같은 양이므로 우라늄은 석탄에 비해 약 300만 배의 열을 낸다고 할 수 있다. 핵분열 반응 중에 방출되는 이 엄청난 에너지는 다양한 방법을 통해 열 또는 전기 에너지로 변환할 수 있다.

13 물 원자로, 경수로와 중수로

원자로를 이해하려면 보일러를 생각하면 된다. 즉 물을 끓여 그 증기로 인한 열에너지를 이용해 터빈을 돌려 발전을 할 수 있도록 만드는 보일러. 앞서 우라늄-235에 중성자를 충돌시키면 핵분열 반응이 일어나면서 열에너지가 발생한다고 했다. 그런데 핵분열 반응을 순간이 아닌 오랫동안 일어나게 함으로써 열을 얻는 장치가 바로 원자로다. 핵분열에 의한 열에너지를 오랫동안 얻어내려면 핵분열을 인위적으로 조절해야 하는데, 결론적으로 말하면 핵분열로 생긴 빠른 중성자고속 중성자를 감속재를 이용하여 핵분열을 잘 일으키는 느린 중성자(열중성자)로 만들어 핵분열 연쇄반응을 일으키도록 하는 장치다.

원자폭탄은 우라늄U-235의 핵에 중성자를 쏘아 핵분열반응이 한꺼번에 일어나서 폭발하도록 한 것이다. 원자력발전은 원자로 속에서 일어나는 핵분열반응 속도를 조절하여 천천히 핵분열이 일어나도록 한다. 핵분열 감속 방법은 핵에 대

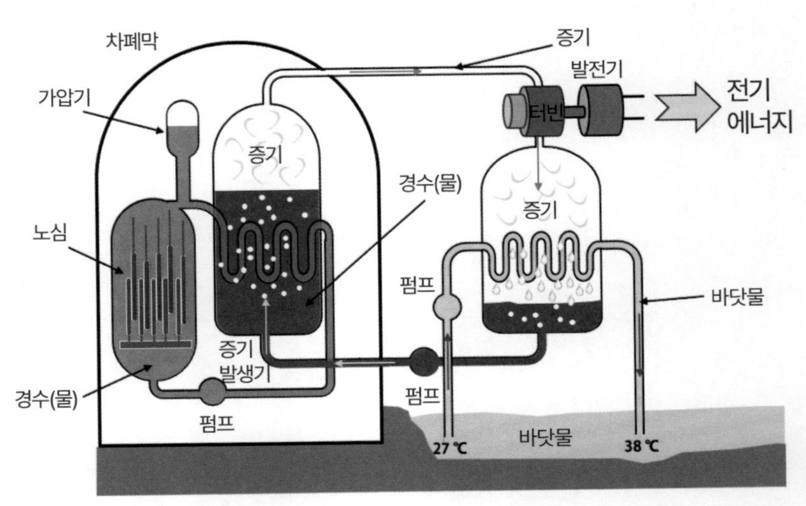

원자력 발전의 원리_노심을 싸고 있는 물이 경수면 경수로, 중수이면 중수로이다.

한 본격적인 연구가 시작된 20세기 초에 이미 물이나 석탄(흑연) 속에서 핵분열이 일어나면 중성자가 감속되어 천천히 일어난다는 것을 알게 되었다. 특히 원자로에 중수를 적당량 넣으면 중성자의 속도를 좀 더 잘 조절할 수 있다. 그래서 중수는 원자로에서 핵분열반응 속도를 줄이는 '감속제moderator'로 사용된다.

이처럼 원자로에서는 핵분열 속도를 조절하기 위한 방법으로 감속재뿐만 아니라 냉각재도 사용되는데, 감속재는 핵분열 반응 속도를 통제하는 물질이지만 노심도 냉각시켜야 하는 냉각재도 필요하다. 다른 핵분열 통제 물질로 제어봉이 있는데, 제어봉은 중성자를 흡수하여 핵분열 반응을 제어하거나 멈추는데 사용한다. 차이점은 감속재는 중성자의 속도를 줄이지만 제어봉은 중성자를 흡수하여 반응을 억제하는 것이다.

감속재와 냉각재를 물로 사용하는 원자로로는 경수로輕水爐와 중수로重水爐가 있고, 감속재를 흑연으로 사용하고 냉각재로 이산화탄소나 헬륨 혹은 물을 사용하는 흑연로黑鉛爐가 있다. 경수로는 핵연료봉Fuel Assembly을 우리가 마실 수 있는 물(H_2O)에 담가놓고 분열을 시키는 원자로이고 중수로는 우리가 쉽게 접할 수없는 특수한 물인 중수(D_2O)에 담가놓고 분열시키는 원자로다.

전 세계 원자력발전소의 80% 이상이 경수로로 설계되어 있다. 원래 경수로는 잠수함용 원자로에서 발전해 왔다. 원자로가 일반적인 보일러와 구분되는 가장 뚜렷한 차이점은 산소 없이도 우라늄 연료를 태울 수 있다는 점이다. 따라서 산소 공급이 원활하지 못한 잠수함의 동력원으로 제격인데, 미 해군은 이 점에 착안해 1946년부터 잠수함용 원자로 개발에 착수했다.

경수로는 더 세부적으로 2가지 종류인 가압 경수로PWR과 등압 경수로BWR가 있다. 가압 경수로는 냉각재에 평균 이상의 많은 압력을 가하는 것이고, 등압 경수로는 압력을 가하지 않는다. 가압 경수로에서 냉각재에 압력을 가하는 이유는 물의 끓는 온도 때문이다. 밀폐된 원자로 안에 냉각재로 쓰이는 물이 우라늄-235의 핵분열에 의해 끓기 시작하면 수증기로 인해 압력이 높아지게 된다. 이 압력은 원자로에 압박을 가해 원자로가 폭발할 염려가 있으므로 냉각재가 끓지 않게 하는 것이 중요하다. 또한 감속재이기도 한 물이 끓어서 기체가 되어버리면 감속 효과가 현저히 줄어들 수 있다.

등산을 가서 높은 산에서 물을 끓이면 기압이 낮아 금방 끓어오르는 것을 보았을 것이다. 물은 1기압 상태에서는 100℃에서 펄펄 끓지만, 1기압보다 낮은 압력에서는 100℃ 이하에서도 끓는 성질이 있다. 물의 이와 같은 성질을 이용하면 냉각재 물이 쉽게 끓어올라 원자로 내 압력을 높이는 것을 방지할 수 있다. 즉 물에 대기압 약 150~160배의 높은 압력을 가하면 320~350℃ 정도로 온도가 올라가도 끓지 않고 액체 상태로 존재하게 된다. 보통 원자로 내부에서 냉각재는 300℃ 온도로 운전되며, 물은 이 온도에서도 끓지도 않고 액체 상태를 유지한다.

중수로는 우리가 쉽게 접하지 못하는 특수한 물인 중수를 냉각재와 감속재로 사용하는 원자로다. 이미 설명했듯이 중수는 경수보다 질량이 약 1.11배 클 뿐, 대부분의 화학적 특성은 경수와 같다. 그러나 경수는 중성자를 흡수하는 데 반해 중수는 중성자를 흡수하지 않는다는 차이점이 있다. 그래서 경수로에는 저농축 우라늄을 연료로 사용하고 중수로는 우라늄-235가 약 0.7% 정도만 함유된 천연 우라늄을 연료로 사용한다.

경수로는 핵연료로 농축우라늄을 사용하기 때문에 우라늄 농축시설이 있어야 한다. 그래서 연료 제작비가 많이 들어간다. 하지만 일반 물인 경수를 냉각재와 감속재로 사용하므로 비용이 적게 들어간다. 중수로는 연료가 천연 우라늄이므로 우라늄 농축시설이 불필요해 연료제작비가 적게 들어가지만, 냉각재와 감속재로 쓰이는 중수 비용이 많이 들어간다. 왜 이런 선택을 했을까?

중수로는 캐나다에서 개발되었다 하여 별칭이 'CANDU'인데, 캐나다 + 중수소 + 우라늄CANada + Deuterium + Uranium을 조합한 말이다. 경주 월성에 있는 4기의 원자력 발전소가 중수로다. 캐나다는 핵 개발이 한창이던 제2차 세계대전 때 미국처럼 핵무기를 만드는 데 필요한 우라늄 농축 기술을 개발하지 못했다. 그러나 캐나다에 풍부하게 매장되어 있는 천연 우라늄 자원을 활용하여 발전하기 위해, 2차 대전이 끝나고 나서 천연 우라늄을 연료로 사용하고 감속재와 냉각재로 중수를 사용하는 중수로를 개발할 수 있었다. 결국은 농축 기술을 개발하지 못해 천연 우라늄을 사용하려는 방편이었던 것이다. 우리는 왜 월성에 중수로를 건설했을까? 그 이유는 뒤에서 설명하기로 하고, 다음 표에 원자로에 대한 기본 내용을 정리해 놓았다.

원자로	연료	냉각재	감속재	개발국	비고
가압경수로	저농축 우라늄 (3~5%)	경수	경수	미국	월성원전 제외 우리나라 모든 원전
비등경수로	저농축 우라늄 (1~3%)	경수	경수	미국	
중수로	천연 우라늄 (0.7%)	중수	중수	캐나다	경주 월성원전
흑연감속비등로	저농축 우라늄 (2%)	중수	중수	소련	체르노빌
흑연가스냉각로	천연 우라늄 (0.7%)	이산화탄소, 헬륨	흑연	영국	

중수로는 우라늄 함유량이 0.7%밖에 되지 않은 천연 우라늄을 연료로 사용하기 때문에 핵분열 연쇄반응을 일으킬 확률이 농축 우라늄을 연료로 사용하는 경수로에 비해 매우 낮다. 따라서 핵분열에서 나오는 중성자를 감속시켜 중성자가 핵분열 연쇄반응에 기여할 수 있도록 감속재도 중수로 사용한다.

그럼, 우리나라에는 우라늄 농축시설이 있는지, 그리고 핵폭탄에 이용하기 위한 우라늄의 농축량은 어느 정도 되는지 알아보자.

아쉽게도 우리나라는 현재 우라늄 농축시설을 가지고 있지 않다. 그래서 원자력 발전에 필요한 저농축 우라늄LEU는 전량 수입에 의존한다. 이미 핵 비확산조약NPT과 한미 원자력 협정에 따라 우라늄 농축과 사용후핵연료 재처리에 대한 제한을 받고 있기 때문에 핵폐기물 저장시설조차 없다. 보통 핵폭탄 1개를 만들기 위해서는 농축도 90% 이상의 고농축 우라늄-235가 50~60kg 정도 필요하며, 플루토늄은 우라늄에 비해 더 강력하여 소량으로도 높은 폭발력을 제공하기 때문에 농축도 90% 이상의 플루토늄-239가 약 6~8kg만 있다면 가능하다.

그렇다면 우리나라 원자력 발전소에서 생성되는 플루토늄의 처리는 어떻게 하고 있을까? 원자로에서 연료로 사용되고 생성된 플루토늄은 발전소 내 '습식 저장조Spent Fuel pool'에서 냉각을 시킨 후, 어느 정도 냉각된 플루토늄은 캡슐 형태의 건식 저장 시설로 옮겨져 임시로 저장된다. 그러나 플루토늄을 재처리하여 추출하면 핵무기 원료를 만들 수 있기 때문에 세계적으로 매우 민감한 사안이라 이는 '한미 원자력협정'에 따라 단지 보관만 하고 있다. 그래서 장기 보관시설인 고준위 방사성 폐기물 저장시설을 계획하고 있으나 이마저도 환경 · 지역 · 정치적 문제로 쉽게 결정하지 못하는 상황이다. 이것이 큰 문제다.

우리가 병원에서 사용하는 방사선 장비에 쓰이는 원료도 모두 핵폐기물에서 뽑아낼 수 있지만, 앞서 설명한 이유로 우리는 전량 수입에 의존해야 해서 비싼 값에 사용할 수밖에 없다. 아마도 핵폐기물 저장시설과 재처리 시설이 갖춰진다면 병원의 진단 검사비도 감소할 수 있지 않을까 한다.

그럼, 북한이 어떤 방법을 이용해 핵무기를 가지게 되었는지 한번 유추해 보자. 북한은 현재 감속재를 흑연으로 사용하는 흑연감속원자로와 경수로를 가지고 있다. 그런데 북한의 원자로는 전력 생산보다는 플루토늄 생산에 초점이 맞춰져 있다. 그 이유는 당연히 핵무기에 관심이 많기 때문이다. 따라서 핵폭탄과 우라늄과 플루토늄에 대한 관계가 궁금해질 것이다. 다음 내용이 어렵지는 않지만 조금은 지루할 수 있는 TMI 시간이 시작되니 읽어낼 자신이 없다면 110 페이지 삼중수소 편으로 건너뛰는 것도 괜찮다.

14 우라늄과 플루토늄

우라늄은 대충 알겠는데, 갑자기 튀어나온 플루토늄에 대해 알아보자.

우라늄-235의 농축량이 3~5%인 것을 저농축 우라늄이라 하는데, 그럼 나머지인 95~97%를 차지하고 있는 것은 무엇일까? 바로 우라늄-238이다. 그렇다면 우라늄-235이 0.7% 함유된 천연 우라늄의 나머지 99.3%도 당연히 우라늄-238일 것이다. 그럼, 이제부터 우라늄이라는 계급장 떼고 235와 238로 불러보자. 앞서 찔끔 들어있는 235를 이용해 핵분열을 한다고 했다. 그럼, 대부분을 차지하는 238을 무슨 일을 할까? 238은 핵분열 반응에는 참여하지 못하지만, 대신 중성자를 흡수하여 연쇄반응 속도를 조절하는 감속 효과를 낸다. 그런데 문제는 238이 중성자를 흡수하면 플루토늄-239가 생성된다는 것이다.

또한 이 플루토늄이라는 놈은 우라늄보다 훨씬 위험하다는 것이 문제다. 실제로 미국이 1945년 8월 6일 히로시마에 던져버린 원자폭탄 '쪼그만 놈Little Boy'은 우라늄-235를 사용했으나, 3일 후 8월 9일 나가사키에 투하한 원자폭탄 '뚱땡이Fat Man'는 플루토늄-239를 사용하였다. 원자력 발전을 할 때 235를 이용한 핵분열 과정에서 중성자가 방출되는데 일부 중성자는 238이 꿀꺽 먹어 치우며 플루토늄-239로 변신한다. 모든 238이 그러는 것은 아니고 전체 238의 약 1% 정도가 중성자를 먹어 치우면서 플루토늄으로 변신한다. 따라서 이론상으로는 경수로에서는 238의 약 0.5~1%가 플루토늄으로 변신하지만, 실제 플루토늄 추출은 매우 어렵고, 중수로에서는 238의 1~1.2%가 플루토늄으로 변신하는데, 여기서는 플루토늄의 의미 있는 추출이 가능하다. 물론 238의 10% 이상을 플루토늄으로 변신시키는 고속 특수 원자로Fast Reactor도 있기는 하다.

플루토늄은 사용후핵연료에서 추출이 가능하고 높은 에너지 밀도를 가지고 있어서 효율적인 연료로 사용하며, 일부 원자로에서는 연료 번식 과정을 통해 새로운 플루토늄을 추출하기도 한다. 그러나 방사능과 화학적 독성이 매우 강해 취급이 매우 위험하고 환경에 누출될 경우 심각한 오염을 초래한다. 또한 핵 확산 위험에 심각하게 노출되어 있다.

그런데 현대에 들어서 우라늄보다 플루토늄이 더 위험하다고 하는 이유는 실제로 플루토늄이 우라늄보다 핵무기에 더 많이 사용되고 있어서다. 또한 플루토늄은 방사능과 화학적 독성 때문에, 우라늄에 비해 취급과 훨씬 까다롭고 위험하기 때문에 고도의 기술과 안전 설비가 필요하다. 그러나 핵발전이 끝나고 나온 사용후핵연료에서 추출이 가능하기 때문에 에너지로써 활용 가치가 있을 것으로 판단되지만 플루토늄은 연료를 추출하기 위한 제조와 그리고 플루토늄 핵발전을 위한 원자로 개발과 운용에 고비용이 소요되어 기존 우라늄 연료보다 경제성이 낮을 우려가 있다.

실제로 플루토늄 기반의 원자로가 있기는 하다. 플루토늄을 우라늄 산화물과 혼합하여 만든 MOXMixed Oxide Fuel: 혼합산화연료는 기존 경수로에서 발전 연료로 사용이 가능하지만 MOX 연료제작 비용이 소요된다. 다른 방법은 중수로CANDU는 플루토늄을 연료로 사용할 수 있기 때문에 MOX나 플루토늄을 중수로에서 핵발전 연료로 사용할 수 있다. 플루토늄은 우라늄-235에 비해 더 높은 핵분열 에너지 밀도를 가지고 있고, 사용후핵연료에서 추출한 플루토늄을 재활용하면 핵연료 자원의 활용도를 높일 수 있어서 천연 우라늄의 자원 고갈을 늦출 수 있다.

앞서 설명되었지만, 원자폭탄 1개를 만들기 위해서는 우라늄-235는 50~60kg이 필요하지만, 플루토늄은 단 6kg이면 충분하다. 그래서 플루토늄의 가장 큰 골칫거리는 뭐니 뭐니 해도 핵무기의 강력한 연료로 사용된다는 점이다. 역사적으로 이미 미국, 소련, 영국, 프랑스, 중국, 인도, 파키스탄, 북한 등 여러 국가가 이를 활용해 핵무기를 개발했다. 플루토늄-239는 소량만으로도 막대한 폭발력을 제공할 수 있는 핵분열성 물질이기 때문에 이미 현대 핵무기의 핵심 기술로 자리 잡았다.

15 우리나라 원전 이야기

우리는 1960년대 급속한 경제성장을 이루는 과정에서 안정적인 전력공급이 시급한 과제로 떠올랐다. 화석연료와 같은 에너지 자원이 부족했기 때문에 원자력 발전 기술을 도입하고자 했다. 그래서 미국의 웨스팅하우스Westinghouse 사의 가압경수로 원자로를 기술이전방식Turn Key Base으로 도입하여 1971년에 착공하고 1978년에 상업운전을 시작하였는데, 그 원전이 바로 경수로 원전인 고리 1호기다. 그러나 바로 다음에 지어진 월성 1호기 원자로는 앞서 설명된 캐나다의 CANDU 중수로다.

왜 최초 건설한 원전의 원자로는 경수로이고, 두 번째 건설한 원전 원자로는 중수로일까? 거기에는 정치적 의미가 담겨 있다. 월성 1호기를 중수로로 결정한 것은 당시 박정희 정부가 비밀리 세운 핵무기 개발 계획과 연관이 있다는 내밀한 이야기도 있고, 원자력 기술의 미국 의존도를 낮추고 원천기술의 공급망에 대한 다원화 차원이라는 표면적 이유도 있다. 또한 중수로는 우라늄 농축이 필요치 않고 원자로 가동 중에도 연료 교체가 가능하다는 장점이 있다.

그러나 중수로의 몇 가지 기술적 한계와 정치적 이유로 인해 미국 웨스팅하우스사로부터 기술을 이전받은 경수로 국산화에 노력하게 되었는데, 1980년대 이후부터 경수로를 국산화에 집중한 결과 90년대에는 기술 자립도 95% 이상의 한국형 원자로가 개발되었다. 초기형 모델은 1990년대에 건설된 울진 3호기와 4호기다. 원전 기술을 이전받은 지 20년도 되지 않아 독자 기술로 원자로의 설계 건설 운영 관리가 가능하게 된 것이다. 기술 자립도 100%가 되지 않은 것은 한미 원자력협정에 의한 우라늄 농축시설, 플루토늄 재처리시설, 고준위 핵폐기물 저장시설 등이 없어서 원료를 수입해야만 하기 때문이다. 그렇지만 원자로 건설에 있어서는 미국과 일본을 제치는 등 세계 최고 수준의 기술을 가지고 있는 것은 사실이다. 실제로 우리에게 기술을 전수해 준 미국의 웨스팅하우스사는 방만한 경영을 하다 지금은 여러 국가의 먹잇감으로 전락해 영국에서 일본으로, 그리고 다시 캐나다 자산운용사에 헐값으로 팔리는 등 여기저기 팔려 다니는 신세를 면치 못하고 있다.

이유가 어떻든 당시 박정희 정부는 경수로에서 나오는 사용후핵연료는 핵무기 원료인 플루토늄 추출이 어렵기 때문에 플루토늄 추출이 훨씬 쉽고 종류가 다른 핵발전소인 중수로 원전을 선택해 아마도 특별한 용도에 사용하려 했을 수도 있다. 그러나 객관적으로 보면 중수로는 경수로에 비해 단점이 매우 많다. 천연우라늄을 연료로 쓰기 때문에 거의 매일 일정량의 핵연료를 교체해야 하고, 고준위 핵폐기물의 양이 다른 경수로 원자로를 가진 핵발전소보다 훨씬 많다. 우리나라 전체 원자력 발전소는 총 28기(고리 6기, 새울 2기, 월성 4기, 신월성 2기, 한빛 6기, 한울 8기)인데, 그 중 중수로는 14%인 단 4기밖에 되지 않는다. 그러나 이들에 의한 고준위 핵폐기물의 양은 전체의 절반을 넘는다. 또한 경수로에서 나온 사용후핵연료에 관한 연구만 진행이 되다 보니 중수로에서 나온 사용후핵연료에는 감량이나 소멸 기술도 사용하지 못한다.

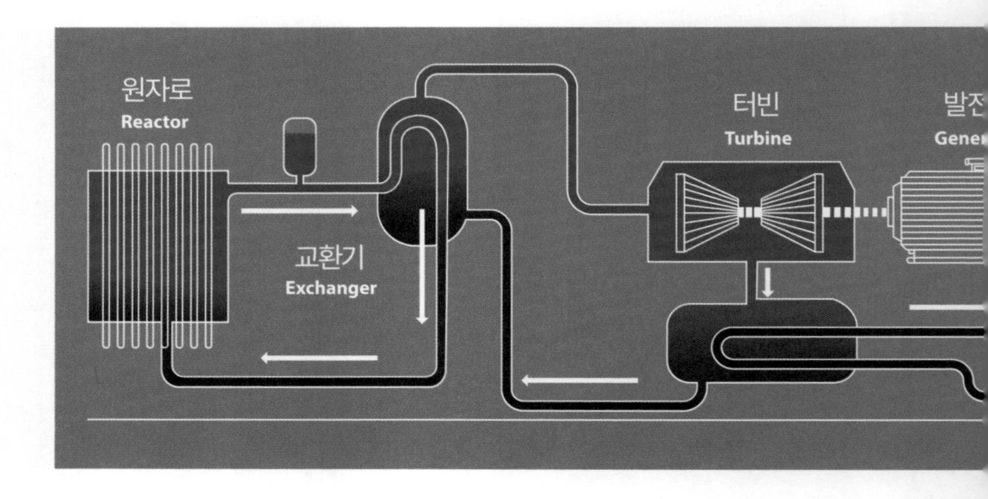

또한 세계적으로도 중수로 원자력 발전소를 운영하는 나라에서도 그다지 인기는 없다. 중수로 운영 국가는 캐나다, 한국, 중국, 인도, 파키스탄, 아르헨티나 정도인데 캐나다와 우리나라를 제외하면 대부분이 핵무기 개발 프로그램과 연결되어 있다. 중국은 플루토늄 추출과 전력 생산을 위해, 인도 역시 핵무기 개발을 위해, 파키스탄은 핵무기 개발을 위한 플루토늄 생산을 목적으로 중국과 협력하여 중수로를 운영했다.

중수로 원전은 캐나다가 총 19기로 가장 많고 다음으로 인도, 그리고 우리나라가 4기를 운영하며 세 번째로 많은 국가인데, 기술이전 방식으로 도입한 것이 아니기 때문에 사업 확장성도 거의 없고, 한국형 중수로 원전으로 개발할 가능성도 없다. 대부분 국가의 중수로 건립 목적이 전력 확보보다는 핵무기와 연결된 사실에 비추어 보면 우리나라 월성 중수로 원전 역시 그 범주에서 크게 벗어나 보이지는 않는다. 또한 월성 1호기와 월성 3호기는 중수 누출 사고 등 사건 사고가 자주 발생하고 있어, 월성 1호기는 최종적으로 2019년 12월 24일 영구 정지되었다.

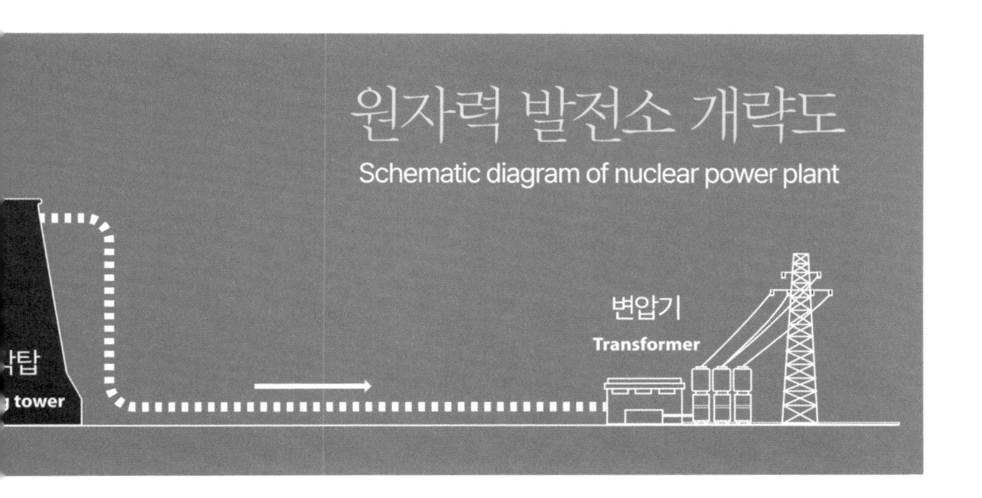

16 왜 김영삼 정부는 북한에 원자력 발전소를 지어주려 했을까?

결론적으로 말하자면, 경수로는 플루토늄 추출이 어렵기 때문에 핵무기 개발의 원료로 사용하기 어렵다는 장점(미국의 시각에서) 때문이다. 북한은 1960년대에 소련의 원자력 기술을 도입하여 영변에 원자력 연구소를 설립하고 1965년 최초로 연구용 원자로인 IRT-2000을 건설했다. 북한은 주로 흑연감속로Graphite-Moderated Reactor를 기반으로 했는데, 감속재로 흑연 냉각재로 이산화탄소를 사용하고 연료는 천연우라늄을 사용한다. 흑연감속로는 플루토늄-239를 쉽게 생산할 수 있기 때문에 핵무기 개발에 적합하다. 1986년 영변 5MW급 원자로를 개발하여 가동했는데, 이 원전의 플루토늄 생산능력은 연간 6kg으로 핵무기 1개의 제조가 가능한 시설이다.

1990년대 초 북한은 플루토늄을 이용한 핵무기 개발 의혹을 받고 1994년 김영삼 정부 시절 미국과 북한이 '제네바 합의'를 체결하고 국제 원자력 기구IAEA의 감시를 받는 대신 북한에 에너지(경유) 지원과 현대식 경수로 2기를 건설해 주기로 합의했다. 이미 알다시피 플루토늄 추출이 상대적으로 어려운 경수로로 북한의 플루토늄 생산을 막기 위한 조치였다.

이를 위해 한미일 공조 에너지 기구인 'KEDOKorean Peninsula Energy Development Organization'가 설립되고, 1997년 함경남도 신포에 경수로 건설이 시작되었다. 그러나 2002년에 북한이 우라늄 농축 프로그램을 비밀리에 진행하고 있다는 사실이 밝혀지면서 미국과 북한 간의 신뢰가 깨졌고, 2006년 경수로 건설이 약 30% 정도 완료된 상태에서 KEDO 프로젝트는 공식적으로 중단되었다.

결국 북한의 핵무기 개발 기술은 이미 1950년대부터 소련과 중국의 기술적 지원을 받으면서 시작되었고, 1962년 김일성은 국방과 경제 개발을 동시에 진행하겠다는 '병진 노선'을 선언하면서 군사적 자립을 강조했다. 그리고 1980년대 들어서 영변 5MW급 원자로와 재처리 시설을 갖추고 무기급 핵물질 생산 능력을 갖추면서 본격적으로 핵무기를 개발한 것으로 간주한다.

결과적으로 경수로가 있거나 없거나, 북한은 10~20년 전이 아닌 무려 60년을 훨씬 넘어서는 긴 핵무기 개발 역사가 있는 것이다. 따라서 북한이 이미 보유하고 있다고 공표한 핵무기들도 모두 플루토늄 원료를 사용한 것으로 보이기 때문에 그 원료는 모두 영변의 원자로에서 추출된 플루토늄이지 않을까 생각된다.

17 삼중수소란?

원자핵에 양성자 한 개와 중성자 두 개가 들어있는 것을 삼중수소Tritium, T, ^{3}H라 하는 것은 이미 알고 있을 것이다. 그런데 가격이 말이다. 엄청나다. 삼중수소는 금값보다 약 500배 비싸다. 무려 1g에 3,500만 원이다. 수소는 1kg에 고작 8,000~10,000원 사이인데, 삼중수소는 어디에 금테를 둘렀는지 몰라도 수소보다 무려 400만 배나 비싼 것이다. 도대체 왜 이렇게 비쌀까? 당연히 자연 상태로는 존재하지 않아 얻기 어렵기 때문이다. 그럼, 삼중수소를 어디에 쓰기 위해서 필요로 하는 것일까?

삼중수소는 스스로 빛을 내는 성질이 있다. 그래서 옛날에는 어두운 곳에서도 빛을 내는 형광물질에 사용되었는데, 요즘에는 수소폭탄의 원료나 핵융합 발전의 핵심 원료로 사용된다. 그램당 수천만 원 하는 물질을 고작 야광 시계 눈금이나 바늘을 밝혀주는 야광 물질이나 비상구를 밝혀주는 야광 물질, 혹은 공항 활주로 등에 이용된다는 말에 아연실색할 수도 있겠지만 사실… 옛날에는 그랬다.

그렇지만 요즘 삼중수소의 가격이 하늘 높은 줄 모르고 치솟고 있는 이유는 삼중수소가 수소폭탄의 핵심 원료이기 때문에 전략핵 물자로 분류되어 국가 간 거래가 엄격히 통제되고 있어서 그렇다. 특히 꿈의 에너지로 불리며 인류의 중요한 미래 에너지원으로 부각되고 있는 '핵융합 에너지'의 연료이기도 하기 때문이다. 핵융합 에너지가 부각되는 이유는 연료로 쓰이는 중수소와 삼중수소가 바닷물에 무한할 정도로 풍부하고, 심각한 사고의 위험이 없는 안전한 에너지이며, 원자력의 치명적인 단점인 고준위 방사성폐기물이 수반되지 않고, 화력발전의 문제점인 온실가스 배출이 없다는 점 때문이다.

그렇지만 삼중수소는 중수소보다 훨씬 희귀하다. 그래서 아직은 비싸다.

그리고 일반 수소처럼 산소와 결합해 물 형태로 존재하기 때문에 분리가 어렵다. 삼중수소는 우주에서 쏟아지는 우주 방사선Cosmic ray이 지구 대기권 상층의 수소와 충돌하여 극히 적은 양이 자연적으로 만들어지는데, 주로 수증기나 빗물, 바닷물 등에 녹아 있지만 수돗물에도 미량 섞여 있기도 하다. 앞서 설명했듯이 삼중수소는 방사성 동위원소로 불안정한 상태로 방사성 붕괴 과정에서 방사선의 한 종류인 베타선을 방출한다.

삼중수소가 방출하는 베타선은 에너지가 작아 공기 중에서 약 6mm 정도만 직진방사할 수 있어서 종이나 피부도 투과하지 못하지만, 물 형태로 체내에 들어가면 피폭을 일으킬 수 있다. 그러나 뼈나 지방층에 농축되는 중금속이 아니어서 대사 작용에 의해 10일 정도면 주로 소변으로 배설되어서 다른 핵종에 비해 조금 덜 해롭기는 하다.

삼중수소는 중수소와 마찬가지로 수소라는 단순한 원소의 변형이지만, 이 두 동위원소는 과학은 물론 우리 일상과 그리고 미래의 에너지 산업에 큰 영향을 미치고 있다. 수소가 우주에서 가장 가벼운 원소이고 그 기본 형태는 하나의 양성자와 하나의 전자로 구성된 것은 이미 설명되었다. 또한 수소 원자는 그 내부에 중성자를 추가로 가질 수도 있고, 중성자의 수에 따라 수소는 중수소와 삼중수소라는 특별한 동위원소로 변한다는 사실도 이미 알고 있겠지만 다시 한번 되새기는 것이다.

삼중수소는 자연에서는 거의 없어서 주로 인공적으로 얻어내야 한다. 현재로서 가장 저렴한 삼중수소 획득 방법은 원자로에서 중성자를 리튬리튬-6에 쏴서 붕괴시킨 후 삼중수소로 바꾸는 방식인데, 이 공정이 비싸기 때문에 삼중수소의 가격이 높다. 또 다른 방법은 내내 설명하였던 중수로에서 얻는 방법인데, 중수로는 원천적으로 삼중수소를 많이 배출한다. 현재 핵융합 발전 등 산업용으로 쓰는 삼중수소는 중수로CANDU에서 삼중수소제거설비Tritium Removal Facility, TRF를 통해 생산된다. 현재 삼중수소를 생산할 수 있는 이 TRF 설비는 전 세계에서 캐나다와 우리나라만 보유하고 있다. 우리나라는 2007년부터 월성 원전 1, 2, 3, 4호기에서 삼중수소를 생산했다. 지금은 월성 1호기가 영구 정지되어 2, 3, 4호기에서 생산한다.

월성 원전은 TRF 설치로 인해 삼중수소가 이전 배출량 대비 65%나 줄었지만, 우리나라 전체 핵발전소 삼중수소 배출량의 거의 40%가 월성 원자로에서 나온다. 그러다 보니 인근 지역 주민들의 건강 문제가 끊임없이 제기되어왔다. 역학조사 결과 월성 핵발전소 인근 여성의 갑상샘암 비중이 다른 지역에 비해 2.5배나 높게 나오고, 어린아이의 소변에서도 삼중수소가 측정되었다는 보도를 접하다 보면 삼중수소의 단순 성질을 보고 판단할 것이 아니라 객관적 위험성이 내포되어 있다는 사실은 인지해야 한다.

삼중수소는 자체 발광 특성으로 예전에는 총기용 야간 가늠쇠, 시계나 나침반의 야광도료, 형광 섬유 등 제작 등 산업 활용도가 높았지만, 지금 그 분야에는 대체 물질이 쓰이고 있고, 실제로는 의료용으로 에이즈AIDS: 후천성면역결핍증 진단 시약, 제조 · 백혈구 검사 등에 사용하고 있다. 삼중수소는 전 세계적으로 수소폭탄용 등 군사용을 제외하면 산업적으로 이용할 수 있는 재고는 약 18kg에 불과하다. 그중 우리나라가 보유하고 있는 삼중수소는 약 5.7kg으로, 가격으로 환산하면 약 2,000억 원에 달한다. 따라서 TRF설비를 통해 생산한 삼중수소를 다량 보유한 국가이기는 하지만 아직까지 우리나라 국가핵융합에너지연구원의 인공 태양 핵융합로 'KSTAR'에 쓰이는 삼중수소는 전량 수입하고 있다.

18 야광 물질과 반딧불이

삼중수소가 시계 침이나 비상구 표시 등 하찮게 사용된 적이 있다고 했는데, 그 이유는 삼중수소가 아주 쓸만한 야광 물질이었기 때문이다. 야광 곤충으로 유명한 '개똥벌레'라는 노래가 있다. 이 노래는 '한돌'이라는 작곡가가 어린이를 위한 연극을 위해 지었으나 실제로는 무대에 올리지 못했고 가수 신형원이 노래로 불렀다.

개똥벌레는 흔히 반딧불이 혹은 반딧불이라고 알려진 곤충이다. 크기 1~2㎝로 아주 작은 곤충으로 맑은 1급수의 물이 있는 계곡에 주로 서식한다. 반딧불이는 야행성으로 암컷 배의 여섯 번째 마디, 수컷 배의 여섯 번째와 일곱 번째 마디에 있는 발광부를 통해 스스로 빛을 낼 수 있다. 반딧불이 배 부위의 발광 세포 안에는 루시페린Luciferin이라는 물질이 있다. 이 루시페린은 루시페레이스Luciferase라는 효소와 반응하여 산화되는데 이때 꽁무니에서 영롱한 빛을 방출한다. 반딧불이 주로 밤에 이러한 빛을 냈기 때문에 야광이라고 했다.

반딧불이_개똥벌레라 불리어 지저분할 것 같지만 주로 맑은 1급수의 물이 있는 계곡에 서식한다.

그런데 반딧불이가 내는 빛은 화학에너지가 완전히 빛 에너지로 전환되는 것이라 열이 발생하지 않는다. 그래서 차가운 빛인 '냉광cold light'으로 불린다. 이것이 의미하는 바는 열 손실이 거의 없는 매우 효율적이 빛 에너지라는 것이다. 대부분의 에너지는 분해되는 과정에서 빛과 열, 그리고 전기가 발생한다. 가까운 예로 백열등이 켜진 상태에서 손을 대보면 손을 델 정도로 뜨겁다는 것을 알 수 있다. 백열전구는 전기에너지의 10%만이 빛으로 전환되고 나머지는 열로 빠져나가는 가장 비효율적 구조이기 때문에 생기는 현상이다. LED 램프가 같은 밝기에서 백열전구에 비해 전기를 10~20%밖에 소모하지 않은 것을 보면 열로 빠져나가는 에너지가 엄청난 것을 알 수 있다. 또한 빛의 색상은 반딧불이의 종류에 따라 다르며, 보통 노란색, 녹색, 또는 연한 빨간색으로 나타나기도 한다.

반딧불이 이렇게 아름다운 빛을 내는 이유는 특정 패턴으로 빛을 깜빡이며 짝을 유인하는 짝짓기용이기도 하지만, 일부 반딧불이는 포식자에게 자신이 맛이 없음을 알리는 신호이거나 혹은 겁을 주는 용도로서 빛을 낸다.

채근담採根譚에 이런 구절이 있다.

糞蟲至穢. 變爲蟬而飮露於秋風분충지예. 변위선이음로어추풍
腐草無光. 化爲螢而輝采於夏月부초무광. 화위형이휘채어하월
固知潔常自汚出, 明每從晦生也고지결상자오출, 명매종회생야

굼벵이는 지극히 더럽지만 변해서 매미가 되어 가을바람에 이슬을 마시고,
썩은 풀은 빛이 없지만 화해서 개똥벌레가 되어 여름 달밤에 빛을 낸다.
진실로 깨끗한 것은 언제나 더러움에서 나오고,
밝은 것은 언제나 어둠에서 생겨남은 알 수 있으리라.

윗글을 보면 옛날 사람들은 반딧불이가 썩은 풀이나 개똥 혹은 소똥 등에서 생겨났을 것으로 본 것 같다. 실제로는 강가, 논, 혹은 숲에서 서식하고 습하지만, 깨끗한 환경에서 자란다. 그렇지만 옛사람들은 습한 두엄이나 배설한 지 얼마 되지 않은 습한 소똥 부근에서 반딧불이를 많이 발견하고 개똥벌레라 이름을 지었을 수 있다. 또 다른 가설은 '개똥도 약에 쓰려면 없다'라는 속담처럼 옛날에는 지천으로 깔린 것이 개똥이었다. 그처럼 개똥처럼 많이 보이는 것이 반딧불이라 그렇게 이름 붙인 것은 아닐까?

옛날에는 '개'자를 앞에 붙이면 다 욕으로 통하던 시절도 있었지만, 요즘은 명사 동사 형용사 부사 가리지 않고 앞에 '개'자가 붙으면 엄청난, 많은, 심하게 등 강조하는 접두사로 쓰이고 있다. 심지어는 미디어 매체에도 버젓이 등장한다. 또한 '개대박, 개 좋아, 개짱, 개 부럽다, 개 맛있어, 개 이뻐, 개이득, 개웃김'라는 긍정적인 표현뿐만 아니라, '개멍청하다, 개 싫다, 개구리다' 등 부정적 표현에도 붙이는 등 어법에 맞지 않게 붙여 쓰고 있다. 그러나 국립국어원이 이런 '개' 접두사에 대해 다음과 설명을 내놓았다.

1. 질이 떨어지는, 흡사하지만 다른 혹은 야생 상태의 접두사로 예는 개꿀, 개떡, 개살구, 개철쭉 등
2. '헛된, 쓸데없는'의 뜻을 더하는 접두사로 예는 개고생, 개꿈, 개수작, 개죽음, 개나발 등
3. (부정적인 뜻으로) 정도가 심한 뜻을 가진 접두사로 예는 개잡놈, 개망나니 등

위의 설명을 보니, 실제로 우리가 사용하는 '개'는 멍멍이가 아닌 것은 확실하다. 그리고 언어는 변천하는 것이니 요즘 세대들이 사용하는 '개' 접두사도 멍멍이가 아닌 것은 맞다. 그렇다, 그 개는 그 개가 아니고, 그 개가 맞다.

반딧불이에 대해 알려진 고사로 형설지공螢雪之功이라는 말이 있다. 순전히

반딧불이와 흰 눈의 공로 때문이라는 뜻이다. 옛날 중국의 진나라 차윤車胤이라는 사람은 집이 가난해 등불을 밝힐 기름을 살 수 없을 정도였다. 그렇지만 여름철에 수십 마리의 반딧불이를 명주 주머니에 넣고 그 불빛으로 책을 보며 공부하여, 결국에는 이부상서라는 높은 벼슬에 오르니 사람들은 이를 두고 차윤취형車胤聚螢이라 하였다.

손강孫康이라는 사람 역시 성품이 곧고 어려서부터 배움에 큰 뜻을 두었지만 집이 가난해 기름을 살 돈이 없었다. 그는 겨울밤이면 하얀 눈雪에 글을 비추어 책을 읽었고, 뒤에 벼슬이 대사헌까지 올랐다. 한자를 즐겨 쓰는 사람들이 흔히 책상을 설안雪案이라 하는 것은 손강의 고사에서 유래한 것이다. 손강孫康은 한겨울 눈에 반사되는 달빛으로 공부했다는 것이다.

반딧불이의 한 마리의 밝기는 얼마나 될까?

반딧불이 한 마리의 밝기는 약 3룩스 정도 된다고 한다. 달빛의 밝기가 1룩스이니 그 보다 세 배 정도 밝다. 참고로 1룩스는 1미터 거리에서 촛불 한 개가 내는 밝기를 나타내는 단위다. 따라서 반딧불이 한 마리는 촛불 세 개 정도의 밝기다. 누군가 해본 적이 있는지는 모르겠지만, 이론상 반딧불이 80마리를 모으면 고사 속의 차윤처럼 한 페이지에 20자가 인쇄된 천자문을 읽을 수 있고, 200마리를 모으면 신문도 읽을 수 있다고 한다. 실내의 밝기인 조도는 장소에 따라 다르지만 KS 조도 기준에 따르면 우리가 업무를 보는 사무실의 밝기는 최저 300, 보통 400, 최고 600, 평균 500룩스 정도 된다.

반딧불이처럼 밤에 아름다운 빛을 내는 야광에 대해 인간은 빛을 흉내 내고 싶어 한다. 그중 대표적인 것이 야광 시계이다. 시침 분침 숫자 바늘에 발광 페인트를 칠해 밤에도 빛이 나오기에 쉽게 알아볼 수 있는 시계다. 이때 발광 페인트는 방사성 물질을 이용해 밤에도 빛나게 만드는 방식이었는데, 그 방사성 물질이 라듐Ra-226과 프로메튬Pm-147을 함유한 발광도료였다.

23 야광 물질 라듐과 퀴리 부인

삼중수소는 방사성 붕괴를 통해 보통 10~25년간 자체적으로 일정한 밝기의 빛을 발산하는 물질이라고 설명했다. 물론 반딧불이도 밤이 되면 자체적으로 빛을 낸다. 삼중수소와 반딧불이가 내는 빛은 서로 뭐가 다를까? 바로 방사능 방출의 여부다. 반딧불이는 화학반응에 의한 자연적으로 매우 안전한 생물발광Bioluminescence으로 삼중수소의 방사성 붕괴와는 다른 메커니즘이다.

삼중수소의 방사능 방출은 이미 설명했듯이 에너지가 적어 공기 중에서 약 6㎜ 정도 방사되고 종이나 피부도 투과하지 못한다. 대신 먹거나 흡입하면 큰일 난다. 대표적 방사성 물질로 라듐이라는 원소를 들어보았을 것이다. 우리 모두가 잘 아는 그 유명한 퀴리 부인이 발견했다. 1897년, 파리 소르본느 대학의 박사과정에 있던 마리 퀴리는 그의 지도교수인 프랑스 과학자 앙리 베크렐로부터 신기한 이야기를 들었다. 사진을 인화하는 데 사용하는 사진건판과 우라늄이라는 물질을 함께 서랍에 넣었는데, 사진건판이 마치 빛에 노출된 것처럼 뿌옇게 변했다는 것이다.

이 뜻은 외부의 에너지가 없더라도 우라늄 자체가 스스로 빛을 방출할 수 있다는 의미였다. 마리 퀴리는 이 광석에 어떤 신비한 광선이 들어있다는 확신을 가지고 연구에 돌입했는데 당시에는 독일 은광에서 발견된 검은색 광물인 '피치블랜드'에 주목했다. 은광에서 일하는 광부들에게 빛나는 은이 아닌 재수 없게 생긴 검은색 광물은 처치 곤란한 골치거리로 여겨져 '재수없는Pech' + '광물Blende'의 합성어인 피치블렌드로 불렸다. 현재는 학명은 우라니나이트Uraninite: 역청 우라늄석이며 우라늄이 추출되는 중요한 광석으로 주요 천연자원 중 하나다.

과학자들의 모습을 상상해 보자. 실험실에서 의사들처럼 하얀 실험복 가운

입고 연구하는 모습을 상상한다면 오산이다. 연구…?? 해본 사람은 알겠지만 쉽지 않다. 과학자 공학자로 대표되는 이공계 연구자들의 연구 실상은 대부분 소위 막노동에 가깝다. 소위 연구자 과학자로 통하는 우리끼리도 그렇게 얘기했다. 숱하게 밤을 새워야 하는 밤샘 노가다, 막노동꾼이라고…. 아마도 마리 퀴리는 현재의 연구 환경보다 수십 배는 더 열악했을 것이다.

피치블랜드를 잘게 부수는 퀴리 부인_연구는 수많은 밤을 새우며 해 본 사람만이 그 어려움을 안다. 풀리지 않던 연구 난제를 꿈에서 해결하는 경우도 허다하다.

마리 퀴리는 새로운 방사성 원소를 발견하고 그 특성을 밝히는 데 집중돼 있었다. 그의 연구는 우라늄을 추출하고 남은 피치블렌드 광석을 적당한 용매로 녹이는 것부터 시작했다. 피치블렌드에는 라듐뿐만 아니라 온갖 물질이 포함돼 있기 때문에 광물에서 라듐을 추출하기 위해 8~10톤의 엄청난 양의 피치블렌드를 해머로 내리치고 잘게 부수어서, 두꺼운 철봉을 돌려가며 40~50톤의 강산성 용매에 녹였다. 그리고 수백 톤의 물을 써서 밤낮으로 정제하고 전기분해를 통해 라듐을 추출했다고 한다. 그리하여 겨우 0.1g의 라듐과 미량의 폴로늄을 얻었다고 하니 연구의 90% 이상은 해머로 내리쳐서 광물을 깨고 깨진 조각을 잘게 부수고 갈아서 분말로 만드는 소위 노가다 작업이었을 것이다. 엄청난 노동에 마리 퀴리는 한때 체중이 9kg 가까이 줄었다고 한다.

그리하여 1898년, 방사능을 방출하는 여러 원소를 발견했는데, 하나는 마리 퀴리의 모국인 폴란드의 이름을 따 폴로늄Polonium이라 이름을 붙였고, 다른 하나는 '빛을 내다' 뜻을 라틴어 'Radius'에서 따 라듐Radium이라는 이름을 붙였다. 그리고 라듐은 어두운 곳에서 스스로 푸른빛을 발산했기에 '방사능Radioactivity'이라고 이름을 지었다. 라듐은 석탄같이 검고 쓸모없어 보이는 광물인 피치블렌드에서 단순한 원소 분리 공정을 통해 얻어졌다. 그러나 당시 발견된 방사능은 스스로 빛을 내면서 에너지는 잃지 않는 듯 보여 에너지보존 법칙에 위배되는 현상이라고 여겼기 때문에 노벨물리학상이 수여되었다.

라듐은 푸르스름하고 아름다운 인광을 내는 물질이지만 엄청난 양의 방사능을 방출한다. 그런데, 사실은 라듐을 발견한 마리 퀴리는 반감기가 무려 1600년에, 가장 유명한 방사성 물질인 우라늄의 300만 배나 되는 방사능을 가진 지구상에서 가장 위험하고 음흉한 물질 중 하나인 라듐에 완전히 속았다고 볼 수 있다. 마리 퀴리는 라듐이 스스로 빛을 내지만 열은 내지 않기 때문에, 단순히 무한히 빛을 얻을 수 있는 광원으로 사용할 수 있다고 본 것 같다. 소위 자연의 법칙에 위배된 무한 광원으로만 생각했지, 엄청난 방사능이 배후에

도사리고 있었던 것은 몰랐을 것이다. 결과적으로 라듐이 내뿜는 방사능 때문에 산란되고 아름답게 보이는 빛에 그만 속아버린 것이다.

사실 알고 보면 라듐은 스스로 빛을 내는 물질이 아니다. 라듐에서 방출된 방사능이 주변의 공기 또는 형광체를 자극하여 푸른 빛을 내도록 하는 것뿐이다. 또한 마리 퀴리는 라듐이 내뿜는 방사능은 너무 강력하여 인류에게 치명적인 해를 가할 수 있다는 사실을 몰랐기 때문에 요즘 말로 완전히 개 발려버린 것이다.

그런데도 마리 퀴리를 포함한 당시 사람들은 방사능의 의해 산란된 빛을 처음 접하고는 완전히 매혹되어 버렸다. 또한 라듐이라는 새로운 원소의 출현과 그로 인한 노벨상 수상은 라듐의 선풍적인 인기를 불러일으켰다. 마치 영생의 약을 보는 것처럼 라듐이 엄청나게 좋은 물질일 것이라고 착각했기 때문에 단번에 사람들의 마음을 사로잡아 버렸다.

당시의 가장 큰 문제는 라듐이 얼마나 무서운 방사성 물질인지를 몰랐던 것이다. 젊은 아가씨들은 어둠 속에서도 밝은 빛으로 미소를 보낼 수 있다며 손톱 · 입술 · 치아에 바르기도 했다. 라듐이 몸에 좋다는 잘못된 인식마저 가졌으며 만병통치약으로 보고 기침약에도 라듐을 섞었고 라듐 생수는 영생의 물로 둔갑하여 팔려 나갔다. 또한, 라듐이 암세포를 파괴하는 효과가 있다는 사실이 알려지면서 만지거나 먹으면 몸에 이롭다고 생각하여 라듐 화장품, 라듐 치약, 라듐 초콜릿, 라듐 우유, 라듐 버터 등 라듐 시리즈가 봇물이 터지듯 하였다. 한동안 우리 사회가 '4차 산업혁명'이 빠지면 말이 되지 않았던 시대가 있었고, '인공지능'이 빠지면 이름을 붙일 수 없는 시대였던 것처럼, 당시에는 라듐을 사용하지 않으면 물건을 만들 수도 팔 수도 없을 정도로 '핫'한 아이템이었다. 하지만 라듐의 선풍적인 인기는 얼마 지나지 않아 치명적인 재앙으로 변했는데, 라듐을 다루거나 접촉한 사람들에게서 궤양, 종양 등이 발생하고 인체에 악영향을 끼친다고 알려지기 시작하자 시장에서 빠르게 사장되었다. 그 결정적인 역할을 했던 것이 바로 '라듐 걸스', 즉 라듐 소녀들 사건이다. 라듐 소녀들은 라듐이 함유된 야광 안료를 시계의 눈금과 바늘에 바르던 소녀공들을 칭하는 말이다.

라듐을 입술에 칠하는 소녀(상단 좌), 가정용 라듐 광천수 제조기(상단 우)
라듐시계 여직공들(하단)
_당시 라듐은 자연의 법칙을 어기고 지속적인 에너지를 방출하는 신비의 물질로 각광받았다.

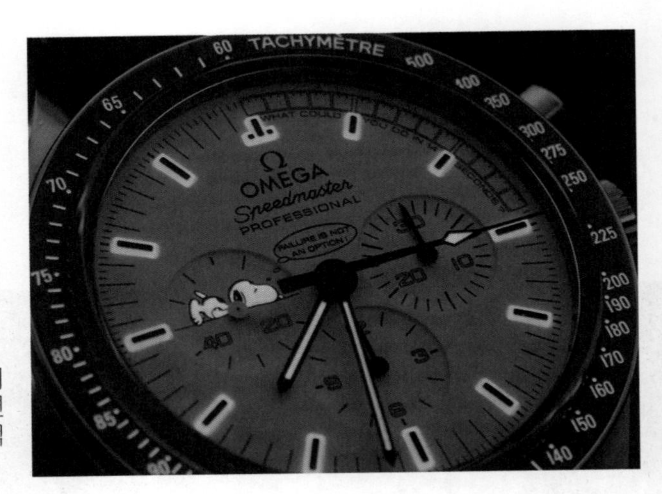

야광 시계_만일 저 야광이 삼중수소라면 지금 저 시계는 수억 원이 넘을 것이다.

20세기 초 미국 뉴저지주의 시계 공장에서는 캄캄한 밤중에도 시계를 볼 수 있도록 시곗바늘과 눈금에 라듐을 칠했다. 당시 공장에서 일하던 여직공들은 크고 작은 시계 판에 섬세하게 야광 색을 덧칠하는 일을 했는데, 라듐이 주원료인 야광 페인트에 붓을 찍은 다음 입술로 붓끝을 뾰족하게 만들어 시계 판에 야광 색을 칠했다. 이 과정에서 노동자들은 엄청난 양의 라듐에 피폭된 것이다.

결국, 1923년부터 여직공들에게 각종 암을 비롯한 의문의 질병으로 사망하는 여성 노동자들이 생겨나자, 여직공들인 '라듐 걸스'는 1925년 회사를 상대로 소송을 제기했고, 무려 14년에 걸친 공방 끝에 1939년 승소하게 된다. 하지만 그사이 50여 명이 넘는 라듐 소녀들은 이미 숨을 거두게 된 뒤였지만 라듐 소녀공들의 희생 덕분에 라듐의 위험성이 세상에 알려지게 되고 사용이 금지되게 된 것이다.

사실 이 불쌍한 소녀들은 '라듐 루미너스Radium Luminous'사에서 생산하는 라듐 시계를 생산하다 피폭된 것이다. 미국인 발명가 윌리엄 J. 헤머Willam J. Hammer는 스스로 빛을 내는 발광 페인트를 발명하고 거기에 '어둡지 않다'라는

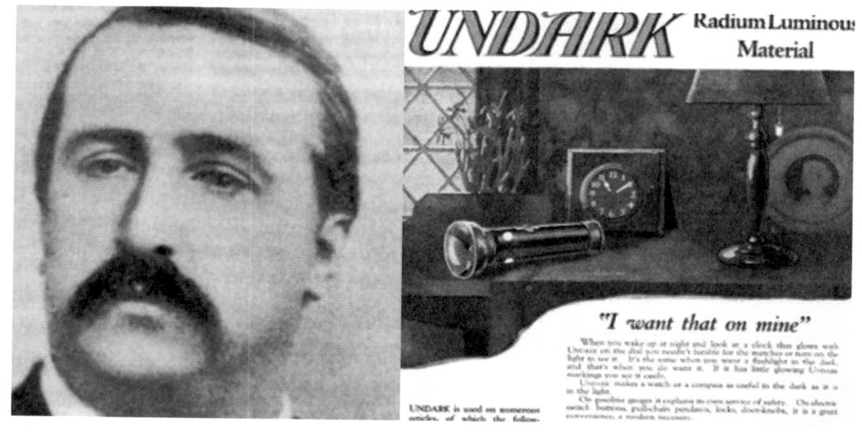

사빈 아놀드 촌 소로츠키(좌)와 언다크 광고(우)_소로츠키는 돈 벌레라는 별명이 붙을 정도 돈만을 좇았다. 언다크는 떼돈을 벌게 해 준 그에게는 고마운 페인트이지만 모두에게는 죽음의 페인트였다.

뜻의 '언다크Undark'라는 이름을 붙여 생산했다. 1915년 사빈 아놀드 폰 소로츠키Sabin Arnold von Sochocky는 헤머가 발명한 언다크를 상업화하기 위해 라듐 루미너스를 세우고 라듐을 칠 한 시계 다이얼이나 비행기 계기판 등을 생산했는데, 그에게는 학문적인 야심이나 공명이나 사회적 기여 따위는 관심 없었다. 오로지 돈이 목적이었다. 또한 그 역시 자신도 라듐 때문에 집게손가락 일부를 잃었기 때문에 이미 라듐의 위험성을 알고 있었다. 하지만 자기 회사에 다니는 여직공들을 위해서는 아무런 조치도 취하지 않았다.

초창기에는 주로 교회 십자가나 첨탑에 칠하여 어두운 곳에서 빛이 나도록 했고, 점차 작은 탁상시계나 손목시계 등에도 칠했다. 사람들은 교회 십자가가 스스로 빛을 내는 것에 열광했고, 성령이 임했다고도 했다. 어딜가나 종교가 문제의 발단이기는 하다.

시계에 발광 페인트칠하는 노동자 대부분은 기껏해야 열 두서너 살밖에 되지 않은 어린 여직공들이었고 전혀 교육도 받지 못한 문맹 소녀들이 많았다. 발광 페인트로 아주 가는 선도 표현할 수 있도록 바를 때 사용하는 붓끝을 입술로 빨아서 뾰족하게 다듬어야만 했다. 나아가 재미삼아 치아와 손톱에 그 발광 페인트를 칠하고는 어두운 방에 들어가 환히 빛나는 치아와 손톱을 서로 자랑하기도 했다. 단순히 문맹이나 무지의 문제가 아니라 당시에는 라듐과 방사능의 위험성을 몰랐기 때문일 것이다. 그러나 문맹에 가까운 여직공에게 방사선이 위험할 수 있다고 경고한 사람은 당연히 아무도 없었고 글도 읽을 수도 없어서 매체로 접할 방법도 없었다. 더 최악인 것은 당시 미국 사회에서는 방사선이 이로운 것이라고 부추긴 사건이 있었다. 미국에서 발간되던 〈뢴트겐〉이라는 의학 잡지에서 방사선은 햇빛과 같은 존재라고 한 것이다.

사실을 되짚어 보면, 그보다 20여 년 앞서 독일 물리학자 빌헬름 뢴트겐은 여러 물질을 통과하여 사진 건판을 감광시키는 광선이 있다는 것을 발견했다. 그는 이 방사선인 뢴트겐선(X-선)에 끔찍한 이면이 있다는 것을 모른 채, 질병을 진단하는 데 도움 되는 것뿐만 아니라 암 치료에 중요한 역할을 한다고 홍보했다. 1916년에 발간된 〈뢴트겐〉이라는 의학 잡지는 방사선에 대해 다음과 같이 설명했다.

뢴트겐선에는 전혀 유독성 부작용이 없다.

뢴트겐선은 인간에게 식물에 필요한 햇빛과 같은 존재이다.

이제부터는 TMI 시간이다. 다음에 전개되는 라듐 걸스 이야기는 책으로 출간되고 연극으로 까지 만들어 질만큼 인류사에 큰 파장을 일으킨 사건이기 때문에 좀 더 자세하게 다룬 것이고, 우리나라의 라돈 침대 사건도 그와 같은 맥락이다. 에피소드보다는 다른 과학지식에 더 관심이 간다면 페이지 139 '야광이 빛을 내는 원리'로 건너뛰어라.

라듐 소녀들이 이야기는 퀴리 부부, 즉 마리 퀴리와 남편인 피에르 퀴리가 윌리엄 J. 헤머에게 전달해 준 라듐 소금 결정 샘플에서 시작되었다. 퀴리 부부에 의해 발견되었던 라듐은 당시만 해도 '기적의 물질'로 여겨지며 널리 알려지면서 약국에서는 모든 종류의 질병을 치료할 수 있다고 판매되었다. 또한 라듐이 노화를 예방할 수 있다는 믿음이 널리 퍼졌고, 회사들은 라듐 화장품, 라듐 치약 등 다양한 라듐 응용 제품을 내놓았다.

이 무렵 미국의 발명가 윌리엄 J. 해머는 파리에 가서 퀴리 부부로부터 라듐 소금 결정 샘플을 얻었다. 헤머는 미국의 저명한 발명가 중 한 사람이고 에디슨의 조수로도 알려진 사람이지만 사실은 백열전구의 핵심부품인 '필라멘트'의 발견자이기도 하고, 라듐을 암 치료제로 처음으로 제안한 사람이기도 하며 라듐 발광체를 발명하였다. 어찌 보면 에디슨보다 더 뛰어난 사람일 수도 있다.

1902년, 해머는 퀴리 부부로부터 받은 라듐 외에 몇 가지의 호기심을 자극할 만한 기념품들을 가지고 파리를 떠났다. 청록색의 빛과 따스한 느낌에 매료된 해머는 이 신비한 물질을 접착제와 반짝이는 황화아연과 결합해 라듐 페인트를 만들어 냈다. 1차 세계대전 중 미국 뉴저지 오렌지에 위치한 'US 라듐 코퍼레이션'이라는 회사는 '언다크'로 불리는 이 페인트로 라듐이 칠해진 번호판과 시곗바늘이 있는 손목시계를 제조하였다. 미군의 손목시계와 비행기 계기판에 생명을 불어넣으며 밤의 어둠을 밝히는 페인트는 당시에 마법과 같은 일이었기 때문에 제품의 광고 또한 다음과 같았다.

'이 모든 것이 라듐의 마법으로 가능했다!
Made possible by the magic of radium!'

심지어 집 주소, 권총 조준기, 전등 스위치, 장난감 인형의 눈까지 반짝임을 선사하며 군사용을 넘어 대중의 일상에 스며들었다. 이러한 화려한 발명 이면에는 어두운 그림자가 드리워져 있었음에도, US 라듐은 "절대적으로 무해한 미량의" 방사성 원소를 사용한다며 소비자들을 안심시켰다. 물론 완전히 밀봉된 완제품 자체는 문제가 없었지만, 이를 공장 안에서 생산하는 사람들에게는 그 양이 상상을 초월할 정도로 위험했다.

라듐 화장품 광고 전단지 일부_ 이 광고를 낸 Radior는 런던에 있는 회사로 라듐 화장품을 바르면 수술 없이도 아름다움을 얻을 수 있다는 점을 강조하는 광고를 내보냈다.

우리나라가 6·25 전쟁이 끝나고 난 1950년대부터 1970년대까지 수많은 사람들이 일자리를 찾기 위해 서울로 상경하고, 산업단지가 밀집해 있었던 대구, 마산, 구미 등지로 고향을 등지고 떠났던 것처럼, 제1차 세계대전 당시의 미국에는 많은 여성들이 생계를 위해 새로운 일자리를 찾고 있었다. 그중 하나가 바로 시계의 번호판과 바늘에 라듐을 바르는 '다이얼 페인팅'이었다. 다이얼 페인팅은 당시 가난한 직장 여성들에게 있어 금전적으로 큰 보상이 주어지는 엘리트 직업(그들의 표현을 그대로 쓰자면 'the elite job for the poor working girls')이었다. 평균 공장 일자리의 3배나 되는 임금을 받으며, 전국 여성 근로자의 상위 5%에 속한 이들은 금전적 자유를 만끽하며 자신감 넘치는 삶을 꿈꿀 수 있었다.

대부분의 여성들은 십 대들이었는데, 우리도 알다시피 십 대들은 아직 손이 굳지 않았기 때문에 어떠한 일이라도 쉽게 능숙해질 수 있는 예술적 자질을 가지고 있을 시기다. 그래서 작은 손으로 시계 분침과 시침에 그리고 바늘에 손떨림 없이 미세하게 라듐을 칠할 수 있는 십 대 소녀들을 이용한 것이다. 또한 매력적인 엘리트 직업이라는 말을 친구나 가족 네트워크를 통해 널리 퍼뜨림으로써 형제자매가 함께 일하는 경우도 많이 생겨났다.

교대 근무를 마치고 나면 근무 중 몸에 스며들었던 라듐이 빛을 발산했기 때문에 저녁 무렵이면 소녀들의 몸에서는 밝은 빛이 나왔고, 밤에 이를 본 사람들은 '유령 소녀'로 부르기도 했다. 심지어 많은 여성은 이러한 '라듐 빛' 부작용을 이용하기 위해 가장 이쁘다고 생각되는 옷을 입고 일을 한 다음 나중에 댄스홀에 가서 홀로 빛이 나는 몸으로 춤을 출 수도 있었다. 어떤 여성들은 맘에 드는 남자들을 홀릴 요량으로 치아에 라듐을 발라 밝고 하얀 미소를 연출하기도 했다.

당시 라듐은 많은 질병을 치료할 수 있는 기적의 만병통치약으로 알려졌고, 이미 치약에 첨가하여 미백 효과를 냈기 때문에 아무도 효과나 부작용에 대해 의심하지 않았다. 한 신문은 라듐 생수를 토닉으로 마케팅할 때 '수명을 몇 년 더 늘릴 것'이라고 보도하기도 했다. 얼마나 바보 같은 일이 일어났는가?

다이얼 페인팅은 상상외로 매우 섬세한 작업이었다. 여공들은 낙타털로 만든 붓을 가늘게 만들기 위해 브러시 끝을 입술로 살짝 빨아서 썼다. 이렇게 하여 숙련된 손놀림으로 시계 번호판의 한 올 한 올의 점이나 줄무늬를 완벽하게 그려냈는데, 이렇게 입술을 이용하여 붓끝을 뾰족하게 만드는 작업을 '립 포인팅'이라 불렀다. 어린 소녀공들의 손끝에서 예술과 기술이 만나는 순간이었다.

라듐 소녀 중 '그레이스 프라이어'라는 소녀가 있었다. 그레이스는 1917년에 회사에서 일하기 시작했는데, 관리자에게

'입술로 붓털 끝을 빨아서 뾰족하게 해도 괜찮을까요?'

라고 물었다. 이에 대해 관리자는

'안전하다, 오히려 뺨에 장미꽃이 피듯 아름다워질 거야!'

라고 답했는데, 이것은 사실 고의로 속인 것이었다. 이미 라듐은 회사가

그레이스 프라이어 발병 전(좌) / 발병 후(우)_그레이스는 최초의 산업재해자로 기록되었다. 그녀는 라듐중독으로 1933년 34세의 나이로 사망했다.

라듐 다이얼 페인팅 사업을 시작하기도 전에 문제가 많이 발생했기 때문이다.

발견자인 마리 퀴리도 라듐을 취급하다가 이미 방사능 화상을 입었으므로, 라듐은 취급에 주의하지 않으면 큰 해를 입을 수 있다고 알려졌다. 또한 소녀공들과 같은 공장에서 일하는 남성 근로자들은 이미 실험실에서 납이 덧대어진 앞치마를 두르고 집게를 이용해 멀찌감치 떨어진 상태로 라듐을 다루고 있었다는 사실로 미뤄보아, 소녀공들을 제외한 대부분의 사람은 라듐의 위험성을 알고 있었을 것이다.

1922년 5월, 그레이스의 동료인 '몰리 메지아'가 병에 걸렸다. 처음에는 이빨에 통증이 심했으나, 점점 이빨을 지지하고 있는 턱뼈가 으스러져 여러 개의 이빨을 뽑아야 했다. 시간이 가도 몰리의 병에 대한 의사들은 근본 원인을 찾지 못하고 우왕좌왕했고, 결국은 치과 의사는 으스러져 버린 턱뼈 부위를 제거할 수밖에 없었다. 며칠 후 어쩔 수 없이 몰리의 아래턱 전체를 제거해야만 했고, 제거된 턱부위에서 심한 출혈이 발생해 결국 1922년 9월 12일, 몰리는 24세의 나이로 사망했다.

그런데도 의사들은 몰리가 무슨 병으로 죽음에 이르렀는지를 정확히 알지 못했기 때문에 사망 진단서에 '성병'으로 인한 사망이라고 기록하였다. 이 기록은 나중에 라듐 소녀들에게는 불리한 소송 증거로 이용되었다.

몰리를 시작으로 다른 소녀공들이 비슷한 증상으로 죽어가기 시작했고, 그레이스를 포함한 아직은 건강한 소녀공들은 회사를 상대로 법적 소송을 제기했다. 회사는 거의 2년 동안 책임을 부인하기에 바빴으나 이러한 사실이 알려지면서 인력 채용이 어려워지고 판매실적은 부진에 빠지기 시작했다.

급기야 회사는 라듐과 소녀공들에게 발병한 병은 무관하다는 보고서를 조사기관에 의뢰하였는데, 조사 연구 결과는 회사의 의도와 정반대로 소녀공들에게 발병한 끔찍한 질병의 원인이 라듐이었다고 나와버렸다. 이러한 조사 연구 결과를 받아 든 회사 사장은 불같이 화를 내며 연구보고서를 조작하도록 지시했고, 노동부의 조사에도 거짓 증언을 하였다.

그러면서 언론 매체를 통해 소녀공들이 자신들의 고질적인 질병의 발병 원인을 라듐으로 돌리려 한다고 비난하며, 질병의 원인은 문란한 성적 행위 때문이라고 선언해 버렸다. 회사가 실력 있는 변호사를 동원하여 조사기관은 물론 언론까지 매수하여 상황을 정반대로 뒤집어 버리자, 상황은 소녀공들에게 매우 불리하게 되었다.

이러한 상황에서 소녀공들은 해리슨 마틀랜드라는 의사를 찾아서 질병과 사망의 원인을 밝혀달라고 요청했고, 해리슨은 라듐의 위험성을 증명할 방법을 고안해 냈다. 여러 차례 위험도 높은 실험을 실시한 결과 라듐은 신체와 가까이 있어도 위험하지만, 체내에 들어가면 치명적이라는 사실을 밝혀냈다. 즉 라듐이 체내에 축적되면 끊임없이 방사선을 방출하여 모든 장기를 파괴해 버린다는 것이다.

라듐이 묻힌 붓 솔을 뾰족하게 만들기 위해 입술로 빨면서 지속적으로 라듐을 삼켰던 소녀공들은 이미 체내에 축적이 되어 뼈와 장기들에 심각한 문제들을 유발하기 시작했는데, 그레이스도 이때쯤 라듐으로 인한 심한 골다공증으로 척추가 저절로 으스러져 버렸다. 그리하여 등받이 보조대를 착용하고 있었는데, 그레이스의 동료 소녀들 역시 몇몇은 이미 턱을 잃어버린 상태였고, 몇몇은 암에 걸린 상태가 되어 있었다. 그럼도 불구하고 회사는 해리슨의 실험 결과에 불복하며 소녀들의 발병과 사망원인은 성병에 의한 것이라고 주장했다.

해리슨은 회사의 이러한 터무니 없는 주장에 맞서기 위해 이미 라듐 질병으로 사망한 한 소녀의 무덤을 발굴하여 뼈를 추출했다. 놀랍게도 뼈는 그때까지도 푸른색 빛을 발하고 있었고, 매장한 지 수년이 지난 몰리의 무덤에서도 역시 밤에는 푸른빛을 내면서 방사능을 방출하고 있었다. 그리고 과학자들이 가세하여 소녀공들의 뼈는 앞으로도 1,600년 동안 계속 빛을 낼 것으로 예측했다. 소송이 진행되고 있는 순간에도 회사는 지속적으로 발뺌을 하고 있었기 때문에 그 방법이 먹혀들었는지, 미국 전역에서는 여전히 많은 '라듐 다이얼 페인팅' 공장들이 성업 중이었다.

그러나 소송에서 점차 해리슨과 소녀들이 우위를 점하기 시작하자 다른 공장의 소녀들도 하나둘씩 뭉치기 시작했다. 이것을 주도한 그레이스는 다음과 같이 말했다.

'너무 늦었지만, 이 싸움은 오로지 저 자신만을 위한 것이 아닙니다. 이미 라듐에 중독되어 피해를 볼 수 있는 수백 명의 소녀들을 위해서입니다.'

자기 자신도 문제이지만 라듐 다이얼 페인팅 작업으로 이미 라듐에 중독되어 버린 수백 명의 소녀공들을 생각한 것이었다.

소송은 쉽지 않았다. 이 소녀들이 고용한 변호사는 엄청난 돈을 쏟아붓는 회사가 고용한 쟁쟁한 변호사들을 상대해야 했기 때문이었다. 더구나 기존의 판결을 완전히 뒤집어야 했기 때문에 승소 가능성은 거의 없었다. 소송에서 아직 라듐의 위험성과 라듐 중독은 인정되지 않았고, 더구나 배상받을 만한 가치가 있는 것인지에 대한 확신도 없었다.

산업재해보상보호법상 직업적 재해는 2년 이내에 소송을 제기해야 하는 공소시효가 있었는데, 라듐 소녀들이 발병하기까지는 5년이 지나야만 증상이 나타났기 때문이다. 이런 라듐의 어두운 이면 때문에 누구도 나서는 변호사가 없게 되자 소송전은 다시 어려움을 겪게 되었다.

이러한 악조건에서 레이먼드 베리라는 변호사가 소송을 맡기로 했지만 이미 상당한 시간을 허비했기 때문에 소송에 참여한 시한부 인생의 소녀들은 하나둘씩 죽어갔다. 그레이스와 나머지 소녀들은 이미 죽어버린 친구들의 장례비라도 배상을 받기 위해 회사와 합의를 해야 했다. 결국은 회사가 원하는 대로 각각 10,000달러라는 배상금을 받고 합의하게 되었다. 이렇게 회사의 의도대로 소액의 배상금으로 합의가 되면서 사건은 묻히는가 싶었는데, 다행히도 그레이스와 소녀들의 노력은 헛되지 않은 사건이 발생했다. 이 소송전이 신문사의 톱뉴스가 되었고, '죽을 운명에 처한 다섯 여성의 사건The Case of the Five Women Doomed to Die'으로 세상에 알려지는 계기가 되었다.

미국 전역, 특히 일리노이주 오타와에서 큰 파장을 일으켰는데, 그곳에서 라듐 다이얼 페인팅 공장에서 일하는 여러 소녀가 라듐 중독과 동일한 증상을 보였거나 이미 동일한 증상으로 여러 명이 사망하였기 때문이다.

캐서린 도나휴는 오타와에 있는 '라듐 다이얼'이라는 회사에서 일하고 있었다. 그런데 그 회사 사장은 이미 수년간의 라듐 소송을 봐 온 터라 선제 대응을 하였는데, 그는 이렇게 신문광고를 냈다.

'만일 우리 회사의 작업환경이 직원들의 건강을 위협한다는 믿을 만한 이유가 있다면, 즉시 회사 운영을 중단하겠다.'

전면에 그렇게 광고했지만, 실상은 이미 사망한 근로 여성들의 무덤을 도굴하고 그 시신을 숨겨 버림으로써 소송에서 시신 발굴에 의한 증거를 인멸해 버린 것이다. 그러나 캐서린은 자신의 엉덩이에 멜론 크기의 종양이 생기고 턱뼈가 으스러지고 있는 것을 알고 나서 소송을 시작했다. 캐서린은 이미 동료들이 죽어가는 것을 보았고, 심각한 질병을 앓고 있는 것을 알았기 때문에 의료비에 대한 보상의 배상을 받기를 원했던 것이었다.

그러나 오타와 지역사회는 캐서린의 소송에 대해 회사 편에 서서 분노하고 비난하기 시작했다. 이 무렵은 이미 1930년대 중반이었고, 미국은 대공황으로 깊은 불황에 빠져 있었기 때문에 라듐 다이얼 회사의 파산이 오타와의 지역 경제에 심각한 영향을 미칠 것을 두려워했기 때문이다. 지역 경제의 활성화가 우선이었던 사람들은 캐서린의 소송을 방해하기 시작했으나, 캐서린은 임종 직전에 법정에 서서 모든 증언을 쏟아냈다.

결국 캐서린은 승소했고 이에 따라 '라듐 걸스' 와 유사한 사건은 더 이상의 소송 없이도 배상을 받을 수 있게 되었다. 회사는 유죄 판결을 받았고, 회사에 근무한 소녀들의 질병과 사망에 대해 전적으로 책임을 지게 되었다. 물론 회사는 8번이나 항소를 했지만, 대법원에서 최종적으로 패소했고, 강제집행을 당했으며 이 소송으로 인해 근로자 보호를 위한 새로운 법률안을 만드는 계기가 되었다.

라듐은 대단한 과학적 발견이었지만 라듐 소녀들을 통해서 치욕적인 유산을 남기게 되었다. 라듐으로 인한 피해는 끔찍했지만, 의료계가 라듐이 신체에 가할 수 있는 손상과 독성을 정확하게 분석해 낼 수 있게 되었고, 긍정적인 용도에 대해 알게 되었다.

마지막 라듐 소녀인 메이 킨은 2014년 107세의 나이로 사망했다. 그녀는 다행히 라듐 페인트를 입에 대지 않고 작업했는데, 그녀의 작업 결과물이 다른 동료들보다 정교하지 못하고 불량품이 많다는 이유로 직장에서 해고 되었다. 결과적으로 해고는 마지막 라듐 소녀의 생명을 구한 셈이 되었다.

라듐 시계에 대한 역사를 알고 나면 시계의 역사를 되돌아보는 것에 대해서 흥미로울 수 있지만 어쩌면 끔찍한 이면을 들여다보는 것 같다. 대부분의 사람은 시계 숫자판과 바늘 같은 단순한 것에도 그렇게 엄청난 배경이 숨어있다는 사실을 잘 모른다. 오래된 라듐 시계 숫자판의 일부는 라듐으로 인해 표면이 훼손되기도 한 것을 보면 오랜 시간 그 물질을 다루는 사람들에게 어떤 심각한 영향을 미쳤을지 상상만 해도 끔찍하다.

라듐 시계는 1950년 대까지 생산이 되었다고 한다. 아마도 빈티지 시계 중 야광 숫자판과 바늘을 가진 시계라면 라듐 야광일 가능성이 매우 크기 때문에 조심해야 할 것이다. 이러한 시계는 처음 제조되었을 때와 마찬가지로 오늘날에도 많은 양의 방사선을 방출할 가능성이 있지만 실제로 착용자에게 미치는 위험은 아주 높지는 않다.

1년 동안 하루 24시간 라듐 시계를 착용하는 사람은 65~130밀리렘의 방사선에 노출될 가능성이 있다. 평균적인 사람은 일반적으로 1년에 약 300밀리렘의 배경 방사능에 노출되고, 흉부 X선 촬영 한 번으로 환자는 약 5~10밀리렘의 방사선에 노출되므로 전반적으로 라듐 다이얼 시계를 착용하는 것으로 방사능에 피폭될 위험은 별반 높지 않다.

그러나 누군가가 라듐 시계의 뚜껑을 열어 다이얼을 만지면 방사성 입자가 떨어져 나와 잠재적으로 흡입되어 위험할 수 있으니 조심해야 한다. 라듐 시계의 유리판이 깨지지만 않는다면 안전하지만, 혹시 공항이나 병원 혹은 주요 국가시설물에 출입할 때 통과해야 할 가이거 카운터를 통과하면 삐 소리가 나기 때문에 조사를 받아야 할 귀찮음은 존재한다.

사실 라듐은 우라늄, 토륨과 함께 대표적 방사성 물질이다. 이참에 아리송한 방사성 물질에 대해서 파헤쳐 보자.

우라늄*U*과 토륨*Th*은 방사성 붕괴 과정에서 다른 방사성 원소들을 생성하는 소위 '출발점' 역할을 한다. 자연계에는 세 가지의 주요 방사성 붕괴 계열이 있는데 방사성 붕괴가 끝나면 결국은 최종 종착 물질은 가장 안정적인 납*Pb* 동위원소로 붕괴한다. 즉, 우라늄-238과 토륨-232는 대부분의 자연 방사성 물질이 생성되는 생성되는 원천이고, 종착지는 납이라고 볼 수 있다.

다음 표를 보면 한눈에 알아볼 수 있다.

방사성 계열	출발 방사성 원소	주요 붕괴 과정	최종 붕괴 물질
우라늄 계열 (U-238)	우라늄-238	라듐-226→라돈-222→폴로늄-210	납-206
악티늄 계열 (U-235)	우라늄-235	프로트악티늄-231→악티늄-227	납-207
토륨 계열 (Th-232)	토륨-232	라듐-228→악티늄-228	납-208

우라늄 붕괴사슬은 다음과 같다.

우라늄-238 (U-238) → 토륨-234 (Th-234) → 프로트악티늄-234 (Pa-234) → 우라늄-234 (U-234) → 토륨-230 (Th-230) → **라듐-226 (Ra-226)** → **라돈-222(Rn-222)** → 폴로늄-218 (Po-218) → 납-214 (Pb-214) → 비스무트-214 (Bi-214) → 폴로늄-214 (Po-214) → 납-210 (Pb-210) → 비스무트-210 (Bi-210) → 폴로늄-210 (Po-210) → 납-206 (Pb-206)

사실 우라늄은 자연히 붕괴하면서 최종적으로 납으로 변하기 때문에 안전하다고 생각할 수 있지만 반감기를 따지면 달라진다. 아는 사실이겠지만 반감기란 최초의 양이 절반이 되는데 걸리는 시간을 뜻한다. 우라늄의 반감기는 1.41×10^{17}초이다. 초로 표시하니까 별로 길지 않은 시간처럼 보일 것이다. 이를 연 단위로 환산해 보면 4.46×10^{9} = 즉 44.6억 년이다. 원자력 발전의 원료인 우라늄 반감기 무려 45억 년이니… 핵폐기물의 반감기는 따로 계산할 필요도 없다.

20 라돈 침대 사건

지금까지 우라늄과 플루토늄, 그리고 라듐에 대해 대충 설명은 되었지만 라돈 가스에 대해서는 아직 설명되지 않았다. 라돈 가스는 위 붕괴 사슬에서 볼 수 있듯이 라듐은 우라늄의 붕괴 과정에서 생성되며, 이는 다시 붕괴하며 라돈*Rn*을 방출한다. 라돈은 기체 상태의 방사성 물질로, 자연적으로 토양과 암석에서 방출되며 실내 공기 오염의 주요 원인이 된다.

이 이야기를 꺼내는 이유는 2018년 사회적 파장을 몰고 왔던 라돈 침대 사건 때문이다. 이 사건은 제2의 라듐 소녀들 사태로 번질 수 있을 만큼 큰 사건이었다. 유명 침대회사의 '음이온 파우더'가 들어간 침대 제품에서 라돈이 상당량 검출됐다는 것이다. 라돈이란 일반인들에게는 이름조차 생소한 기체이지만 사실은 좀 위험한 방사성 물질이다. 물론 방사성 물질은 종류에 따라 그 위해도가 다르기는 하지만, 라돈의 경우 광산 노동자들에게 폐암을 일으키는 주요 요인으로 체내 흡수될 경우 각종 암을 유발할 수 있는 것으로 알려져 있다. 침대회사에서는 라돈이 검출되기는 했지만 위험 수치 이하라고 발표하면서, 동시에 방사능 피폭 위험이 있으니 되도록 리콜에 응하라고 하였다. 도대체 위험하다는 것인지, 안전하다는 것인지 혼란에 빠뜨렸다.

위의 붕괴 사슬을 라듐과 라돈을 중심으로 좀 더 간략하게 만들어 보면 다음 그림과 같다.

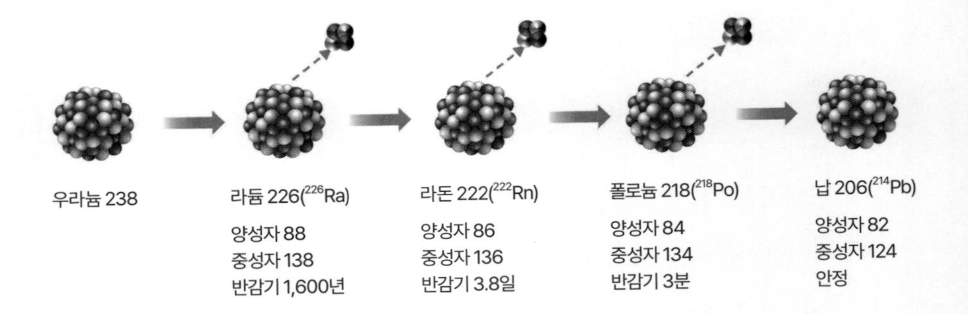

침대에서 라돈이 발생한 원인은 음이온 파우더에 쓰인 모나자이트라는 광물질 때문이었는데, 사실 라돈은 흔히 방출되는 자연 방사성 물질이기는 하지만 문제가 된 침대에서는 건축물 실내공기 질 기준치를 훌쩍 뛰어넘는 수준의 라돈이 검출된 것이다. 일부 언론은 라돈 수치의 발암 위험이 '담배 250개비를 매일 피울 때와 같은 수준'이라고 보도하기도 했고, 실제 위해성에 대해서는 논란이 있지만, 어쨌든 매일 평균 7~8시간은 이용하는 침대에서 방사선이 나온다는 게 일반적이라거나 그리 달가운 일은 아니다.

라돈이 위험한 이유는 붕괴하면서 발생하는 또 다른 방사성 붕괴 산물 때문이다. 라돈은 반감기가 3.8일인데 가스 자체는 다른 원소와 거의 반응하지 않는 비활성기체로, 라돈을 마시게 된다고 하더라도 숨을 뱉을 때 대부분 다시 밖으로 나가게 된다. 문제는 라돈이 붕괴하면서 내놓는 붕괴 산물 때문이다. 라돈은 α 선을 방출하며 붕괴하는데, 이 결과 나타난 물질은 (+) 전하를 띠게 된다. 이들은 공기 중에 떠다니는 작은 먼지에 달라붙어 사람의 폐로 들어가게 되고, 폐와 연결된 혈관이나 폐의 상피세포에 달라붙어 쉽사리 밖으로 나가지 않는다. 폐에 붙은 라돈은 기관지나 폐포에 침착하고, 방사선을 계속 방출하는데, 이 때문에 세포 중의 염색체에 돌연변이가 일어나 DNA를 망가뜨리고 폐암을 일으키는 주원인이 된다고 알려져 있다. 라돈은 인간이 받는 총 방사선 피폭 중에 단일 피폭 원으로는 가장 높은 비율을 차지한다.

리콜된 라돈 침대 매트리스

WHO 산하 국제암연구센터IARC는 2009년 라돈에 대한 연구 결과를 발표하며 라돈이 세계 폐암 발병 원인의 14%를 차지한다고 밝히며, 이런 이유로 라돈을 1급 발암물질로 규정했다. 물론 이 유명 침대회사는 이 사건으로 인해 판매된 매트리스 7만 개를 모두 리콜 결정을 했으며, 최종적으로는 폐업했고, 매트리스를 산 소비자들은 수년째 소송전을 이어가고 있다. 라돈으로 인해 전통 있는 유명 회사가 하루아침에 망해버린 것이다.

이미 알고 있겠지만 방사능은 불안정한 핵이 알파 입자 · 베타 입자 · 감마선 같은 입자나 전자기파를 방출하는 과정 또는 능력을 말한다. 방사능이 방출되는 최종 목적은 좀 더 안정한 상태의 물질로 변하기 위해서다. 종류에 따라 정도의 차이는 있지만 방사능의 유해성은 이미 입증이 되었다.

라돈처럼 대부분의 방사선은 세계보건기구의 국제암연구소가 지정한 '1군 발암원'이기 하다. 여기서 명심해야 할 것은 방사선 인체 노출량이 일정 수준 이상일 때 실제로 암을 일으킨다는 것이다. 꼭 알아두어야 할 사실은 적절한 햇빛은 건강에 좋다고 알려졌지만, 사실 햇빛에도 1군 발암원 자외선과 방사선이 있기 때문에 과도한 햇빛 노출이 암 발생과 연관성이 있다.

21 방사능 단위

방사능은 보통 베크렐Becquerel, Bq과 시버트Sv 단위로 표시된다. 방사성물질이 일정 시간 내에 얼마나 많은 방사선을 방출하는지를 나타내는 단위를 '베크렐' 또는 '큐리'로 표기하며, 표준 단위인 베크렐을 주로 사용한다. 1Bq은 1초에 원자핵이 한번 붕괴하는 것을 말한다. 커피 1kg의 경우 약 1,000Bq, 성인 남자 몸도 7,000Bq 수준의 방사성 물질을 함유하고 있다. 바나나의 경우 방사선을 방출하는 물질인 칼륨-40이 130Bq/kg 정도 함유되어 있다. 큐리Ci는 라듐 1g의 방사능을 말한다. 1 Ci는 370억 Bq이다.

1895년 뢴트겐이 X-선을 발견하자, 이어서 1896년 베크렐은 우라늄에서 방사선이 검출된다는 사실을 발견하여 최초로 자연 방사능을 발견한 사람이 되었다. 그래서 우라늄에서 방출되는 방사선을 '베크렐선'이라고 이름 지었다. 베크렐은 프랑스 물리학자로 퀴리부인의 박사과정 지도교수였기 때문에 퀴리부인의 연구에 커다란 영향을 미친 사람이다. 큐리 단위는 우리가 잘 알고 있는 마리 퀴리가 암세포를 방사선으로 파괴할 수 있다는 것을 발견한 공로로 그녀의 이름에서 따서 큐리라 지었다.

시버트는 사람이 방사선에 노출되었을 때 그 영향의 정도를 나타내는 단위로 자연에서 받는 방사선의 경우 시버트의 단위가 너무 커서 그 1,000분의 1인 밀리 시버트mSv를 사용한다. 외부나 내부에서 받는 방사선의 영향도 시버트로 표현한다. 병원에서 1회 가슴 엑스선 촬영 시 약 0.1밀리 시버트mSv의 양을 받는다고 알려져 있다.

22 야광이 빛을 내는 원리

야광(夜光)은 어두운 환경에서 스스로 빛을 발하는 현상으로, '인광燐光'과 '형광螢光'으로 구분된다. 그러나 보통 말하는 야광은 주로 인광 현상에 의해 발생하는 현상을 의미하기도 한다. 인광 현상이란 물질이 빛 에너지를 흡수한 후, 그 에너지를 서서히 방출하면서 빛을 내는 과정을 말한다.

야광 물질은 자외선으로부터 에너지를 흡수한다. 흡수된 에너지는 일단 물질 내 전자를 높은 에너지 상태로 만든다. 그리고 시간이 지나면서 전자는 원래의 낮은 에너지 상태로 돌아가게 되는데 이 과정에서 빛을 방출한다. 이러한 특성으로 인해 야광 물질은 빛을 받은 후에도 일정 시간 동안 빛이 없는 어두운 곳에서 빛을 발할 수 있게 된다.

간단히 표현하면 에너지를 흡수한 인광 물질의 전자가 들뜬 상태에서 바닥 상태로 돌아가면서 이 흡수한 에너지를 내뿜는 것이 인광이다. 쉽게 표현하면 지금의 야광 물질은 빛(자외선)을 받아서 흡수하여 가지고 있다가 밤이 되면 빛을 방출한다.

형광이란 형광 물질이 외부에서 빛을 흡수한 후, 즉시 그 에너지를 방출하여 빛을 내는 현상이다. 이 과정은 너무 빠르게 이루어지기 때문에 마치 빛을 반사하는 것과 혼동할 수도 있다. 왜냐하면 외부 빛이 사라지면 형광도 즉시 소멸하기 때문이다. 예를 들어, 밤에 고속도로에서 보이는 표지판이 헤드라이트 불빛에 마치 반사광처럼 밝게 빛나지만, 라이트가 꺼지면 즉시 보이지 않게 되는 것이라거나, 형광펜으로 표시한 부분은 빛이 있을 때 선명하게 보이지만, 어두운 곳에서는 보이지 않게 되는 것을 의미한다.

인광과 형광은 서로 다른 발광 메커니즘을 가지며, 어두운 환경에서 빛을 내는 특성을 주요 차이점은 에너지 방출 시간과 발광 지속시간이다. 야광은 에너지를 저장했다가 천천히 방출하여 어두운 곳에서도 빛을 내지만, 형광은 빛을 즉시 방출하여 외부 빛이 사라지면 바로 소멸한다. 따라서 야광은 수 분에서 수 시간까지 빛을 발할 수 있지만, 형광은 매우 짧은 시간 동안만 빛을 낼 수 있다.

이미 알아보았듯이 라듐은 야광 물질로 사용이 금지되었고, 라듐 이외의 대체품이 필요하게 되었는데, 그래서 과도기적으로 사용했던 야광 물질이 프로메튬Promethium과 삼중수소Tritium이었다. 프로메튬은 반감기가 2-3년으로 매우 짧고, 주로 알파붕괴를 하므로 투과력이 약해 종이 한장으로도 차폐가 가능해서 안전한 편이었고, 삼중수소 역시 방출하는 방사선인 베타선의 에너

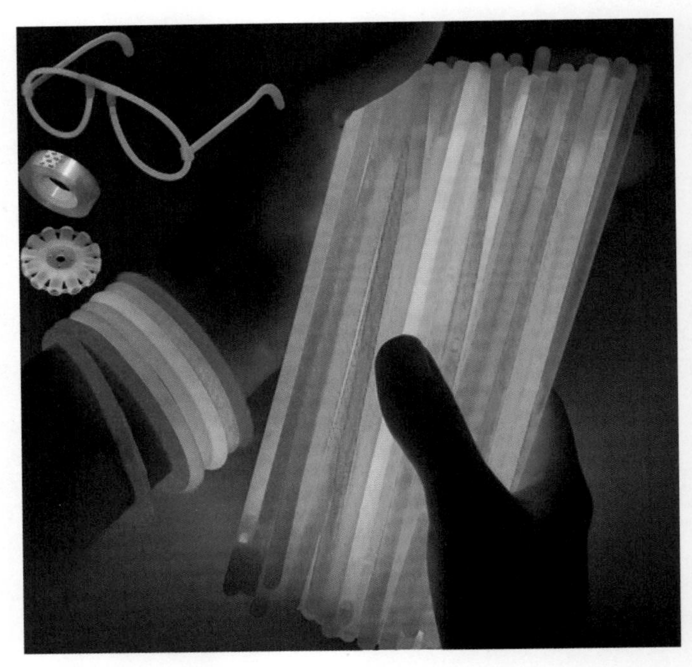

야광 손목밴드_지금은 방사능이 없는 안전한 야광 물질을 이용하지만, 이마저도 LED 손목밴드가 대체할 것이다.

지가 작아 약 6㎜ 정도만 방사되기 때문에 종이나 피부도 투과하지 못한다. 따라서 먹지만 않으면 체내에 들어가면 피폭을 일으킬 수 없으므로 비교적 안전한 편이다.

현재 가장 널리 사용되는 안전한 야광물질은 스트론튬 알루미네이트($SrAl_2O_4$) 로 빛을 흡수했다가 천천히 방출하는 '광루미네선스Photoluminescence' 원리를 이용하는데, 방사능이 없고 안전하며 10~12시간 정도 발광하므로 많이 사용된다. 또 다른 야광물질로는 황화아연ZnS로 이 물질은 오래전부터 사용되었으며 인광성질을 가진 대표적 물질이다. 과거 라듐과 혼합하여 방사성 야광도료로 사용되었던 악명을 가지고 있으나 현재는 비방사성 버전이 사용되고 있다.

야광물질이 빛을 잃으면 어떻게 되는가? 보통은 손목 밴드 같은 야광 제품을 사용하고 나면 아침에 빛을 잃어버린 것을 알 수 있다. 이런 경우 대부분은 쓰레기통으로 직행한다. 그러나 이미 얘기했듯이 야광 물질은 빛 에너지를 흡수하여 다시 발광할 수 있으므로, 햇빛이나 형광등 아래에서 재충전하면 반복적으로 사용할 수 있다. 다만 반복적인 에너지 흡수와 방출 과정을 통해 발광 능력을 유지하지만, 물질의 순도와 시간이 지남에 따라 발광 효율이 감소할 수는 있다. 야광 물질로서 삼중수소는 현재는 엄청난 가격 때문에 사용이 되고 있지는 않지만 여전히 방사능 피폭 위험은 매우 낮기 때문에 특수하게 군사용이나 다이버용 시계 등에서 사용된다고 한다.

23 미래의 불꽃, 핵융합 발전

태양은 46억 년 동안 꺼지지 않고 지속적으로 타고 있다. 태양이 무엇으로 이루어져 있길래 저렇게 불꽃을 태우고 있는지 궁금할 것이다. 아닌가? 설마 나만 궁금한 것은 아닐 거라고 믿고 싶다.

맞다. 태양의 불꽃은 단순한 화염이 아니다. 초고온, 초고압 상태에서 수소 원자들이 서로 충돌하며 결합하는 과정에서 엄청난 에너지를 방출하는 핵융합Nuclear Fusion 반응의 모습이다. 즉 태양 내부에서는 수소가 헬륨으로 융합되면서 안정적으로 에너지를 공급하는 것이다. 핵융합은 우리가 상상할 수 있는 가장 강력한 에너지원이며, 인류가 이 기술을 완전히 손에 넣는다면, 사실상 무한한 청정에너지를 확보하는 것과 다름없다.

그런데 그 핵융합의 원료가 바로 중수소와 삼중수소다. 여기서 핵융합을 서술하는 이유가 바로 수소가 에너지원 혹은 에너지의 원천이라는 글쓴이의 주장을 배경으로 중수소와 삼중수소를 다룸으로써 에너지의 정점에 수소가 있다는 사실을 말하기 위해서다.

무한한 에너지원인 태양은 정말 무한할까? 물론 아니다. 태양의 수명은 약 100억 년이라 한다. 그래서 태양도 앞으로 약 50억 년이 지나면 사라진다. 그렇다고 아쉬워하지 마라. 우리는 대부분 100년도 못사는데, 태양은 100억 년을 산다. 태양은 내부의 수소 연료가 고갈되면서 중심부에서의 핵융합이 점차 중단되고, 태양은 수축하면서 온도가 상승하게 된다. 이로 인해 외곽 층은 팽창하게 되어 적색거성Red Giant 단계로 진입하게 되고, 이 과정에서 태양은 현재 크기의 수백 배로 커지게 될 것이다. 물론 이때 내행성인 수성, 금성, 지구, 화성 아마 목성까지도 태양에 잡아 먹힐지도 모른다.

그리고 핵융합 반응이 완전히 멈추면 외곽 층은 우주공간에 흩어질 것이고, 남은 중심부는 조그만 백색왜성White Dwarf으로 남게 된다. 그리고 점진적으로 냉각되어 완전히 식게 된다면 태양은 그야말로 조그만 암흑의 천체로 변할 것이다. 우리가 그토록 추앙하고 있는 태양이 그 모양이 된다고 생각하니 조금은 서글퍼진다.

이제 만일이라는 '생각실험'을 해보자.

태양이 지금처럼 수소 핵융합을 할 경우 남은 수명은 약 50억 년이라 했다. 만일 태양이 석탄으로 똘똘 뭉쳐진 '석탄 태양'이라고 가정한다면, 얼마나 탈 수 있을까?

두 가지 가설을 내세워 보자. 하나는 태양이 초당 방출하는 에너지 기준으로 계산했을 때, 즉 에너지를 방출하는 표면온도 기준으로 석탄이 타오를 때와 하나는 지금의 태양처럼 내부에서 폭발적으로 타오르는 경우다. 표면에서부터 타들어 가며 천천히 지금 방출하는 에너지 정도만 낸다면 태양은 타면서 점점 줄어들 것이다. 그렇지만 지금의 태양처럼 내부에서부터 산소와 만나 폭발적으로 타오른다면 모두 다 타는 데 얼마나 걸릴까? 핵융합이라는 것이 얼마나 강력한 에너지원인지 실감할 수 있는 흥미로운 계산을 해보자.

먼저 태양의 질량을 계산해 보면 다음과 같다.

태양의 질량 = 1.989×10^{30}kg이다.

단위는 앞에서 설명된 10^{28}의 '양'과 10^{32}의 '구' 사이에 있다. 일단 엄청나기 때문에 그냥 그러려니 하자. 태양은 그냥 아주 많이 무겁다.

만일 석탄이 태양이 내는 에너지와 같은 에너지를 방출하며 천천히 연소한다고 가정하거나 태양과 같이 폭발적으로 부피의 모든 부분이 동시에 태워진다고 가정해 보면,

먼저 석탄(탄소, C)의 연소 반응과 에너지 방출량을 알아야 한다.

석탄의 연소 반응은

$C + O_2 \rightarrow CO_2 + 28\times10^7 J/kg$

즉, 석탄 1kg이 연소할 때 약 $3.28\times10^7 J/kg$ (32.8 MJ/kg)의 에너지를 방출한다.

그러므로 석탄 태양이 내는 에너지를 계산하려면 태양의 질량에 석탄이 내는 에너지를 곱하면 된다.

$$\text{총 에너지 } E_{(total)} \approx (1.989\times10^{30}kg) \times (3.28\times10^7 J/kg) = 6.52\times10^{37} J$$

태양이 현재와 같은 속도로 에너지를 방출한다고 가정하면,

태양의 현재 방출 에너지는 초당 수소폭탄 약 2천억 개가 터지는 에너지양인 3.846×10^{26} W(줄/초)만큼의 에너지를 방출하기 때문에, 총에너지를 태양 방출 에너지로 나누면 된다.

$$\frac{6.52\times10^{37} J}{3.846\times10^{26} W} = 1.7\times10^{11} \text{초}$$

계산값은 초이기 때문에 일 단위로 변환하면 1일은 86,400초이기 때문에

$$\frac{1.7\times10^{6}}{86,400} \approx 1.97\times10^{6} \text{ 일}$$

1.97×106일은 1,970,000일이기 때문에 년으로 나누면

$$\frac{1,970,000}{365} = 5,397\text{년}$$

아주 보수적으로 태양이 방출하는 에너지만을 기준으로 잡았을 때, 5,397년 동안 석탄이 탈 수 있다. 물론 50억 년과 비교하면 1백 만분의 1밖에는 되지 않는 짧은 시간이다.

이번에는 태양과 같이 폭발적으로 부피의 모든 부분이 동시에 태워진다고 가정하면,

석탄은 폭발물은 아니지만 수소와 같이 덩어리 내부를 빠르게 관통하여 태워진다고 상상해야 한다.

화학 폭발물의 경우 파동의 속도 v 는 일반적으로 초당 2km (2,000m/s)로 움직인다. 이때 태양의 반지름 R은 약 7×10^8m이므로 석탄 태양 내부에서 연소 파동이 한쪽 끝에서 반대쪽 끝까지 전달되는데 걸리는 시간 t는 단순히

$$t \approx \frac{R}{v} \approx \frac{7\times10^8\mathrm{m}}{2\times\frac{10^3\mathrm{m}}{\mathrm{s}}} = 3.5\times10^5\mathrm{s}$$

라고 계산된다. 즉 태양처럼 동시에 한꺼번에 타오를 때 350,000초가 소요되는 것인데, 이를 하루 86,400초로 나눠보면,

$$\frac{3.5\times10^5}{86{,}400} = 4.05\text{일}$$

석탄 태양이 지금의 태양처럼 전체적으로 폭발적 연소를 한다면 석탄 태양은 달랑 4일이면 다 타고 재만 남을 것이다.

이처럼 핵융합 반응은 지구상 물질 어느 것과 비교할 수도 없다. 그래서 태양의 핵융합 반응을 지구에서 재현한다면 무한한 에너지를 얻을 것으로 생각한다. 그러나 태양의 핵융합 반응이 지구상에서 재현되려면 상상 이상의 과학과 기술이 필요하다.

이는 단순한 발전소 건설이 아니라, '작은 태양'을 지상에 띄우는 것과 같은 것이기 때문이다. 현재 인류가 사용하고 있는 모든 발전 방식 중에서 핵융합은 가장 이상적인 에너지원으로 평가된다. 화석연료는 한정된 자원이며 환경 오염 문제를 야기하고, 기존의 원자력 발전은 방사성 폐기물과 사고의 위험성이

존재한다. 하지만 핵융합은 연료가 거의 무한하며, 안전하고, 탄소 배출이 없는 에너지원이다.

이미 핵융합 발전은 중수소와 삼중 수로를 이용한다고 밝혔다. 사실 핵융합 발전의 원리가 궁금하기는 하다. 중수소는 물에서 얻는다는 반복되는 말에 귀에 딱지가 질지 모르겠지만 반복해서 나쁠 것은 없다. 중수소는 일반적인 수소 원자와는 다르게, 원자핵에 중성자 하나가 더 있다는 사실을 기억할 것이다. 일반 수소는 양성자 하나만으로 이루어졌지만 중수소는 양성자와 중성자로 이루어진 안정적인 동위원소다. 다행히도 중수소는 바닷물에 풍부하게 존재하며, 바닷물 1리터당 약 30mg의 중수소가 포함되어 있다. 중수소를 연료로 사용하는 핵융합 발전이 상용화된다면, 단 1리터의 바닷물에서 석유 300리터에 해당하는 에너지를 얻을 수 있다. 그러나 현재까지의 문제는 아직은 얻는 데 드는 비용이 좀 비싸다.

삼중수소는 자연계에서 거의 존재하지 않는 방사성 동위원소라는 사실도 앞서 설명되었기 때문에 이미 알고 있을 것이다. 삼중수소는 반감기가 12.3년으로 짧아 지속적으로 자연에서 유지될 수 없다. 대신, 리튬을 이용해 삼중수소를 생성할 수도 있고, 원자력 발전의 부산물로 나오기도 한다. 삼중수소는 핵융합 반응을 일으키기에 이상적인 연료로, 중수소와 결합할 때 높은 에너지를 방출하며 강력한 핵융합 반응을 유도한다.

이 두 연료를 이용한 반응이 바로 핵융합 발전의 핵심이다. 중수소와 삼중수소가 융합하면 헬륨과 중성자, 그리고 엄청난 에너지가 생성된다. 예를 들어 물방울 2개가 만나면 큰 물방울이 되듯이, 2개의 수소 핵이 접근하여 1개의 큰 핵으로 되면 매우 불안정하여 안정해지려 한다. 그래서 안정해지기 위해 불필요한 중성자를 내보내는데 이때 질량이 감소하면서 그와 동시에 막대한 에너지가 나오게 된다. 이러한 핵융합반응은 바로 태양에서 끊임없이 빛과 열(에너지)이 방출되는 이유이다.

수소폭탄은 수소 동위원소의 핵을 융합시켜 한순간에 막대한 에너지를 내게 한 가장 강력한 무기지만, 수소폭탄은 핵융합반응 속도를 조절하지 못한다. 그런 핵융합 반응은 핵분열 속도 조절만큼 쉬운 문제가 아니다. 만일 핵융합반응 속도를 조절하면서 에너지를 얻을 수만 있다면, 인류는 에너지 걱정을 영원히 하지 않아도 된다. 즉 전력을 생산하기 위해 화석연료를 더 이상 사용하지 않아도 되고, 이산화탄소 배출과 공해 가스 발생을 염려하지 않아도 된다. 오늘날 우리나라를 비롯한 몇 나라는 핵융합반응 속도를 조절할 수 있는 핵융합원자로의 개발 연구에 큰 힘을 기울이고 있다.

오늘날 핵융합원자로 연구에는 여러 나라의 과학자들이 공동으로 참여하고 있다. 그들에게 가장 어려운 과제 하나는 수소의 핵을 융합시키는데 약 1억도의 고온이 필요한 것이다. 수소의 핵은 양성자(+)만 가졌으므로, 그 핵들은 서로 반발하여 자연적으로는 핵융합이 일어날 수 없다. 그러나 1억 도 정도로 고온이 되면 그 에너지에 의해 중수소와 삼중수소의 핵은 융합반응을 일으킨다.

핵융합반응은 다음 4가지 방향으로 일어날 수 있다.

- 중수소 + 중수소 → 헬륨-3 + 중성자 + 에너지(3.2MeV)
- 중수소 + 중수소 → 삼중수소 + 수소 + 에너지(4.0MeV)
- 중수소 + 삼중수소 → 헬륨-4 + 중성자 + 에너지(17.6MeV)
- 중수소 + 헬륨 → 헬륨-4 + 수소 + 에너지(18.3MeV)

그냥 이론상의 계산이기는 하지만, 지구상의 물에 포함된 중수소를 전부 핵융합로의 연료로 사용한다면, 태평양에 담긴 물 500배에 달하는 양의 석유 에너지와 같을 것이라고 한다.

핵융합 반응에 대해 구체적으로 알아보자. 지금부터 TMI 시간이다. 지루할 것 같으면 페이지 162 '핵융합이 바꿀 인류의 미래' 로 넘어가자.

핵융합은 두 개의 원자핵이 강한 상호 작용력에 의해 결합하면서 에너지를

방출하는 반응이다. 우리가 가장 많이 연구하는 반응식은 다음과 같다

$$^{2}H + {}^{3}H \rightarrow {}^{4}He + n + 17.6MeV$$

위와 같은 식이 나오면 대부분 긴장하는데, 전혀 그럴 필요가 없다. 하나씩 뜯어보자.

'^{2}H' 는 아마도 짐작하겠지만 중수소다. 그럼 '^{3}H' 는 당연히 삼중수소다. '+' 기호는 중수소와 삼중수소가 반응을 한다는 뜻이다. 그 결과로 나온 값이 ^{4}He + n + 17.6MeV이다.

여기서 'n'은 중성자neutron, 1n를 의미한다. 중성자는 전하를 띠지 않은 입자로, 핵융합 반응에서 매우 중요한 역할을 한다.

■ 중수소(^{2}H)와 삼중수소(^{3}H)가 융합하면 헬륨-4(^{4}He)와 함께 고에너지 중성자(n)가 생성된다.

■ 생성된 중성자는 자기장에 의해 제어되지 않고 플라즈마 밖으로 방출되는데, 이는 핵융합 발전에서 에너지를 추출하는 핵심 과정이다.

■ 이 중성자는 반응 후 14.1 MeV의 높은 에너지를 가지며, 주변의 장치예: 블랭킷, Blanket를 가열하여 전기를 생산하는 데 사용된다.

즉, 이 중성자는 단순히 반응의 부산물이 아니라, 핵융합 발전소에서 열을 발생시키고 전기를 생산하는 가장 중요한 요소다.

즉, 중수소와 삼중수소가 결합하면서 헬륨 원자핵과 고에너지 중성자를 생성하며, 17.6 MeV의 에너지를 방출한다. 이 에너지는 상당히 크며, 핵융합 발전소가 상용화될 경우 엄청난 전력을 생산할 수 있다.

MeV는 메가전자볼트Mega electronvolt의 약자로, 1 MeV는 100만 전자볼트(eV)에 해당한다.

즉, 1 전자볼트eV는 하나의 전자가 1V(볼트)의 전위차를 통해 이동할 때 얻는 에너지다.

이를 줄(J)로 변환하면,

$$1eV = 1.6 \times 10^{-19}\ J$$

따라서 1 MeV = 1.6×10^{-13}J가 된다.

아직 감이 오지 않을 것이다. 핵융합 반응 한 번에서 발생하는 에너지는 17.6 MeV인데, 그러면 17.6 MeV는 얼마나 큰 에너지인가?

이 값을 실제 크기와 비교해 보면 다음과 같다.

1개의 핵융합 반응에서 2.8×10^{-12} 줄의 에너지가 생성된다. 이 에너지는 원자 수준에서는 매우 크지만, 우리가 체감하기에는 미미하다. 그러나 엄청난 수의 핵융합 반응이 동시에 일어나면 막대한 에너지가 된다.

예를 들어,

1g의 중수소와 삼중수소가 완전히 반응할 경우 약 340GJ기가줄, 10억 줄의 에너지가 생성되며, 이는 석탄 10톤이나 석유 8,000리터를 태울 때 얻는 에너지와 비슷하다. 또한 중수소는 바닷물 1리터당 0.03 그램이 존재한다. 그렇다면 바닷물 1리터만 자동차에 넣으면 서울-부산을 세 번 왕복할 수 있는 300리터의 휘발유와 동일한 에너지를 얻을 수 있다.

즉, 핵융합 반응 한 번의 에너지는 작아 보이지만, 원자 수준에서는 어마어마한 에너지를 방출하는 과정이다. 이런 작은 반응이 거대한 규모로 일어날 경우, 인류가 필요로 하는 에너지를 지속적으로 공급할 수 있는 강력한 원천이 된다.

그럼 이런 엄청난 에너지를 낼 수 있는 핵융합에 대한 아이디어와 연구는 언제부터 시작되었을까?

핵융합 연구는 단순한 공상과학이 아니라, 지난 70여 년 동안 꾸준히 발전해 온 첨단 과학 기술의 결정체이다. 20세기 초반에 과학자들은 태양이 어떻게 그렇게 오랫동안 불탈 수 있는지를 연구하기 시작했고, 1939년에 태양의 에너

지원이 핵융합 반응이라는 사실을 발견했다. 그리고 각국 정부는 핵융합 반응이 수소폭탄의 원리와 관계가 있다는 점에서 비밀 연구를 진행했다. 그런데 막상 연구를 진행하다 보니, 핵무기로서 핵융합 기술은 개발했지만 전력 생산을 위한 핵융합 기술은 거의 몽상에 가까운 것을 알게 되었다. 핵융합을 이용해 전력을 생산하기 위해선 플라즈마를 고온 상태를 유지하면서 안정적으로 가두는 것이 필수적인데, 발전은커녕 플라즈마를 1초 이상 유지하기도 힘들었기 때문이었다.

그래서 전력 생산을 위한 본격적인 핵융합 연구의 시작은 수소폭탄 개발이 끝나고 난 이후인 1950년대로 거슬러 올라간다. 2차 세계대전이 끝나고 민주주의와 공산주의가 극명하게 대립하던 냉전 시대에 과학기술 분야에 있어서는 소련이 앞서고 미국이 추격하는 형국이었다. 이때 소련과 미국을 포함한 여러 국가는 핵융합의 원리를 연구하고 실험실에서 플라즈마를 생성하는 방법을 모색하기 시작했다.

핵융합을 하려면…, 그냥 공기 중에 띄워놓고 할 수는 없는 노릇이다. 그래서 중수소와 삼중수소를 도망치지 못하게 밀폐된 그릇에 담아놓고 둘을 결합하는 반응 작업을 해야 하는데, 그 그릇을 어떻게 만들까 많은 과학자들은 고민에 고민을 더했다.

이 과정에서 소련의 과학자들이 개발한 토카막Tokamak 방식이 핵융합 반응을 시킬 수 있는 그릇의 가장 유망한 후보로 떠올랐다. 토카막Tokamak은 내부에서 핵융합 반응을 일으키고 이때 발생하는 초고온 플라즈마를 자기장으로 가두는 핵융합 장치이다. 이 방식은 강력한 자기장을 이용해 플라즈마를 도넛 모양의 챔버 내부에 가두는 방식으로, 오늘날에도 가장 널리 연구되는 핵융합 방식이다.

토카막이라는 이름은 러시아에서 유래된 것으로, 'Toroidalnaya Kamera s Magnitnymi Katushkami 자기 코일을 갖춘 원형 챔버'Тороида́льная ка́мера с магни́тными кату́шками의 약자다. 이 개념은 1950년대 소련의 과학자 이고리 타문Игорь Тамм과 안드레이 사하로프Андрей Сахаров에 의해 개발되었으며, 이후 전 세계적으로 핵융합 연구의 표준이 되었다.

따라서 소련이 최초로 토카막 장치를 개발하면서 본격적인 핵융합 연구가 진행되었고, 미국은 레이저를 활용한 방식으로 핵융합 실험을 시도했다. 하지만 당시 기술력으로는 플라즈마를 안정적으로 유지하는 것이 불가능했기 때문에 핵융합에 대한 기술은 한동안 정체기를 겪었다. 1970년대에 들어서면서 여러 국가들이 소련이 최초 제안한 토카막을 개선하여 더욱 정교한 토카막 장치를 만들었고, 점차 플라즈마의 온도를 1억 도 이상으로 유지하는 실험을 성공적으로 수행하기 시작했다. 그러나 여전히 핵융합이 지속되려면 많은 기술적 문제가 해결되어야 했다.

24 플라즈마, 많이 들어본 얘긴데…

그럼, 플라즈마란 무엇인가? 들어 보기는 했겠지만 사실 정확히는 모를 것이다. 먼저 알고 가야 다음을 이해하기 쉽다.

플라즈마는 물질이 아닌 물질의 원자가 핵과 전자로 분리된 상태, 즉 이온화 상태다. 그러나 보통 우리는 플라즈마를 물질의 네 번째 상태라고 하여 제4의 물질이라고도 부른다. 일반적으로 우리가 아는 물질은 고체, 액체, 기체의 세 가지 상태이지만, 플라즈마는 기체보다 더 높은 에너지를 가진 특수한 상태, 즉 원자핵과 전자가 분리된 이온화 상태다. 간단히 말해, 플라즈마는 극도로 뜨거운 기체 상태에서 원자들이 전자와 분리되어 자유롭게 움직이는 이온 상태를 의미한다. 사실 원자핵과 전자가 분리되어 있지 않으면 전자로 둘러싸인 원자핵은 융합이 불가능하다.

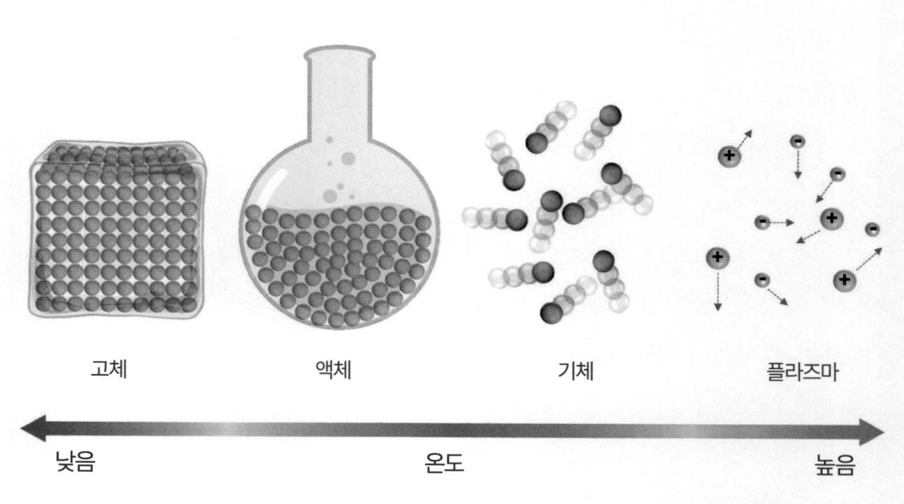

플라즈마와 고체 액체 기체 차이 설명_플라즈마는 극도로 뜨거운 기체 상태에서 원자들이 전자와 분리되어 자유롭게 움직이는 이온 상태를 의미한다.

기체가 계속 가열되면 원자들이 더 이상 전자들을 붙잡아 둘 수 없을 만큼 에너지가 높아지고, 이때 원자핵과 전자가 서로 분리되면서 플라즈마가 형성된다. 플라즈마는 우주에서 가장 흔한 물질 상태이며, 태양과 별들은 모두 플라즈마 상태로 존재한다. 번개나 네온사인, 오로라 같은 자연 현상에서도 플라즈마를 볼 수 있다.

핵융합은 중수소와 삼중수소를 원자핵과 전자로 각각 떼어놓은 초고온 플라즈마 상태로 만들어야 핵융합 반응이 가능하다. 나아가 플라즈마를 안정적으로 유지하는 것이 핵융합 발전의 가장 중요한 기술적 도전 중 하나다.

아마 이럴지도 모르겠다. 이 좋은 것을 나만 몰랐네…. 이제 핵융합 발전을 하면 지구상 에너지 문제는 사라질 텐데, 왜 안 할까?

사실은 안 하는 것이 아니라 못하고 있는 것이다. 지금 당장에 핵융합 발전을 상용화하려면 다음과 같은 세 가지의 큰 도전 과제가 있다.

첫 번째는 플라즈마의 안정화이고, 두 번째가 삼중수소의 생산과 관리, 그리고 에너지의 효율성 개선이다. 즉, 플라즈마를 1억 도 이상의 온도를 유지하면서, 장시간 동안 플라즈마를 안정적으로 유지해야 한다. 2023년에 한국에서 겨우 100초 이상 달성했는데, 이것이 세계 최고 수준이다. 두 번째는 삼중수소 가격 때문이다. 삼중수소는 자연적으로 존재하지 않기 때문에 생산비용이 엄청나다, 이미 알고 있듯이 그램당 가격이 금값의 500배나 된다. 이를 저렴하게 지속적으로 생산할 방법이 필요하다. 마지막으로 현재 실험 장치들은 투입된 에너지보다 적은 에너지를 얻고 있다. 자연의 법칙이 원래 그런 것 아니야라고 반문하겠지만, 핵융합 발전이 상용화되려면 투입 에너지보다 훨씬 더 많은 에너지를 생산해야 한다. 즉, 최소한 핵융합 기술에 있어서는 자연의 법칙이니 물리 법칙이니 이런 것은 일단 따지지 말고 개나 줘버려야 한다.

25 핵융합 발전기 토카막, 후진국에서 선도국이 된 한국

핵융합을 시키기 위해서 쓰는 그릇인 반응기 토카막에 대해서 좀 더 구체적으로 알아보자. 토카막은 도넛 모양의 챔버 안에서 초고온 플라즈마를 형성하고 강력한 자기장으로 이를 안정적으로 유지하는 핵융합 장치다. 여기서 한국은 토카막 기술과 핵융합 후진국에서 단번에 선도국이 되었는데, 그 기술의 반전 드라마가 상당히 흥미롭다.

핵융합 기술에 대한 역사는 1955년 8월로 거슬러 올라간다. 당시 스위스에서 제1차 원자력 평화적 사용을 위한 국제회의가 열렸다. 이 제1차 회의에서 의장인 인도 핵물리학자 호미 바바1909~1966는 이렇게 말했다. '이 회의에서는 핵분열만 논의하지만, 미래에는 핵융합이 중심이 될 것이며, 20년 안에 핵융합에너지를 활용하는 방법이 개발될 것이다.' 그러나 그의 말처럼 핵융합에너지가 20년 안에 상용화되는 것은 불가능했다. 그러나 그의 견해는 핵융합 기술에 대해서는 문 걸어 잠그고 각자도생할 것이 아니라 문을 열고 함께 해보면 더 빠르지 않느냐는 희망을 품게 했다.

그로부터 30년이 지난 1985년, 군비축소를 위한 첫 미국과 소련의 정상회담이 스위스 제네바에서 열리게 된다. 당시 옛 소련과 미국은 서로에게 힘의 우위를 뺏기지 않기 위해 냉전체제를 고집하며 오랜 군비경쟁을 하고 있었다. 특히 이때는 '제2의 냉전' 시기로 불리며 대립이 심화하였고 제3국에 대한 군사개입도 많아졌다. 또한 40년 동안 유지된 냉전의 종결 시점 역시 불투명했다.

첫 번째 정상회담에서 미국 대통령 로널드 레이건과 소련 공산당 서기장 미하일 고르바초프가 마주 보고 앉았는데, 이때 고르바초프가 레이건 대통령에게 뜻밖의 제안을 한다. 미래 에너지원인 핵융합에너지 연구개발을 공동으로 진행해 보자는 내용이었다. 뜻밖의 제안에 미국은 정상회담이 끝나고 우방인 유럽공동체EU, 일본과 이 문제를 협의하였고, 소련의 제안을 받아들이기로 한다. 이로써 1955년 '미래에는 핵융합이 중심이 될 것'이라 선언한 지 꼭 30년 만에 핵융합의 상용화를 위한 국제 공동 프로젝트가 시작된 것이다.

그리하여 1988년 미국과 소련, EU, 일본 등 4개국이 모여 국제원자력기구IAEA 산하에 인류 최초로 핵융합 에너지를 실용화하기 위한 글로벌 프로젝트인 ITER국제 열핵융합실험로: International Thermonuclear Experimental Reactor 사업단을 만들고 이사회를 구성했다. 그러나 1989년 동유럽의 동맹체제가 붕괴되고 이어서 1991년 소련이 해체되면서 국제 정세는 한 치 앞도 내다볼 수 없는 안개 속에 빠지게 된다. 특히 소련이 러시아와 15개의 독립국가연합CIS으로 나눠 해체되면서 경제 위기가 닥치자 프로젝트는 중단을 고려할 정도로 심각한 상황이 되었고, 설상가상으로 미국과 일본에 경제 위기까지 불어닥치게 되었다.

점차 세계 경제가 점차 회복되고, 기존 4개국에 이어 2003년 한국과 중국, 2005년에는 인도가 새로운 회원국으로 참여하면서 ITER 건설 프로젝트는 다시 탄력을 받기 시작한다. 그러나 이번에는 ITER를 어디에 건설할 것인지를 놓고 갑자기 일본이 기존의 예정지인 프랑스 까다라쉬에 대응해 아오모리현을 후보지로 내세우며 끼어드는 바람에 후보지 결정에 교착상태가 발생하였다. 후보지를 놓고 최종적으로 EU와 일본의 양자구도가 형성되어 치열한 경쟁을 벌였고, 참여국의 의견도 분분했으나 2005년 6월, 결국 참여국의 만장일치로 ITER 장치를 프랑스 남부의 까다라쉬(면적 약 180만㎡)에 짓기로 최종 결정되었다.

부지가 확정되면서 참여국별로 역할 분담을 마쳤고, 2006년 프랑스에서 ITER 7개 회원국 대표가 모여 ITER 공동이행 협정에 서명했다. 1985년 미국과 소련의 만남 이후 21년 만에 인류의 미래 에너지를 책임질 핵융합에너지 상용화의 첫걸음을 내딛게 된 것이다.

사실 1980년대만 해도 한국은 핵융합 연구에서 완전한 후진국이었다. 당시 미국, 소련, 일본, 유럽 등 선진국들조차 핵융합 연구를 활발하게 진행했지만 이렇다 할 성과를 내지 못하고 있었고, 한국은 핵융합에 대한 기초적인 연구조차 시작하지 못한 핵융합 불모지 상태였다.

그런 한국에서 처음 핵융합 연구를 시작하려 하자, 당연히 국제 학계에서는 한국을 핵융합 기술의 걸음마도 못 뗀 나라로 보고 무시하는 분위기가 팽배했을 뿐 아니라 대놓고 보이콧까지 했다. 한국 연구자들은 국제회의에 가면 면전에서 무시당했기 때문에 제대로 된 기술 교류조차 진행할 수 없었고, 선진국의 연구자들은 한국이 핵융합 연구를 할 수 있다는 사실 자체를 믿지 않았다.

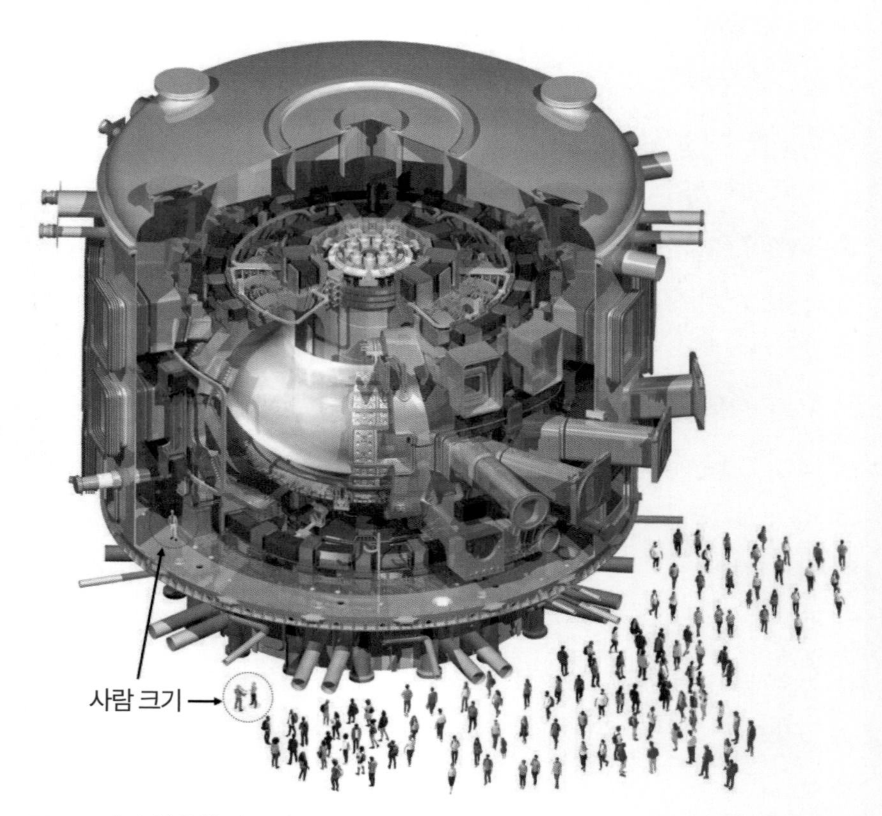

ITER 토카막(핵융합 반응기)_도넛 모양의 원자로에 수소(H) 핵 플라즈마를 넣고 입자 빔과 마이크로파로 플라즈마를 태양 중심 온도의 10배인 1억 5,000만℃까지 가열해 핵융합 반응을 일으킨다. 그러나 초고온 플라즈마가 안정적인 형태를 유지하도록 하는 초전도 자석은 −269℃까지 냉각해야 하는 등의 기술을 구현해야 한다.

특히, 1980년대에는 한국 연구자들이 핵융합 국제회의에 참석하면 ITER 가입은 고사하고 '한국이 핵융합 연구를 한다고? 농담하는 것 아닌가?'라는 비웃음을 들었을 정도라고 했다. 특히 일본과 유럽의 연구자들은 한국이 핵융합 연구를 시작해도 실제로 기술을 개발하는 데 50년은 걸릴 것이라며 한국 연구진을 철저히 무시했다.

그런데도 1988년에 현 한국핵융합에너지연구원(KFE)의 모태가 된 기초과학 연구 지원센터가 발족되면서 플라즈마와 핵융합에 대한 연구에 돌입하게 되었다. 그러나 본격적인 시작은 1995년부터 한국형 토카막 KSTAR Korea Superconducting Tokamak Advanced Research 개발의 첫 단추를 끼울 때부터다. 사실 KSTAR는 '인공 태양'을 만드는 일이라 불릴 만큼 어렵고, 핵심 기술은 아직 잘 알려지지 않은 초전도체 기술이다. 그러나 초전도 자석을 사용하는 토카막 핵융합 실험로를 당시엔 세계 어디에서도 만들어본 적이 없었다. 따라서 초전도 전자석을 만드는 것이 넘어야 할 첫 번째 산이었다. 일본과 유럽에서도 초전도 토카막을 연구하고 있었지만, 이때까지도 완벽한 초전도 토카막 장치를 구현한 나라는 없었다.

따라서 KSTAR 프로젝트는 기존 토카막을 단순히 따라 하는 것이 아니라, 새로운 기술을 개척하는 일이었다. 초전도 코일을 설계하는 것부터, 자기장 안정화 기술, 플라즈마 가둠 기술까지 모두 처음부터 자체적으로 개발해야 했다. 이 과정에서 수많은 시행착오를 겪었었지만, 기술 자문을 구할 곳도 마땅히 없었다. 말 그대로 맨땅에 헤딩하기….

어찌어찌 2000년대 초반, 초전도 코일 설계가 완료되고, 자기장 형성 시스템이 구체화하면서 KSTAR가 조금씩 구체적인 성과가 나왔다. 그러나 건설 과정에서 핵심 기술인 초전도 코일의 제작이 가장 큰 난관이었다. 기존 토카막과 달리 KSTAR는 초전도 자석을 이용해야 했기 때문에, 극저온(−269°C)에서도 안정적으로 작동할 수 있어야 했다. 집중적인 연구 끝에 초전도 코일을 안정적으로 제작하는 기술을 확보했는데, 이는 후일 ITER국제 핵융합 실험로에도 적용되는 핵심 기술이 되었다.

그러던 사이 KSTAR 건설 과정에서 보여준 기술력이 세계적인 평가를 받았고, 핵융합 연구 기술 능력을 인정받아 그토록 외면받았던 ITER 회원국 참여를 적극 권유받기에 이르렀다. 그리하여 1988년 시작된 ITER 사업에 한국은 15년이나 늦은 2003년 가입할 수 있었다. 2003년에 중국도 가입하고 2005년 12월에 인도가 뒤늦게 가입해서 현재의 한국, 미국, EU, 러시아, 인도, 중국, 일본 등 7개 회원국 체제가 완성되었다.

KSTAR는 초전도 자석을 이용해 자기장을 안정적으로 유지하는 방식을

한국핵융합에너지연구원의 KSTAR 토카막(핵융합 반응기)_KSTAR는 2018년 최초로 이온온도 1억도 플라즈마 달성 이후 2021년 1억도 플라즈마를 30초 유지하여 세계 기록을 수립했고, 최종 목표는 2026년까지 1억도 초고온 플라즈마 운전 300초를 달성하는 것이다.

세계 최초로 성공시켰는데, 이것은 국제 핵융합 연구계에서 적잖은 충격을 주었고, 특히 ITER를 설계 중이던 연구자들은 KSTAR의 사례를 보고 ITER에도 초전도 코일을 적용하는 것이 필수적이라는 결론을 내리게 되었다. 아마도 KSTAR가 없었다면 ITER의 설계도 완전히 달라졌을 가능성이 크다.

ITER는 참여국들이 분담금을 내고 그 대가로 기술을 공유하는 구조다. 미국, 일본, 유럽연합EU, 중국, 인도 등 주요 국가들은 수십억 달러의 분담금을 내고 ITER의 공동 연구에 참여한다. 분담 비율은 EU 27개국이 45.46% 정도를 부담하고, 나머지 6개 참여국이 9.09% 정도 씩을 분담 한다. 그러나 한국은 분담금을 내지 않고도 9.09%의 지분을 확보하는 유일한 나라가 되었다. 어떻게 이런 일이 가능했을까?

그 이유는 바로 KSTAR 기술 덕분이다. ITER를 설계하는 과정에서 연구진들은 KSTAR의 초전도 기술과 플라즈마 제어 기술이 ITER에 필수적이라는 것을 깨달았다. 기존의 토카막 설계 방식으로는 안정적인 핵융합 반응을 유지하기 어렵다는 것이 점점 명확해졌고, KSTAR의 설계를 참고하지 않으면 ITER가 성공하기 어렵다는 결론이 나왔다.

이러한 상황에서 한국은 ITER에 기술을 제공하는 조건으로 분담금을 내지 않고도 정식 참여국이 될 수 있도록 협상에 성공했다. 즉, 한국은 돈을 내는 대신 KSTAR의 기술을 제공하는 방식으로 ITER에 참여한 것이다. 이는 ITER 참여국 중 유일한 사례로, 한국이 단순한 연구 협력국이 아니라 핵융합 연구의 핵심 기술을 보유한 선도국으로 인정받았다는 것을 의미한다.

어쨌든 한국은 세계 최초로 완전한 초전도 토카막을 개발한 국가가 되었고, 선진국들이 한국의 핵융합 연구를 무시하던 분위기는 사라졌고 오히려 선도하는 분위기다. 한국이 이룬 성과는 KSTAR를 이용해 2008년 첫 번째 시운전에서 플라즈마 발생에 성공했고, 2010년에는 초전도 자석을 이용한 초전도 핵융합 장치로는 세계에서 처음으로 'H-모드' 운전에 성공했다.

토카막 안에서 생성된 플라즈마_KSTAR는 초전도 토카막 장치로는 2010년 세계 최초로 H-모드에 성공했다. H-모드는 특정 조건에서 플라스마를 토카막 안에 가두는 성능이 두 배 증가하는 현상으로, 핵융합 장치의 운전 성능을 평가하는 중요한 지표다.

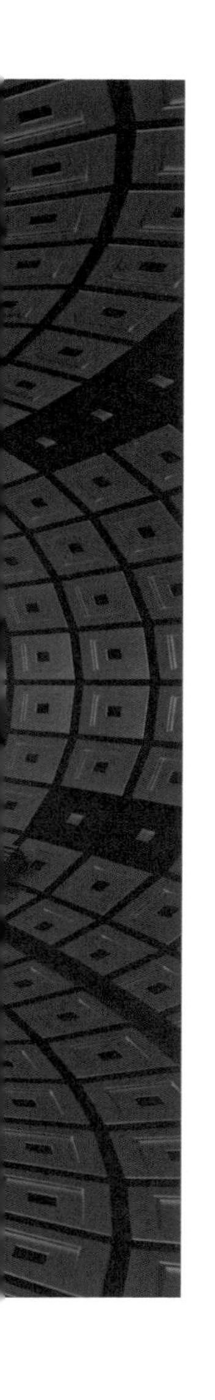

H-Mode High-Confinement Mode, 고성능 밀폐 모드란 고온, 고성능 플라즈마 상태를 의미하는데, 즉 핵융합 반응에서 플라즈마를 보다 효율적으로 가두어 에너지 손실을 최소화하는 상태를 의미한다. 에너지 손실을 최소화하고 플라즈마를 오랫동안 안정적으로 유지하는 것이 핵융합의 가장 중요한 기술적 과제인데, 이는 상업용 핵융합 발전소를 설계하는 데 매우 중요한 요소다.

2011년에는 핵융합 상용화에 필수과제인 핵융합 플라즈마 경계면 불안전 현상ELM을 세계에서 처음으로 제어하는 데 성공했고, 2010년부터 2019년까지 H-Mode에서 플라즈마를 장시간 유지하는 실험을 성공적으로 수행했다. 2016년에는 H-모드 운전을 1분을 넘어 70초 지속시켰고, 2023년 실험에서는 H-Mode 상태에서 1억 도의 플라즈마를 100초 이상 유지하는 데 성공했다.

여기서 태양에 관해 공부해 본 사람이라면 태양의 내부 온도는 1,500만 도에서 핵융합을 일으킨다고 하는데 핵융합 장치에서 3억 도까지 올릴 필요가 있느냐는 사람이 있을 것이다. 그 이유는 핵융합로와 태양 내부의 압력이 다르기 때문이다. 태양은 내부 기압이 수천억 기압까지 치솟기 때문에 비교적 낮은 온도에서도 핵융합이 가능하지만, 토카막 내부의 밀도는 공기 밀도의 0.01배 정도로 매우 낮기 때문에 3억 도 정도로 가열해야 4기압가량의 압력을 유지할 수 있는 것이다. 그런데 저 3~4기압이라도 자기장만으로 제어한다는 것은 매우 어려운 일이다.

26 핵융합이 바꿀 인류의 미래

핵융합이 상용화된다면, 인류의 에너지 패러다임은 완전히 변화할 것이다. 현재 세계는 화석연료에 의존하고 있으며, 이에 따른 기후변화 문제를 해결해야 하는 중요한 도전에 직면해 있다. 핵융합이 실현되면 이산화탄소 배출이 없는 무한한 에너지원이 등장하게 되어, 우리가 겪고 있는 에너지 위기와 기후변화 문제를 해결할 수 있다.

또한, 핵융합 에너지는 원자력 발전보다 훨씬 안전하다. 핵융합 반응은 스스로 지속될 수 없으며, 외부의 제어가 사라지면 반응이 즉시 멈추기 때문에 체르노빌과 같은 대형 원전 사고의 위험이 없다. 더불어 핵융합은 방사성 폐기물이 거의 발생하지 않기 때문에, 원자력 발전의 최대 단점인 방사성 폐기물 처리 문제도 해결할 수 있다.

또한 단순히 지구상의 에너지원 문제를 해결하는 것을 넘어 우주 탐사에도 혁명적인 변화를 불러올 것이다. 현재 인류가 화성이나 더 먼 곳으로 유인 탐사를 계획할 때 가장 큰 문제는 충분한 에너지를 확보하는 것이다. 기존의 화학연료를 사용한 로켓은 속도와 연료 효율에서 한계가 있으며, 이는 우주 탐사를

어렵게 만드는 주요 요인 중 하나이다.

그러나 핵융합 추진 기술이 개발된다면, 기존 로켓보다 훨씬 더 빠르고 경제적인 방식으로 우주를 탐사할 수 있는 가능성이 열린다. 예를 들어, 핵융합 추진을 활용하면 화성까지 가는 시간을 현재의 절반 이하로 단축할 수 있으며, 궁극적으로는 태양계를 넘어 더 먼 우주로 나아가는 것도 가능해진다.

핵융합 에너지는 단순한 꿈이 아니다. 지난 수십 년 동안 과학자들과 연구자들은 이 꿈을 실현하기 위해 부단히 노력해 왔으며, 이제 그 결실이 서서히 나타나고 있다. 아직 해결해야 할 기술적 도전 과제가 남아 있지만, 핵융합이 실현될 경우 인류는 에너지 문제에서 완전히 해방될 것이며, 기후 변화와 환경 오염 문제도 해결할 수 있을 것이다.

우리는 이제 태양의 불꽃을 손에 넣기 직전에 있다. 미래의 인류가 청정하고 무한한 에너지를 손에 넣을 수 있을지는 지금, 이 순간 우리의 선택과 연구에 달려 있다. 그리고 그날이 오면, 우리는 인류 문명사의 가장 위대한 혁명을 목격하게 될 것이다.

Ⅲ
물의 철학

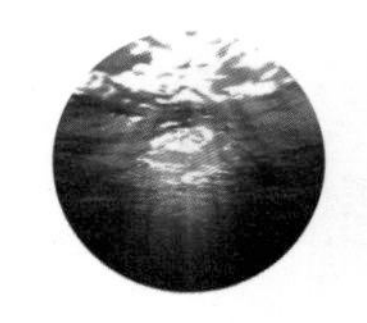

01 물의 철학

'이 세상의 만물은 무엇으로 이루어졌는가?'

이 물음은 인류 최초의 철학자라 불리는 탈레스가 던진 인류 최초의 철학적 질문이었다. 그 물음에 대한 답은 '물'이었다.

지금으로부터 약 2,600년 전 그리스 과학자들은 물질을 이루는 몇 가지의 근본적인 물질이 있다고 믿고 그것을 '기본 원소'라 불렀다. 최초로 기본 원소에 대해 생각한 사람은 탈레스Thales: BC624~546였다. 그는 처음으로 '피지스physis의 아르케archē', 즉 이 세상 만물 근원에 대한 질문을 던지고, 존재하는 모든 것들의 궁극적인 원인과 원초적인 물질의 원소를 찾고자 했다. 그는 세상에 있는 무한한 종류의 물질들은 사실은 몇 가지의 제한적이고 근본적인 물질로 이루어져 있다고 믿었는데, 그것이 물이라 생각했다.

그도 그럴 것이, 그는 물 뿐만 아니라 흙도 역시 물에서 나왔고, 나무도 물에서, 심지어는 불도 물에서 나와 모든 것이 결국은 다시 물로 돌아간다고 생각했다. 그래서 그는 '만물의 근원은 물이다.'라고 했다.

한 가지 예를 들면, 불이 타고 나면 물이 생긴다. 불이 타는 과정은 연료가 산소와 화학적 결합을 하는 과정이기 때문에 물이 생성될 수밖에 없다. 물론 타면서 생기는 물이 우리 눈에 보이지 않는 이유는 모두 수증기가 되어 날아가기 때문인데, 불이 꺼지게 되면 그 수증기가 응축되어 물로 변해 남게 된다. 탈레스는 이러한 자연 원리를 유심히 보았기 때문에 불도 결국은 물로 되돌아간다고 생각했던 것 같다.

탈레스의 이런 주장은 고대 사회에 큰 파장을 일으키기 충분했다. 당시는 신화가 사회를 지배하던 때라 사람들은 세상은 올림퍼스의 초자연적인 힘을 가진 신들이 세상을 지배하고 있다고 믿었기 때문이다. 가뭄, 홍수, 지진은 신들의 분노 표현이라고 생각했고, 심지어 바다의 풍랑 역시 바다의 신 포세이돈이 노해서 일으킨 것으로 생각했다. 그래서 가뭄도 홍수도 태풍이 와도, 코로나와 같은 전염병이 창궐해도 그저 신을 달래는 제를 지내는 데에만 몰두했다.

그런 신이 주인인 신주주의 사회에서 세상의 지배자가 신이 아닌 자연이고, 나아가 가장 하찮게 보이는 물이 만물의 근본이라 했으니 엄청난 비난을 받았을 것이다. 하늘에서 내리치는 번개도 제우스가 던지는 것이 아니라 한낱 자연현상이고, 태풍이나 풍랑도 포세이돈이 물장구치는 것이 아니라는 것이 그의 이론이었기에 당시로서는 그는 궤변을 늘어놓는 미치광이에 불과했을 것이다.

02 만물의 근원은 물이 아니다.

그러나 만물의 근원은 물이라고 한 탈레스의 위대한 주장은 다름 아닌 탈레스의 후계자이자 제자인 아낙시만드로스Anaximander: BC610~546에 의해 보기 좋게 반박되었다. 좋게 말하면 '청출어람 청어람靑出於藍 靑於藍: 푸른색 염료는 쪽에서 얻은 것이지만 쪽보다 더 푸르다'이지만, 나쁘게 말하면 제자에게 배신당한 것이다. 그렇다고 해서 비열하게 배신을 때린 것은 아니고 그는 최소한 스승 탈레스의 기본 명제가 '세상 만물을 구성하는 물질에는 근본 재료가 존재한다.'라는 데에는 동의하였다. 아낙시만드로스가 물이 만물의 근원이 될 수 없다고 생각한 까닭은 물의 기본적인 성질이 일정하게 정해져 있다고 보았기 때문이다. 무슨 말인가 하면 물의 기본적인 성질은 습한 것인데, 모래나 흙과 같이 건조하거나 불과 같이 뜨거운 물질의 재료가 될 수는 없다고 생각한 것이다. 그래서 그는 만물의 근원은 그 성질이 규정적이지 않아야 한다고 본 것이다. 고리타분한 것인지, 아니면 꽉 막혔다고 해야 할지 종잡기는 힘들지만, 그는 그랬다.

그러면서 뜬금없이 만물의 근원은 공기라고 주장했다. 물은 없어도 곧바로 죽지 않지만, 공기가 없으면 곧바로 죽는다. 따라서 생명의 근원으로서 공기가 물보다 중요하다고 생각했던 것 같다. 어찌 보면 따라쟁이 이거나 이론만 보면 도토리 키재기 같기는 하지만, 당시 그의 위상은 나름 존경받는 과학자였다. 이 주장은 메소포타미아 신화의 태양신 마르둑이 바다 짠물의 신인 티아맛의 입속에 바람을 휘몰아쳐 입을 다물지 못하게 하고 배에 화살을 쏘아 죽였다는 내용에서 영향은 받은 것으로 보인다. 다시 말하면 신화에서 바람으로 물을 제압했으니, 공기가 물을 이긴다는 논리인데, 여전히 신화를 신봉하는 그는 신화를 미신으로 개에게나 줘버렸던 스승 탈레스의 통찰력만큼은 뛰어넘지 못했던 것 같다.

이번에는 만물의 근원은 불이라고 주장한 학자가 있었는데, 그는 탈레스 고향에서 1시간 거리인 멀지 않은 옆 동네인 에페소스 사람인 헤라클레이토스였다. 만일 만물의 근원이 물이라고 했던 탈레스와 만났다면 아마도 치고받고 싸웠을 것 같아 볼만 했을 것 같은데 아쉽게도 둘은 만난 적이 없다. 헤라클레이토스가 아장아장 걸음마를 배울 때쯤 탈레스는 늙어서 세상을 하직했으니까.

그렇다면 태양이 불로 이루어져 있다는 것은 믿을 수 있지만, 세상 만물이 불로 이루어졌다니…, '이게 뭔 개소리야'라고 할지도 모르겠다. 우리가 마시는 물도, 우리가 사는 집도 불로 이루어졌다니 도대체 어떻게 그런 엉뚱한 생각을 했을까?

이것을 이해하기 위해서는 다시 신화로 들어가 불이 어떻게 인간들의 손에 들어갔는지를 알아야 한다. 올림퍼스의 신들은 불이 자신들의 특권이라고 여겼기 때문에 당연히 인간들은 사용할 수 없었다. 그러나 흙과 물로 빚어 인간을 창조한 신인 프로메테우스는 자신이 만든 인간들이 보상도 없이 고생만 하는 것이 안타까워 제우스 몰래 불을 훔쳐다 인간들에게 선물했다. 불을 사용할 줄 알게 된 인간들은 다른 동물들을 정복하고 도구를 사용하여 경작을, 능력을 갖게 되어 만물의 영장이 되었다는 것이다. 즉, 애당초 인간이 가질 수 없었던 불은 끊임없이 운동하고 변하며 영원하기 때문에 신들이 가진 특권 중 하나였다.

신화에서 탈출하여 현실 세계로 돌아와서 봐도 불은 참 신비로운 존재다. 불은 공기와 같은 기체도 아니고 딱딱한 고체도 아니며 물과 같이 흐르는 액체도 아닌 존재이다. 그러나 불은 자기에게 닿는 모든 것을 태워버리는 강력한 힘을 갖고 있고 어둠을 몰아내는 빛을 내고 따뜻함을 선사하여 추위를 막아준다.

불의 가장 중요한 특징은 그 현란한 몸짓에 있다. 잠시도 가만히 있지 않고 격렬한 춤을 추며 이글거린다. 가끔 새로운 먹이가 나타나면 순식간 먹어 치울 듯이 몸부림치며 달려든다. 불멍 물멍 산멍 숲멍 소위 '멍때리기'는 현대인들에게 힘과 활력을 주는 힐링 방법의 하나다. 그중 최고의 '멍'은 불멍이다. 캠핑의 꽃이자 누구나 한 번쯤 경험하고픈 모든 이의 로망인 '캠프파이어', 물론 예전에는 몸을 데우거나 음식을 조리하기 위한 것이었지만 지금은 오로지 로망을 위한 것 아닌가. 가끔 구워내는 고구마는 덤이고…. 캠핑에서 불멍은 타들어 가는 모닥불을 멍하니 바라보는 것인데, 이때는 심장박동수가 안정돼 몸과 마음이 편안해지고 뇌도 휴식을 취하게 된다고 한다. 뇌는 정보를 계속 받아들이다 보면 부담을 느끼고 스트레스가 쌓이는데, 이때 멍때리기를 하면 뇌가 쉴 때 활동하는 부위 DMN Default Mode Network이 활성화되며 뇌를 초기화시키기 때문에 뇌의 복원력을 높이고 스트레스를 없애 창의력과 기억력을 높이기도 한단다.

캠핑에서 불멍_캠핑 의자에 앉아 탁탁 타는 모닥불을 바라보며 꾸벅꾸벅 졸았던 사람은 이해할 수 있다. 모닥불은 가장 단순하고 원초적인 열 에너지 원이자 동시에 머릿속을 정리하는 에너지를 전달한다.

불멍을 하다 보면 신기하게도 쉼 없이 꿈틀꿈틀 비틀어대며 이글거리는 불의 몸짓이 혼을 쏙 빼놓아 마치 빨려 들어갈 것 같은 느낌을 받는다. 헤라클레이토스는 바로 그 순간을 지목한 것이다. 세상에 존재하는 모든 것은 끊임없이 변하고 어떠한 것도 그 모습 그대로 영원할 수 없다는 것이다. 그래서 조그만 불씨로 생겨나, 타오르고 격렬하게 태워내다 장작이 다 탈 때쯤 기력이 다해 쇠해가는… 그리고 잔잔한 바람에 슬그머니 꺼져버리는 그 불…. 세상의 모든 것이 변해도 오직 '불'만은 변하지 않고 꺼져버리는 한이 있더라도 죽을 때까지 오로지 '불'로서 존재한다. 타오르다가 조용히 사그라들기도 하고, 영원히 되풀이하는 불의 속성이야말로 생성과 소멸을 반복하는 만물의 속성, 그가 주장하고 창시한 '로고스'론을 제대로 설명해 준다고 생각했기 때문이다. 그래서 만물의 근본이 불이라 하지 않았을까.

그가 창시한 로고스Logos론에서 그리스어 로고스는 여러 가지 뜻을 가지고 있다. 대충 열 가지 이상의 의미가 있지만 파토스pathos와 에토스êthos와 함께 세 가지 설득 방식 중 하나로 보기도 한다. 그러나 각각의 철학 학파에서 로고스는 자신들의 주장을 의미하는 용어로 가져다 붙였기 때문에 정확한 뜻을 정의하기는 어렵다. 그래서 로고스는 여러 가지의 의미에서 그 상징성을 띤 단어로 볼 수 있다.

헤라클레이토스는 로고스란 용어를 처음 사용했는데, '균형의 원리'라는 의미로 썼다. 세상에는 서로 대립하는 것들이 있다. 즉 표면적으로 상극인 관계를 의미하는데 음과 양, 물과 불, 하늘과 땅, 여름과 겨울은 서로 대립하는 관계다. 그러나 하나하나는 그 존재의 가치가 있고 우리에게는 없어서는 안될 것들이다. 이 세상에는 물만 있어서도 안 되고 하늘만 있고 땅이 없어서도 안 된다. 또한 지구상 모든 곳이 여름만 있다면 지구는 이미 불에 타 없어졌을 것이다. 따라서 서로 상극이면서 대립하는 모든 것이 존재해야 세상은 균형을 맞출 수 있고 조화롭게 유지될 수 있다. 그러한 균형의 원리를 '로고스'라는 용어를 써서 표현한 것이다.

동양철학에서도 상생상극相生相剋을 표현한 오행 목화토금수木火土金水가 존재한다. 하나하나는 서로서로 도와 주기도 하지만 대립하기도 하며 조화를 이룬다는 것인데, 이들의 조화는 정확하게 50:50의 고정된 균형이 아니다. 어느 한 쪽이 실實하면 대립되는 쪽은 반드시 허虛하게 되는 시이소오와 같은 균형을 의미한다. 그래서 그 균형이 깨지면 그에 따르는 다른 구조가 다시 생겨나게 된다. 헤라클레이토스는 불이 그것을 행한다고 보았다. 즉 불은 사물들의 결합을 태우고 녹이고 깨뜨려서 재구성하는 힘을 가지고 있다고 보았다. 그 소멸과 생성을 시켜 재구성하는 것을 균형을 다시 잡는 것, 즉 로고스라고 본 것이다.

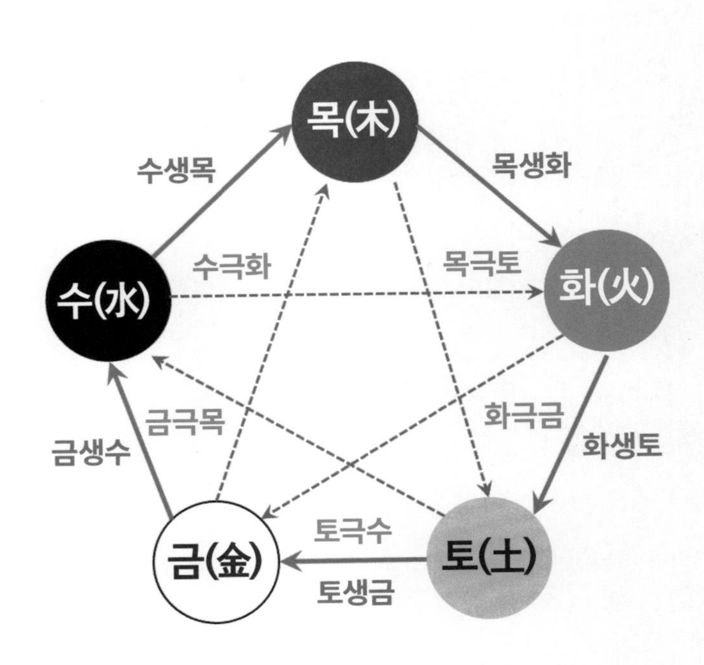

03 인류 최초의 철학자

물가에서 자신의 얼굴을 바라본 경험은 누구에게나 있을 것이다. 거울이 별도로 없었던 고대에 물은 철학자들에게 거울처럼 자신을 비추는 도구였다. 특히, 명상이나 사유의 도구로 사용되었다. '최초의 철학자' 혹은 '철학의 아버지'로 불리는 사람은 불쟁이 헤라클레이토스도 아니고, 배신 때린 아낙시만드로스도 아닌 미치광이 왕따였던 탈레스다. 그는 생전에 어떠한 기록도 남기지 않았으며 그의 주장은 달랑 세 마디만이 전해온다. '만물의 근원은 물이다', '땅은 물 위에 떠 있다', '세상의 모든 것은 신으로 가득 차 있다'. 물론 탈레스의 주장인 '만물의 근원은 물이다'라는 대답은 현대 과학의 관점에서 보면 틀린 답이다. 그럼에도 후대 철학자인 아리스토텔레스가 탈레스를 '최초의 철학자'로 칭한 이유는 무엇일까?

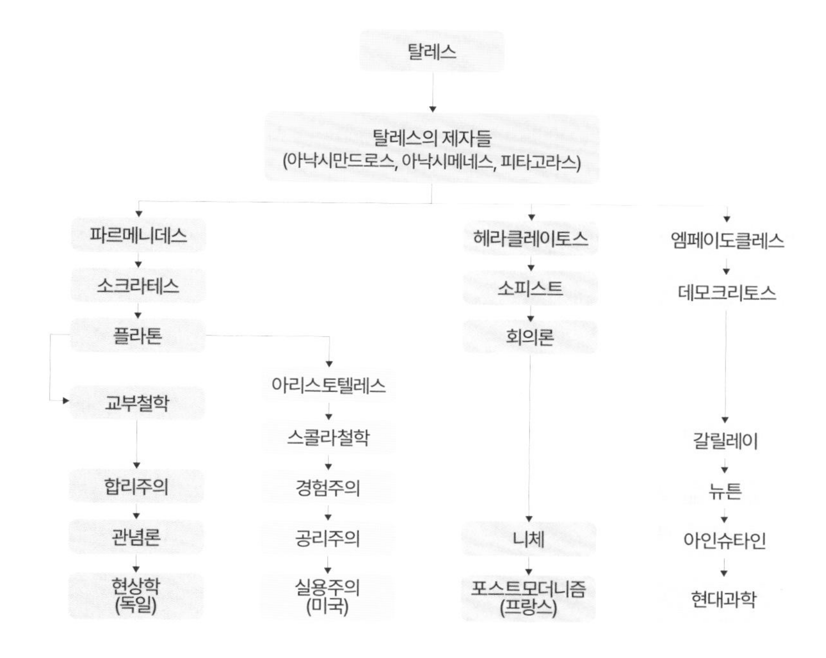

바로 그가 '세상 만물의 근본 원리'를 깨우치기 위해 끊임없이 '피지스의 아르케'를 묻고 다녔다는 사실 때문이다. 그는 이렇게 질문했다.

"정말 신이 바람을 불게 하고, 비를 내리고, 바다에 파도를 일으키는 걸까?" 생각이 탄생하는 순간이었다.

"세상을 움직이는 원리는 신이 아니라 자연 그 자체가 아닐까?"

이 한 가지 질문이 철학을 낳았고, 과학을 발전시켰으며, 우리가 세상을 바라보는 방식을 완전히 바꿔 놓았다. 탈레스의 사상은 단순한 철학적 주장에 그치지 않았고 신화적 사고에서 이성과 과학의 세계로 가는 방향을 제시했다. 그래서 신의 뜻을 묻는 대신 자연의 원리를 탐구하는 것이 철학자들의 목표가 되었고, 이후 과학자들이 등장해 실험과 논리로 세상의 이치를 밝혀나가기 시작한 것이다.

이렇듯 진리를 구하기 위해 끊임없이 탐구하고 토론하였던 그의 노력이야말로 가장 높은 수준의 진리를 추구하는 철학이라 생각했던 것이다. 그는 만물을 있게 한 자신의 질문에 대해 만물의 근원은 물이라 답했다. 비록 그 답은 틀렸지만, 그의 물음은 틀리지 않았고 그는 최초의 철학적인 질문을 던진 사람이고, 이 질문을 시작으로 철학의 길이 활짝 열렸기 때문에 그를 최초의 철학자라고 부른 것이다.

탈레스의 생애에 대해서는 별로 알려진 것이 없지만, 후대 저술가들이 전하는 몇 가지의 일화가 있다. 탈레스는 지금의 튀르키예 해안 지역에 위치하고 당시 그리스의 도시 국가 중 하나였던 밀레투스 출신이며 특권층의 가문에서 태어났는데, 이솝 우화로 유명한 이솝Aisopos: 원명 아이소포스과 같은 시대에 태어났다.

탈레스가 태어났을 때의 밀레투스는 모든 그리스 도시 중 가장 부유하고 강력한 도시였다. 그러나 당시 그리스는 동쪽의 바빌로니아와 남쪽의 고대 이집트보다는 후진국이었기 때문에 바빌로니아인과 이집트인의 뛰어난 천문학과 수학은 그리스인 보다 훨씬 앞서 있었다. 당시의 과학은 철저하게 실용 과학이었기에 이집트와 바빌로니아의 수학은 상업과 천문학, 그리고 건설에 이용되었다. 또한 당시의 천문학은 주로 신들이 무엇을 생각하고 있고 무슨 짓을 벌일지를 이해하기 위해 하늘을 연구하는 데 사용되었다.

그러나 탈레스는 세상에서 벌어지는 모든 일들이 그리스 신들의 명령으로 일어났다고 보는 당시 사람들의 굳은 믿음은 미신이라 생각했고, 대신 세상 만물이 어떻게 운용되는지를 알고자 자연의 패턴을 찾아내기 위해 노력했다. 즉 그는 당시 사회 전반의 굳은 믿음과 의식을 미신으로 치부하고 이를 과학으로 대체한 역사상 최초의 과학자다.

탈레스는 젊은 시절에는 상인이 되었으며, 주변 여러 나라를 여행했다. 그는 이집트로 여행을 가서 천문학과 수학을 배웠고, 기록에는 없지만 바빌로니아에도 여행했을 것으로 추측된다. 그는 긴 여행에서 밀레투스로 돌아와 그리스 최초의 과학자가 되었는데, 여러 분야에 대해 많은 호기심을 가지고 있었기 때문에 넓은 학식을 가졌다고 전해진다. 그는 고대 그리스 과학의 창시자였으며 밀레투스 학파를 설립하여 그의 지식을 아낙시만드로와 피타고라스 정리로 유명한 피타고라스에게 전수했다. 이렇게 전수된 그의 과학과 수학은 약 300년 후에 아르키메데스가 살던 시대에 정점을 찍었다. 또한 고대 그리스 지식의 재발견은 유럽의 르네상스와 과학 혁명의 불씨가 되었고, 과학이 현대 기술로 이어지는 발판을 마련했다. 미신을 버리고 과학을 선호하는 움직임은 이미 탈레스로부터 시작되었다.

탈레스에게 가장 중요했던 질문은 우리가 무엇을 아는가가 아니라, 어떻게 아는가였다. 당시의 탈레스는 과학 괴짜이자 '왕따'였던 것 같다. 어느 날 밤 그는 세상의 이치를 깨닫기 위해 밤하늘의 별을 보면서 궁리하며 걷다가 우물에 빠졌는데, 이를 본 트라키아의 하녀가 깔깔거리며 '하늘의 이치를 알려고 하면서 바로 앞 우물은 보지 못하시는군요.'라고 조롱했다. 당시 부유한 밀레투스에 살았던 탈레스는 진리만을 탐구하는 여느 철학자들처럼 가난했기 때문에 한

친구는 탈레스에게 단지 생각만으로는 절대 부자가 될 수 없다고 했다.

그러나 탈레스는 "돈을 벌 수 있는 방법은 널려 있지만, 사람들은 그것을 모를 뿐이다."라고 하자, 친구는 "자네는 스스로 똑똑하다고 생각하는군. 그렇다면 내가 여행을 다녀올 때까지 돈을 많이 벌어보게나." 하고 말했다. 그러자 탈레스는 돈 버는 일에 몰두하여 친구가 여행에서 돌아왔을 때는 탈레스가 평생 써도 남을 만큼의 돈을 벌어 놓은 것을 보고 탈레스를 인정했다고 한다. 어떻게 탈레스는 돈을 벌었을까?

당시에는 올리브가 쓰는 용도가 많아서 아주 귀한 것이었는데, 친구가 여행을 떠났을 때 올리브 생산량이 급격히 줄어든 것을 발견했다. 그것을 발견한 탈레스는 밀레투스 도시가 있는 이오니아 지역의 날씨 패턴을 연구하여 올리브 생산량의 작황이 좋을 때와 나쁠 때의 규칙이 있다는 것을 알게 되었고, 날씨 패턴을 관찰하여 올리브 수확량이 얼마나 될지를 예측했다.

그리고는 탈레스는 마을을 돌아다니며 집집마다 마당 한쪽에 자리만 차지하고 있는 기름 압착기를 저렴하게 사들이기 시작했다. 그리하여 올리브 작황이 풍작이 되었을 때는 이미 기름 압착기는 모두 탈레스의 소유가 되어 있었고, 탈레스는 기름 압착기를 임대하면서 큰돈을 벌게 되었다. 그는 육체적인 노동을 하지 않고 오로지 마음의 힘만으로 부자가 되었고 그를 비판하고 조롱했던 사람들의 입을 다물게 했던 것이다.

고대인들은 지진이나 화산 같은 자연재해를 신들의 분노로 생각하고 자연재해의 크기가 분노를 측정하는 수단이라고 믿었다. 그리스에서는 바다의 신인 포세이돈이 지진을 일으킨다고 보았고, 인도 힌두교도들은 지구를 떠받치고 있는 여덟 마리의 큰 코끼리가 가끔 지쳐 고개를 숙일 때마다 지진이 일어난다고 생각했다. 그래서 고대 그리스인들은 바다를 탐험하고 이용하기 위해 포세이돈의 분노를 피하기 위한 여러 제사 의식이 열렸고, 일부 문화권에서는 제물로서 인간 희생을 포함한 희생이 뒤따랐다.

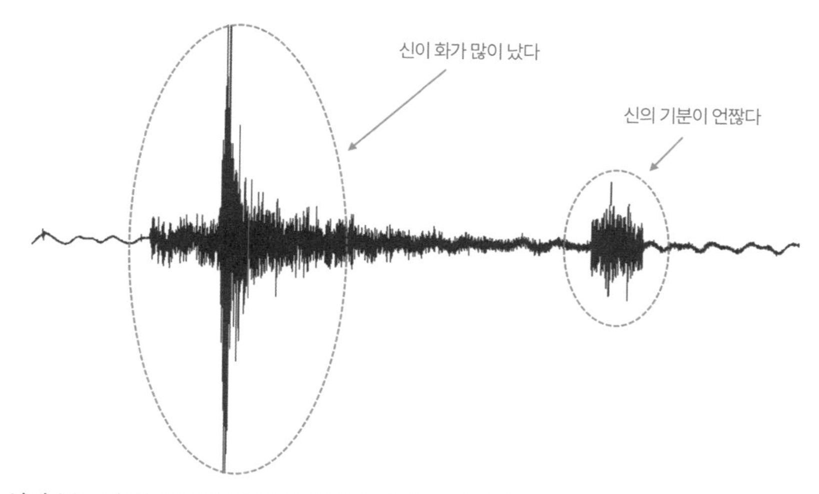

신의 분노에 따라 지진의 강도가 달라진다고 알았다_지진은 제우스와 티폰의 싸움에서 시작되는데 제우스에게 패배한 티폰은 시칠리아섬 지하에 갇히게 되었다. 이후 티폰이 시칠리아섬 지하에서 몸부림치고 분노를 하게 되면 지진이나 화산이 폭발했다고 한다. 바로 에트나 화산이다. 고대 그리스인들은 화산이나 지진 활동을 신의 분노로 해석하면서 나름 자연의 섭리에 따르려 했다.

그런데 탈레스는 지진에 대한 나름 합리적인 설명을 내놓았다. 그는 땅 전체가 무한한 물의 바다 위에 떠 있는 편평한 원반이며, 지진은 땅이 물속을 지나가는 파동에 맞닿을 때 발생한다는 이론을 폈다. 현대 과학의 처지에서 보면 얼토당토않은 가설이지만 최소한 포세이돈이나 제우스 신이 화가 나서 지진을 발생시켰다는 이론과는 완전히 다른 과학적인 내용인 것이다.

탈레스는 이집트를 여행하면서 천문학을 배웠다. 아마도 바빌로니아 여행에서도 배웠을 것이다. 단순히 천문학을 배운 것에서 나아가 기원전 585년에 일어난 일식을 예언한 적도 있다. 또한 탈레스의 후대 과학자이자 나체로 뛰어나가며 '유레카'를 외쳤던 아르키메데스는 기원전 212년 로마가 시라쿠사(현재 이탈리아 시칠리아섬 일부)를 정복하는 전쟁 통에 사망하고 말았다. 로마 역사가 키케로는 이 사건에 대해 자세한 기록을 남겼는데, 당시 아르키메데스가 달과 행성의 움직임을 정확히 예측하고 일식과 월식을 예측하는 기계를 가지고 있었다고 적었다.

04 안티키테라와 인디아나 존스

1902년 5월 크레타섬 인근의 안티키테라섬 해저의 난파된 배에서 달과 행성의 움직임과 일식 월식을 예측하는 기계를 인양했다. 로마 정치인이자 웅변가인 키케로는 아르키메데스는 별자리 그림을 참고하여 천문을 관측할 수 있는 기계를 만들었다는 기록을 남겼다. 무려 2,100년 동안 바다에 묻혀 있다 인양된 기계는 '안티키테라'라고 이름 지어졌으며, 영화 '인디아나 존스: 운명의 다이얼' 속의 안티키테라가 바로 그 기계를 모티브로 하여 제작되었다. 영화에서는 안티키테라가 타임머신 역할을 하여 기원전 212년 로마가 시라쿠사를 공격하여 아르키메데스가 사망했다고 전해지는 2차 포에니 전쟁이 한창인 시대로 거슬러 올라가서 주인공인 인디아나 존스가 결국은 아르키메데스를 만나는 것을 설정으로 하였다.

그러나 안티키테라가 발견되기 전 로마인들은 탈레스가 만들었다고 알려진 천체가 그려진 구를 발견했는데, 이 천체구는 지구 주변의 별자리에 있는 행성과 별이 정교하게 그려진 것이었다. 후대의 그리스인인 아르키메데스는 이 천체구를 참고하여 더욱 발전시켜 놀라울 정도로 정교한 천체 계산기인 안티키테라 기계를 만들었을 것이다.

난파선에서 발견된 안티키테라는 70여 년에 걸친 연구 끝에 총 223개의 톱니바퀴로 구성된 기계장치임을 알아냈고, 가장 큰 톱니바퀴는 지름이 13cm에 달한다. 용도는 해와 달의 움직임을 관측하고 일식과 월식을 알려줄 뿐만 아니라 4년마다 열리는 고대 그리스 올림피아드 경기의 개최년도를 알려주었다.

기계를 보면 태양과 달뿐만 아니라 수성, 금성, 화성 목성, 그리고 토성의 움직임을 동심원상에 표시했다. 이 장치는 태양을 비롯한 모든 행성이 지구를 중심으로 공전하고 있다고 가정했기 때문에 태양을 중심으로 한 것보다 구현

안티키테라와 인디아나 존스 영화 포스터_인양된 안티키테라와 이를 모티브로 하여 제작된 영화 인디아나 존스

하는 것이 훨씬 어려웠을 것이다. 키케로의 기록이 사실이라면 탈레스가 만든 천체구를 발전시켜 아르키메데스는 안티키테라를 만들었을 것이다. 그러나 아쉽게도 영화 속의 안티키테라는 시간을 거슬러 올라가는 타임머신으로 둔갑하였지만, 실제로는 타임머신이 아니고 인류 최초의 아날로그 컴퓨터쯤 될 것으로 보인다.

탈레스는 천문학과 마찬가지로 이집트에서 그리고 바빌로니아에서 수학도 배웠다. 밀레투스로 돌아온 그는 자신이 배운 것을 바탕으로 수학에 연역적 논리를 적용한 최초의 사람이 되었고, 기하학에서 새로운 결과를 도출했다. 밀레투스 학파에서 수학을 가르치며 고대 그리스에서 수학이 꽃피울 수 있는 토대를 마련했다.

05 이집트의 탈레스

탈레스가 이집트를 여행하던 시절 당시에도 이미 고대 유물이었던 이집트의 쿠푸왕 대피라미드의 높이를 측정한 사실은 잘 알려진 사실이다. 그는 평행선 사이에서 만들어진 유사한 삼각형의 대응변의 비를 이용한 비례계산법을 이용했다. 즉 지팡이를 땅에 꽂아 해의 움직임에 의해 지팡이의 높이와 그림자의 길이가 같다면 피라미드의 높이와 그림자 길이도 같다는 원리를 이용했는데, 이것은 역사상 가장 오래된 '과학적 측량 사례'이다. 그런 그가 이집트에 여행 중에 하마터면 성스러운 신을 모독했다는 죄로 잡혀가 사형을 당할 뻔한 이야기가 있다.

고대로 이집트는 나일강이 없었다면 왕국 자체가 존재하지 못했을 정도로 중요한 강이다. 그리스 역사가 헤로도투스가 '이집트는 나일강의 선물'이라

피라미드 높이를 측정하는 탈레스_평행선 사이의 선분의 길이의 비는 같다는 평행선의 성질을 이용해서 막대기 하나로 피라미드의 높이를 쟀다. 탈레스는 피라미드 옆에 자신이 들고 다니던 지팡이를 꽂았다. 피라미드 옆에 지팡이를 꽂아 놓으면 그림자가 생긴다. 시간이 지나게 되면 해의 움직임에 따라 어느 순간 지팡이의 높이와 그림자의 길이가 같아진다. 바로 그 순간이 피라미드의 높이와 피라미드의 그림자 길이가 같아지는 순간이다. 이때 피라미드 그림자의 길이를 쟀다.

고 했을 정도로 이집트는 전적으로 나일강에 의존했다. 나일강은 길이가 장장 6,695km로 세계에서 가장 긴 강이지만 흐르는 수량은 매우 적고, 하상계수가 매우 크다. 즉 비가 내릴 때와 내리지 않을 때의 강의 수량 차가 매우 크다는 뜻이다. 나일강의 수량은 아마존강의 단 2%에 불과하고, 콩고강의 12%, 양쯔강의 15%, 미시시피강의 30%에 불과하다.

나일강은 청나일과 백나일로 나뉜다. 마치 한강이 북한강과 남한강이 두물머리에서 합류하여 본류인 한강이 되는 것처럼, 청나일은 에디오피아 고원지대에서 타나호에서 발원하여 깊은 협곡을 지나고, 백나일은 멀리 아프리카 부룬디의 한 샘에서 발원하여 빅토리아호를 거쳐 수단을 지나 이집트로 흘러든다. 한강의 두물머리처럼 백나일과 청나일은 하르툼 북쪽의 누비아 사막에서 합류하여 이집트로 흘러 들어간다.

매년 여름 나일강의 홍수와 강의 범람은 거의 시계처럼 정확하게 일어났다. 5월이면 수단의 북부지방을 관통하는 나일강의 수위가 상승하여 6월에 이집트 남부의 아스완 근처 제1폭포에 도달하게 되고, 9월이 되면 나일강 유역의 범람원 전체가 검붉고 탁한 물 아래로 잠기게 된다.

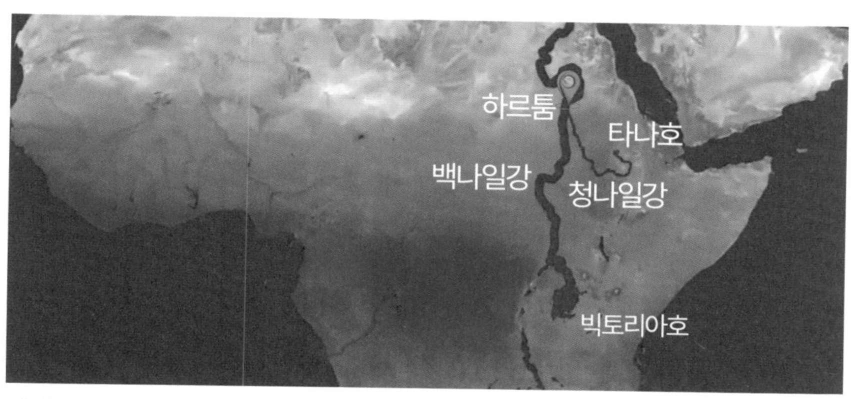

나일강의 발원지와 합류지_나일강은 적도 근처 빅토리아 폭포에서 떨어지는 리폰폭포가 그 발원지인 백나일과 타나호에서 발원하는 청나일이 하르툼에서 합류하여 지중해로 흘러드는 강이다.

이 물이 빠지게 되면 두텁고 냄새가 강한 잔존물이 남아 비옥한 흑토가 되는데, 이집트가 고대 지중해 지역에서 가장 부유한 식량원이 된 것은 바로 이 때문이다. 농부들은 범람으로 비옥해진 땅에 파종하고 곡식을 키워 다음 해 4~5월에 수확한다. 매년 이런 식의 농사가 시계추처럼 수천 년간 지속되었다.

따라서 이집트 문명의 흥망성쇠는 나일강 범람의 순환과 일치했다. 나일강의 범람으로 자연 혜택이 주어지면 고대 이집트는 번성했고, 가뭄으로 나일강의 수위가 낮아지면 쇠락했다. 나일강이 풍부한 물을 공급할 때 식량이 남아돌았고, 그 잉여 식량은 나일강 상류의 이집트와 하류 이집트의 통합을 이루게 하여 거대한 신전과 기념물이 들어섰고, 가뭄이 계속되어 나일강이 바닥을 드러내면 기근과 분열로 왕조의 몰락을 초래했다.

그래서 이집트인들은 강우를 예측하고 농업 시기를 예측하기 위해 달력을 만들었고, 땅을 측량하는 도구와 나일 삼각주의 갈대로 파피루스 기록을 남겼다.

짚고 넘어가기: 파피루스는 종이가 발견되기 전 사용되었던 것으로 식물 줄기로 만든 종이의 일종이다. 고대 이집트에서 각종 문서 작성에 쓰였고, 영어 Paper의 어원이다.

이집트인들은 365일 중 나일강의 물이 불어나기 시작해 유역을 범람하는 시기를 한 해의 시작으로 삼았는데, 매년 7월마다 주기적으로 물 수량이 평소보다 세 배 가까이 불어나 나일강이 범람했다.

그 이유로 이집트 사람들은 나일강의 범람 시기를 정확히 예측해야 했기 때문에, 지상에서 볼 수 있는 가장 밝은 별인 태양과 그다음으로 가장 밝게 보이는 별인 시리우스를 기준으로 1년의 길이를 파악했다. 두 별이 지평선에서 동시에 떠오르는 날이 1년 중 딱 하루가 있었는데, 이 무렵 나일강이 범람했다고 한다. 그래서 이날을 기준으로 1년을 365일로 파악했던 것이다. 이날을 현대 달력으로 계산하면 대략 7월 19일 경이다.

지금 우리가 쓰고 있는 달력은 로마 교황이 만든 태양력이다. 그런데 사실 태양력은 이집트인들이 만든 달력을 그 기원으로 한다. 고대 이집트 사람들은 1년을 30일 단위로 열두 달을 구성하고 연말에 제일祭日 닷새를 더해 1년을 365일로 구성했다. 흥미로운 것은 이집트 사람들이 한 해를 시작하는 시기다. 그 시기를 나일강이 범람하는 7월로 잡은 것이다. 그리고 그때를 시작으로 계절도 삼계절인 아케트(나일강 범람 시기), 페레트(농사짓는 시기), 셰무(수확하는 시기)로 구분했다. 이집트 사람들에게 나일강의 범람은 자연재해가 아닌 축복이었기 때문이다.

이 이집트력은 점차 지중해 지역으로 퍼져 나갔다. 그리하여 로마 제국의 율리우스 카이사르는 기원전 46년부터 이집트의 태양력을 도입해 1년을 365일인 12개월로 설정하고, 4년마다 하루(2월 29일)씩을 추가하는 방법을 썼는데, 이 개념이 '윤년'이다. 이 달력을 '율리우스력'이라고 부르는데, 이 달력도 지구의 공전 주기와 정확히 일치하지는 않았다. 그래서 이를 보완한 것이 1582년 교황 그레고리 13세의 이름을 딴 '그레고리력'이다. 율리우스력에서는 400년 동안 2월이 29일인 해가 100번이지만, 그레고리력에서는 97번으로 다소 줄게 되었다. 지금도 전 세계에서 쓰고 있는 달력이 이 그레고리력이다.

이렇듯 나일강의 범람은 이집트의 흥망성쇠와 직결되므로 이집트인들은 나일강의 범람을 관장하는 신으로 하피를 숭배했다. 또한 하피신은 나일강의 범람과 같이 양질의 토양이 들어와 토지를 비옥하게 해주기 때문에 농업의 신으로 불리기도 한다. 하피신의 얼굴은 턱수염을 기른 남자 모습이지만 오이처럼 축 늘어진 가슴과 둥글고 큰 배를 가진 여자의 몸을 가지고 있는 양성구유兩性具有, Androgyny로 묘사되어 있는데, 배는 비옥한 나일강 유역의 땅의 상징이라 한다.

이집트인들은 나일강의 범람이 하피에 의해 발생한다고 믿었기 때문에 하피신을 불쾌하지 않고 행복하게 해주기 위해 어떠한 희생도 감수했다.

그러나 탈레스는 이러한 이집트에서 나일강의 범람이 하피신 때문이 아니라 자연적인 현상으로 인해 범람한다고 목숨을 걸고 말했다. 그리고 나일강의 범람은 계절에 따라 아프리카 남쪽 지방에서 내리는 비의 양에 의해 좌우된다고 추측했으며, 이러한 일상의 사건이 신의 행복과 불쾌함에서 비롯된다고 믿는 미신에서 벗어나야 하며, 자연현상을 이해하면 실제의 사건을 설명하고 예측할 수 있다는 실증적 과학적 사고를 한 최초의 과학자라고 칭할 수 있다.

나일강 범람을 관장하는 신 하피_나일강의 범람을 관장하는 신으로, 나일강이 범람하면 양질의 토양이 같이 들어오기 때문에 농업의 신으로 여겨지기도 한다.

탈레스는 물이 세상의 근본 물질이라 믿었고, 생명과 자연의 모든 변화는 물에서 비롯된다고 주장했다. 물론 현대 과학은 그의 사상을 다르게 설명한다. 생명은 물이 풍부한 환경에서 시작되었고, 바다에서 최초의 생명체가 태어난 것처럼, 물 없는 생명은 상상도 할 수 없다. 화성이나 다른 행성을 탐험할 때 물을 찾으려는 이유도 바로 물이 있다는 것은 생명의 가능성이 있다는 것을 의미하기 때문에 그렇다.

그렇게 본다면, '모든 것은 물에서 시작된다.'라는 명제를 던졌던 탈레스는 아이러니하게도 현대 과학보다 더 단순한 방식으로 진리를 깨달았던 셈이다.

06 변화의 철학적 사유

기원전 6세기경, 인도와 그리스에서 두 명의 철학자가 거의 동시에 등장했다. 한 명은 고타마 싯다르타, 즉 부처님, 또 한 명은 헤라클레이토스다. 서로 다른 문화권에서 태어났지만, 이들은 공통으로 '변화'라는 주제를 철학의 출발점으로 삼았다.

'같은 강에 두 번 발을 담글 수는 없다.'는 말이 있다.

수수께끼 경구 만들기의 달인이자 불쟁이인 헤라클레이토스가 한 말이다. 강은 흘러가는 수많은 물방울로 이루어져 있다. 이 물방울은 계속 흘러가기 때문에 한 지점을 형성하는 물방울은 순간순간 다른 물방울이다. 그러므로 우리가 강에 발을 담글 때마다 그 강은 이전과는 다른 강이라는 것이다. 하지만 그렇게 변화하며 흐르더라도 그 물이 강이라는 사실에는 변함이 없다. '만물은 흐른다Panta Rhei'라고 말하며 변화야말로 세상의 본질임을 강조했다. 그리고 만물은 변화하지만, 그 변화에는 변하지 않는 원리, 즉 변화 속에서 질서가 형성된다고 있다고 했다.

'같은 강에 들어가는 것 같지만 거기에는 계속해서 다른 강물이 흘러든다.'

강물은 쉼 없이 흘러들지만 그렇더라도 그 강은 그 강이다. 그런, 즉 우리는 같은 강에 두 번이고 세 번이고 발을 담글 수 있다. 변화 속에서도 통일성을 유지하는 세계, 그것이 헤라클레이토스가 본 세계의 비밀이다.

인도의 고타마 싯다르타는 변화의 본질을 깨닫는 것이 인간의 고통을 극복하는 길이라고 가르쳤다. 그는 '무상無常', 즉 이 세상에 영원한 것은 없으며, 모든 것은 변한다는 깨달음을 전파했다. 인간이 괴로움을 느끼는 이유는 변하는 것들에 집착하기 때문이라고 설명했다.

이처럼 부처님과 헤라클레이토스는 각기 다른 방법으로 변화의 철학을 전개했지만, 결국 강조한 것은 동일했다. '세상은 변하며, 우리는 그 변화 속에서 어떻게 살아갈 것인가?' 하는 질문이었다.

부처의 깨달음은 왜 우리는 괴로운가? 에서 시작했다.

그래서 고타마 싯다르타는 인간의 고통을 깊이 탐구했다. 그가 왕자로 태어나 부귀영화를 누리던 시절, 궁전 밖에서 노인, 병자, 그리고 죽은 자를 보며 인생의 무상함을 깨달았다. 그는 인간이 겪는 괴로움의 근원을 찾고자 왕자의 지위를 버리고 출가하여 수행에 나섰다. 그리고 도달한 결론은 명확했다.

'우리가 괴로운 이유는 변하지 않는 것이 없는데도, 변하지 않기를 바라는 마음 때문이다.' 즉, 젊음은 늙음으로 변하고, 건강은 병으로 변하며, 사랑하는 사람도 언젠가는 떠나간다. 그런데도 사람들은 이것들이 영원할 것이라 믿고 집착한다. 이러한 '집착執着'이 괴로움의 근본 원인이라는 것이다. 그래서 부처는 모든 것은 변한다는 사실을 받아들이고, 희로애락의 감정에 흔들리지 않는 평정심을 유지하는 것이 해탈의 길이라고 설파했다. 그는 '무상無常을 이해하면 마음의 평화를 얻을 수 있다.'고 가르쳤다.

과거가 시속 4km 정도의 변화 속도를 가진 보행 시대였다면, 지금은 시속 1,000km로 날아가는 비행기 속도로 변화하는 시대가 되었다. 이런 변화에 대해 우리가 가질 수 있는 태도는 변화를 거부하는 태도와 선도하는 태도, 그리고 수용하는 태도의 세 가지가 있을 수 있다.

과거의 방식을 고수하고 변화에 저항하는 태도는 극단적인 보수다. 그러나 역사는 변화를 거부한 이들이 결국 도태되는 모습을 보여주었다. 공룡이 멸종한 것도, 전통적 농경 사회가 산업혁명에 밀려난 것도 변화를 받아들이지 못했기 때문이다. 변화를 두려워하지 않고, 오히려 새로운 변화를 만들어가는 태도는 매우 진보적인 것이다. 과학자와 혁신가들은 끊임없이 새로운 기술을 개발하고, 사회를 발전시키며, 인류의 삶을 바꾸어 나간다. 스티브 잡스가 스마트폰 혁명을 일으켰던 것처럼, 변화는 기회가 될 수 있다.

모든 변화에 저항하기보다는 변화의 흐름을 인정하고 수용하는 것은 중용의 태도다. 부처가 설파한 '무상을 받아들이는 태도'도 여기에 해당한다. 예를 들어, 나이가 드는 것을 받아들이고, 상황이 달라지는 것을 자연스럽게 받아들이면 불필요한 스트레스에서 벗어날 수 있다. 이 세 가지 태도 중 어느 것이 옳고 그르다고 단정할 수는 없지만, 중요한 것은 변화는 피할 수 없다는 사실을 인정하는 것이다.

부처의 가르침은 주로 정신적 변화에 초점을 맞추었지만, 우리는 엄청난 과학기술 변화의 물결 속에 있다. 특히 과학은 이러한 변화를 설명하는 강력한 도구다. 예를 들어, 물은 H_2O 분자로 이루어져 있다는 것을 누구나 안다. 하지만 우리 중 누가 실제로 H_2O 분자를 본 적이 있는가? 사실 우리는 단지 과학자들이 그렇게 말했기 때문에 믿고 있을 뿐이다. 흥미로운 철학적인 질문을 던져본다.

'눈에 보이지 않는 것을 믿는 것은 종교적 신앙인가, 과학적 사실인가?'

우리는 무엇을 믿는가? 과학이 종교와 다른 점은, 경험과 실험을 통해 증거를 제시할 수 있다는 것이다. 눈으로 직접 H_2O 분자를 보지는 못했지만, 과학자들은 실험을 통해 물의 본질을 증명했고, 우리는 그것을 믿게 되었다. 결국, 과학도 변화를 탐구하는 과정에서 발전해 왔고, 우리는 그 변화를 통해 세상을 더 깊이 이해할 수 있게 되었다.

헤라클레이토스는 '세상은 끊임없이 변한다.'고 말했다.

부처는 '세상의 모든 것은 무상하다.'고 말했다. 이 두 가지 가르침은 시대와 문화를 초월해 여전히 우리 삶에 중요한 의미를 가진다. 우리는 살아가면서 필연적으로 변화를 맞닥뜨리게 된다. 때로는 그것이 두렵기도 하고, 때로는 기대되기도 한다. 하지만 중요한 것은 변화를 두려워하지 않는 태도다. 변화를 거부하면 도태될 것이고, 변화를 선도하면 기회를 잡을 수 있으며, 변화를 받아들이면 마음의 평화를 얻을 수 있다. 부처의 가르침처럼, 변화를 인정하고 그것에 집착하지 않는 것이 결국 가장 지혜로운 삶의 방식일지도 모른다.

Ⅳ

물의 가치에 대해 논하다

01 물의 가치에 대해 논하다

우리말에 '물 쓰듯 한다'라는 말이 있다. 무엇이든 특히 돈에 대해서 헤프게 허투루 낭비하는 것을 빗대어 한 말이다. 물을 어디서나 아무렇게나 공짜로 쓸 수 있었던 시대에 나왔던 말이다. 물론 이 말은 최근까지도 통용이 되고 있지만, 요즘 세대는 절대로 공감하지 못할 것이다. 이미 물은 하나의 상품으로 자리 잡았고, 편의점에라도 가서 돈을 지불하고 사야만 먹을 수 있는 것이 되었기 때문이다.

그 시절, 1970년대 우리나라에 실제로 항간에 떠돌았던 유행처럼 번진 꿈같은 이야기가 있었다.

"세상에… 중동에서는 물을 사서 먹는데 석유보다 물이 더 비싸다고 하네."

"말도 안 되는 소리, 아무리 석유가 난다고 해도 어떻게 물이 석유보다 비싸? 사실이 아닐 것이야."

어떻게 물을 돈을 내고 사서 마시고, 나아가 석유보다 물이 더 비쌀 수 있을까? 대동강물을 팔아먹었다는 전설 속의 봉이 김선달이 환생했을까 하는 의구심이 들 정도다.

사실이 그랬을까? 맞다. 사실 물 값이 석유값보다 비싼 중동에서는 우리와는 반대로 '물 쓰듯 해라'라는 말은 아끼고 안 쓰는 것을 의미한다. 비도 내리지 않고 온통 사막인 지역에 살고 있는 그들에게는 물이 귀한 존재다. 물을 얻기 위해 바닷물을 담수화하여 쓰고 심지어는 물을 수입해서 먹기도 한다.

우리는 어떤가. 수도꼭지만 틀면 쏟아지는 물…. 70년대 초등학교 학생들은 흙먼지가 날리는 뙤약볕 아래 운동장에서 뛰어다니다 목이 마르면 즉시 운동장 옆에 있는 수도꼭지 입을 대고 벌컥벌컥 마셨다. 아침에 학교에 등교하면 당번이 우선 해야 하는 일이 무엇일까? 자기 엉덩이보다도 훨씬 큰 노란색 양은 주전자에 수돗물을 가득 채워서 낑낑거리고 교실까지 들고 오는 일이 일이었다.

운동장 옆에 설치된 수돗가에서 이렇게 무한정 먹을 수 있는 물이 있는데 어떻게 물을 사 먹는다는 생각할까 라는 생각이 지배적이었는데, 그도 그럴 것이, 1994년까지 우리나라에서는 생수를 사 먹는 것 자체가 불법이었다. 물론 대놓고 팔지도 못했지만….

그럼, 그전까지는 어땠을까?

우리나라에서 생수가 공식적으로 판매된 시점은 1988년 서울올림픽 때부터다. 올림픽 기간동안 외국 선수들이 국내 수돗물의 안전성에 의심을 보일 수 있다는 판단에 한시적으로 판매를 허용했다가 올림픽이 끝난 뒤 저소득층과 고소득층 간의 위화감을 조성할 수 있다는 이유로 간단히 폐지해 버렸다.

그러나 수돗물이 오염되어 밥에서 악취가 나고, 가끔 녹물이 흘러나와 양치질하면 이가 벌겋게 되었던 시절, 짧았지만 올림픽 기간을 통해 생수 맛을 알아버린 국민들은 수돗물은 식수로써 믿을 수 없고 그렇다고 생수를 사 먹는 것은 불법이라 이러지도 저러지도 못했다. 그래서 아예 한 말(20리터)짜리 막걸리 통을 한두 개씩 들고 물을 뜨러 가까운 약수터로 향했고, 몇 시간씩

줄을 서서 기다려야 겨우 물을 뜰 수 있었다.

그런데 약수마저도 오염된 사례가 나오기 시작했고, 사람들은 '그럼 대체 어떤 물을 먹어야 하느냐'며 분노하기에 이르러, 급기야 1989년 수돗물 중금속 오염 사태, 1991년 낙동강 페놀 오염 사태 등으로 수돗물에 대한 국민적 불안감이 최고도에 달하자, 생수 시판 허용을 놓고 TV토론까지 열리기도 했다. 그러는 사이 생수 회사, 즉 물장수들은 어둠의 경로를 통해 나날이 사업을 확장해 나갔다.

물장수 하면 생각나는 것이 '북청 물장수'다.

친일 시인 김동환이 1924년 동아일보에 실은 시 '북청北青 물장수'는 당시 서울에서 유명했던 물장수인 북청 물장수를 노래한 유일한 서정시다. 자식들의 공부를 위해 함경도 북청 사람들은 열심히 물장수 일을 한 것인데, 시인의 고향이 함경도라 동향 출신 물장수들에 대한 남다른 애정과 연민을 가지고 있었던 것 같다. 한 구절만 보면 다음과 같다.

새벽마다 고요히 꿈길을 밟고 와서
머리맡에 찬물을 쏴아 퍼붓고는
그만 가슴을 디디면서 멀리 사라지는 북청 물장수

예로부터 물장수는 천한 일이라 천대받기는 했지만 나름 전문직이었다. 조선시대인 1800년대부터 근대까지 서울에는 물장수가 있었다고 한다. 당시 서울에는 근대적 상수도 시설이 없었기 때문에 깨끗한 물을 힘들이지 않고 얻으려면 반드시 물장수가 필요했다.

원래 물장수를 처음 시작한 사람이 함경도 북청 사람이었고, 이어서 북청 출신 사람들이 한양에 와서 물장수를 업으로 삼다 보니 이들을 북청 물장수라 불렀다. 물장수 한 사람이 맡을 수 있는 집은 하루 30 가구 정도 되었고, 전성기에는 물장수 수입이 상당하여 나름대로 인기 있는 전문직이었다고 한다. 또한 일종의 노동조합인 수상조합水商組合을 결성해 급수권도 관리했다고 한다. 1950년 6·25 때까지 서울에는 물장수가 있었다고 하는데 많을 때는 2,000명을 넘었다지만, 6·25라는 난리통에 물장수들은 모두 사라진 듯하다.

결국 1994년, '깨끗한 물은 자신의 선택에 따라 마실 수 있는 헌법상의 권리'라고 하며 생수 판매 금지 조치가 위헌으로 받아들여져 생수 판매가 허용되었다. 이로 인해 북청 물장수의 후예들인 현대 생수회사들이 우후죽순 생겨나기 시작했고, 생수 사업은 벌써 3~4조 시장으로 성장해 엄청난 성장세를 이루고 있다. 여기에 편승해 더 폭발적으로 성장한 사업이 있는데, 그것은 바로 정수기 시장이다.

지금 MZ세대에게 생수 없는 시절은 상상하기 어렵겠지만 사실 우리가 물을 사 먹기 시작한 것은 얼마 되지 않았다. 물론 북청 물장수 시절은 제외하고….

90년대 이전까지는 물을 사 먹는다는 사실은 물론 물이 석유보다 비쌀 것이라는 상상은 감히 하지도 못했지만, 지금은 어떤가? 모든 물이 다 그렇지는 않지만 확실히 기름값보다 비싼 물이 있다는 사실에는 동의할 것이다. 이렇게 보면 올림픽은 참 많은 것을 바꾼 것 같다.

이제 생각해 볼 것은 물의 가치는 얼마인가, 그리고 물의 가격은?

우리 주변에 항상 존재하는 물은 단순히 투명한 액체로서가 아니라 생명의 본질이고, 문명의 요람이며, 자연순환의 연결고리다. 그래서 물의 가치는 단순히 경제적 가치로 평가할 수 없다. 물이 흔하다고 해서 그 가치를 과소평가해서는 안 된다. 물은 지구와 인류의 지속 가능성을 결정짓는 열쇠이기 때문이다. 우리는 종종 '가격'과 '가치'를 혼동한다. '비싼 것은 항상 좋은 것일까?' 질문이 바로 그 예이다.

02 가격과 가치

물은 우리 몸의 60% 이상을 이루는 원소이고, 물 없이는 3일 이상 생존이 어려우며, 지구 생명체가 살아가는 데 필수적인 자원이다. 그런데도 물은 저렴하다. 개인별 수도 요금은 한 달에 단 몇천 원이고, 스타벅스 커피 한 잔이면 생수 두세 병을 살 수 있다. 물은 우리 삶의 본질이기 때문에 가치를 매길 수 없는 것을 다 알고는 있지만 가격 면에서는 그것이 반영되지 않았다고 본다. 결론적으로 가격과 가치 두 가지는 서로 떨어질 수 없는 남녀관계 같은 사이지만 남녀가 본질적으로 다르듯이 두 가지도 본질적으로 다르다.

가격은 객관적이지만, 가치는 주관적이다. 가격은 시장이 정하지만, 가치는 개인이 정한다. 가격은 누구에게나 같지만, 가치는 개인의 신념이나 환경 등에 따라 달라진다. 가격은 측정이 가능하지만, 가치는 측정이 불가능하며, 철학적 요소가 포함된다.

그렇다면 물에 대한 가격을 정하기 것은 쉽지만 가치를 매기는 것은 매우 어렵다. 이유가 무엇일까? 아직도 가격과 가치를 명확하게 구분 짓지 못하고 있기 때문이다. 그렇다고 스스로 자책할 필요도 없다. 경제학의 창시자라 불리는 애덤 스미스1723-1790도 헛갈려서 갈피를 못 잡고 횡설수설하다가 세상과 작별을 고했기 때문이다. 심지어 위대한 저서라 불리는 〈국부론〉은 고전 경제학의 기초를 정립했다고 평가받고 있지만 거기까지가 그의 한계였다. 왜 그랬을까? 바로 '한계효용' 이론을 몰랐기 때문이다.

당시는 산업혁명이 태동하기도 전인 중상주의 사회였다. 중상주의라는 것은 한 국가의 부는 금과 은의 보유량에 달렸다고 보고 국가가 그런 것들을 직접 경제를 통제한 사회를 말한다. 그래서 중상주의하에서 국부를 늘리기 방법은 딱 두 가지, 첫째 금광이나 은광 등 화폐의 원천을 국가가 틀어쥐는 것, 둘째 주요 상품의 독점권을 가지는 것이다. 참고로 우리나라도 1987년까지 재무부 산하에 전매청지금의 KT&G: 한국담배인삼공사을 두고 담배와 인삼을 독점 판매했다. 그래서 70~80년대에는 소위 외국 담배인 '양담배'를 거의 '대마초'와 비슷하게 취급하여 양담배를 피우면 무조건 경찰에 잡혀가고 세무조사까지 받았던 시절이 있었다.

중상주의하에서는 가격과 가치의 개념이 절대적이다. 예를 들면 비단 한 필은 화폐(금) 얼마로 규정되었기 때문에 가격과 가치의 개념은 절대적인 수치였다. 그러나 현실은 유통되는 화폐인 금의 양에 따라 희소성이 결정되고, 비단의 직조 능력과 효율성에 따라 가격이 변했던 것이다. 그래서 애덤 스미스는 우선 이 개념을 깨부수기로 작정하고, 가격과 가치는 상대적이라는 주장을 폈다.

비단을 생산하는 데 필요한 원재료인 누에와 실, 직조기, 직조공임, 그리고 자본조달 비용 등에 포함되어 자연 가격이 결정되고, 유통이 포함된 판매관리비, 기회비용 등이 고려되어 시장가격이 형성된다고 보았다. 그래서 애덤 스미스는 가치라는 것은 절대적인 가격으로 되는 것이 아닌 상대적인 가치로 결정되며 그 균형점에서 가격이 결정된다고 보았다. 그렇게 고정하고 나니 고전경제학에서 비교적 잘 먹혀들어 갔다. 이렇게 하여 자본주의 경제학의 개념을 정립하고 기초를 세워 경제학의 아버지라고까지 불리게 되었는데… 그런 그가 "한계효용" 이론을 몰라 한 방울의 물에 대한 경제적 가치를 명쾌하게 설명하지 못했다니 참 아이러니한 상황인 것을 떠나 체면이 말이 아니다.

여기 한 방울의 물과 1캐럿의 다이아몬드가 있다.

어느 것의 가격이 더 비쌀까 물어본다면 당연히 다이아몬드라고 대답할 것이다. 그럼, 다이아몬드가 귀한 대접을 받는 이유는 무엇일까?

바로 희소성이다.

그런데 그렇게만 따진다면 다이아몬드보다 더 희귀한 보석은 지구상에

열 가지도 넘는다. 최고로 비싸다는 '레드 베릴'은 같은 크기의 다이아몬드에 비해 무려 1만 배나 비싸다. 모든 것을 가격의 잣대로만 생각하면 세상살이는 단순 해진다. 사실은… 나도 그렇게 머리를 비워버린 채 세상을 살고 싶다.

다이아몬드는 생수 1병과 비교할 수 없을 만큼 비싼 것은 사실이다. 그렇다면 가격만큼 가치가 있는 것이냐는 질문에는 '아니오'라는 답을 할 것이다. 대부분의 우리도 아는 것을 경제학의 아버지 애덤 스미스는 몰랐을까? 아니다, 아마도 어렴풋이 알았을 것이지만, '한계효용' 이론을 몰라서 명쾌하게 설명하지 못하고 얼버무릴 수 밖에 없었다.

한계효용을 어렵게 얘기하면 '재화나 서비스를 소비할 때, 소비량을 조금 더 늘렸을 때 얻는 추가적인 만족도'이다. 참 어렵다. 배배 꼬고 비틀어서 설명한 것도 아닌데 어려운 말이다. 경제학에서는 마음속에서 느끼는 만족감이나 행복감을 '효용'이라 부른단다. 그리고 '한계'는 추가로 증가하는 것을 뜻한다. 따라서 처음에는 '효용'이 최고조 되었다가 반복될수록 조금 덜 증가하는 것을 '한계효용'이라 부른다.

다이아몬드와 생수 한 병의 가치_물은 우리 생활에 없어서는 안 될 필수 재화이지만 값이 싸고, 다이아몬드는 필수품이 아닌데도 불구하고 값이 비싸다. 상품 가격에 영향을 미치는 것은 총효용이 아니라 한계효용이다.

사례로 설명을 해보면, 3년 동안 매일 꽃을 보내며 구애하였던 여자가 있다고 하자. 드디어 여자가 수락하여 첫 만남을 가졌고 연인이 되기로 약속했다고 하자. 그때의 행복과 만족감, 즉 '효용'은 극에 달했을 것이다. 그리고 만남이 잦아질수록 행복과 만족감은 있지만 첫 만남에 비하면 약간만 추가로 늘어나는 것, 즉 첫 만남에서 행복감이 100 늘어난다고 하면, 두 번째는 행복감이 90정도 늘어나게 될 텐데 이러한 추가적인 행복감을 '한계효용'이라 부른다. 만남이 3년 동안 반복되면 점차 그 만족감은 줄어드는데 그것을 '한계효용 체감의 법칙'이라 한다. 한계효용 이론을 모른다면 왜 연인들이 헤어지는지 부부가 왜 이혼하는지 명쾌한 설명을 할 수 없을지도 모른다.

중요한 것은 행복의 증가 속도다. 고대하고 소망하던 세상에서 제일 맛있는 초콜릿을 샀다. 하나를 먹었더니 어떤 맛인지도 모를 정도로 세상을 다 얻은 듯 행복했다. 두 개째를 먹을 때는 역시 이 맛이야 하며 음미하며 먹을 수 있다. 세 개째를 먹을 때는 어떻게 만들면 이렇게 맛있을까 생각해 보며 먹을 수 있다. 네 개째를 먹을 때는 다른 초콜릿과 무엇이 다른지 비교해 볼 수 있다. 다섯 개째를 먹을 때는 여전히 맛은 있지만 너무 달다는 생각에 건강 걱정을 하며 먹게 된다. 여섯 개째를 먹을 때는 이것만 먹고 그만 먹어야겠다는 생각을 한다. 첫 번째 초콜릿과 여섯 번째 초콜릿을 먹을 때의 기쁨이 같을까? 아니다. 첫 번째는 최고지만 여섯 번째는 그만큼의 행복을 느끼지 못한다. 이것이 한계효용이다.

한계효용의 법칙을 물과 다이아몬드에 대입해 보면, 물은 어디서나 구할 수 있는 흔한 것이기 때문에 언제나 구할 수 있다는 생각 때문에 추가로 한 잔의 물을 얻는 만족도(한계효용)는 낮다. 그러나 다이아몬드는 희소하기 때문에 하나를 얻는다면 그 만족도는 매우 높아진다. 따라서 물은 생명에는 필수적이지만 흔하기 때문에 그 가치가 희석되고, 다이아몬드는 쓸모는 별로 없지만 희소성 때문에 높은 가격을 유지한다.

'가격이 높으니, 가치도 높은가?'라는 질문을 던졌을 때 대부분은 그렇지 않다고 대답할 것이다. 경제학을 공부해서가 아니라 우리가 이미 그러한 경제 구조에서 살고 있기 때문이다. 사람들은 직감적으로 가격과 가치를 구분하지만, 인지적으로 구분하지는 않는다. 왜냐하면 누구에게나 돈과는 맞바꿀 수 없는 가치 있는 무엇인가는 한 가지쯤은 가지고 있기 때문이다. 그럼에도 불구하고 가격과 가치의 차이를 혼동하는 경우가 다반사이다.

가격과 가치를 정하는 기준으로는 장소, 상황, 시대, 입장 등등 많은 요소가 있다. 그러나 이 요소들은 모두가 복합적으로 얽혀 있기 때문에 딱히 정할 방법은 없다. 만일 지금 당장에 테이블 위에 생수 한 병과 다이아몬드 1캐럿을 두고 선택하라고 한다면 어떻게 할 것인가? 대부분은 다이아몬드를 선택할 것이다. 왜냐하면 희소성 때문에 논리적이 아니라 직감적으로 선택한다.

그런데 사막 한가운데에서 길을 잃고 심한 갈증 속에 헤매고 있는 상태에서 생수 한 병과 다이아몬드 1캐럿을 두고 선택하라고 한다면 대부분은 생수 한 병을 선택할 것이다.

그 이유는 당장에 물 없이는 살 수 없을 것이기 때문이다. 그러면 사막에서 다이아몬드 없이도 살 수 있는가? 당연히 살 수 있다. 다만 심적인 풍요로움이나 만족감은 조금 덜하겠지만 살아가는 데는 아무 문제 없다. 그런 상황에서조차 "나는 다이아몬드 없이는 절대로 못살아"라고 외치는 소위 된장녀들이 있을지는 모르겠지만, 정상적인 사고를 하는 사람이라면 그렇지는 않을 것이다.

물과 다이아몬드의 가치에 대한 이 이야기는 단순한 상상이 아니라 경제학 역사에 가장 흥미롭고 폐부를 찌르는 핵심 질문 중 하나인 '물과 다이아몬드의 역설'이다. 사막 한가운데에서 물의 가치는 다이아몬드에 비해 수만 배 높다. 그렇지만 가격은 여전히 다이아몬드가 높을 것이다. 그래서 가치와 가격의 개념은 달리 구분되어야 한다.

앞서 설명했듯이 고전 경제학의 대가였던 애덤 스미스조차도 극소수의 한낱 장신구로 사용되고 있는 다이아몬드의 가격과 인체를 구성하고 인간의 생명과 직결된 물의 가격의 엄청난 차이를 논리적으로 해석하지 못했다.

대신에 이 같은 현상을 설명하기 위해 다소 궁색한 근거를 제시했는데, 바로 사용가치와 교환가치라는 요상한 말을 붙여서….

물은 사용가치가 높지만 교환가치는 낮기 때문에 가격이 낮고, 다이아몬드는 사용가치는 낮지만 교환가치는 높으므로 가격이 높다. 그런데 그 이유에 대해서는 대답을 못하고 '물과 다이아몬드의 역설'이라는 아리송한 표현으로 끝맺었다. 즉, 사용가치가 거의 없는 물건이 단순히 수량이 적다는 이유 하나로 가격이 높아지는 이유를 끝내 설명하지 못 하고, 그냥 다이아몬드를 캐는 데 투입된 노동력 때문에 비싸진 것이라는 변명을 붙였다. 그래서 역설이라고 했는데, 그 뜻을 언뜻 보면 일리가 있는 것처럼 보이지만 분명히 모순되고 잘못된 결론으로 귀결되었기에 그렇다. 당시의 애덤 스미스는 이같이 '완벽히 이해되지 않는 문제'를 두고 자신의 한계를 느꼈을 것이다. 애덤 스미스의 한계는 이것을 '총효용' 적인 측면에서 바라보았기 때문이다.

사막에서 물과 다이아몬드 중 하나를 선택한다면…
_혹시 사막에서 물과 다이아몬드 중 하나를 선택해야 한다면 물을 선택하는 것이 좋다.

03 한계효용의 법칙

"가격은 '한계효용'에 의해 결정되므로 총효용이 크다고 반드시 가격이 높아지지 않는다."

그런데 이 경제이론은 애덤 스미스의 사후에 나왔기 때문에 그는 이 기초적 이론을 몰랐던 것이다. 만일 그가 이 개념을 이해했다면 이따위의 궁색한 변명은 하지 않았을 것이다. '한계효용' 이론은 1870년대에 오스트리아의 경제학자들이 각각 한계분석에 대한 이론을 발표하며 나온 것인데, 이 이론으로 인해 경제학에서는 '한계혁명'이란 것이 일어났다.

이들 주장의 요점은 '생산 요소도 가치가 있으나 상품의 가격은 생산 요소의 가치로 결정되는 것이 아니라 소비자가 제품을 소비할 때 얻을 수 있는 주관적 한계효용에 의해 결정된다'. 즉 고전경제학파가 주장했던 객관적 가치론을 주관적 가치론의 관점으로 바꾼 것이다.

그런데 개념적 정립과 복잡한 이론들로 인해 도토리 키재기를 하며 지루한 치킨게임 중이던 경제학 이론들을 총망라해 버린 사람이 바로 '알프레드 마샬'이다. 그는 자유방임적 자본주의의 고전경제학과 한계효용의 개념을 종합하여 현대 미시경제학의 이론적 체계를 정립하였다. 그 한계효용 이론을 대입하면 물의 가치를 명쾌하게 설명할 수 있다.

경제학이니 한계효용 이론이니 이런 여러 가지 이론들이 있지만…, 세상에 맨몸으로 던져져서 좌충우돌하며 살아온 결과를 가지고 가격과 가치에 대해 현실적으로 이야기한다면 다음 문장으로 축약할 수 있다.

"진짜 중요한 것은 항상 가격에 반영되지 않는다. 그것은 오로지 가치로 평가된다."

04 물의 인문학적 가치란

지금까지 설명된 물의 가치를 경제학 논리에 입각한 인문학적 가치로 보았다면 다음은 자연철학에 기반한 인문학적 가치로 볼 수 있다.

물의 자연철학에 기반한 인문학적 가치는 물의 포용력과 융화력, 그리고 창조력에서 찾아볼 수 있다. 세상의 만물은 고유의 모양과 특성이 있으며, 항상 그 성질을 유지하려 한다. 물은 정해진 모습이 없지만 그 어떤 모양을 가진 것과도 잘 어울리고 감싸안으며 품어내고, 때로는 그 속에서 녹여내기도 한다. 가끔은 다양한 성질의 물질들을 서로 결합하고 전혀 새로운 모습으로 태어나도록 돕기도 한다.

물은 약하고 부드럽기 때문에 강하고 단단한 것에 양보한다. 결코 저항하거나 싸우지 않으며 항상 순응하고 포용한다. 그러나 인간이 물을 다스렸다고 믿었던 순간, 물은 다시 인간을 시험하기 시작한다. 산업혁명 이후 인간은 강을 막아 댐을 짓고, 물길을 인위적으로 조정하면서 강력한 문명을 구축했지만, 지금 우리는 그 대가를 치르고 있다. 지구온난화로 인해 해수면이 상승하고, 기후 변화로 인한 물 부족이 심화하면서 물은 다시 인간의 생존을 위협하는 존재로 다가오고 있다. 과연 우리는 물을 다스린 것인가, 아니면 물이 우리를 다스리고 있는 것인가?

얼마 전까지만 해도 물과 같은 산업이 바로 컴퓨터 산업이었다. 70년대의 컴퓨터는 만능열쇠와 같은 기능을 가진 꿈의 장비였고, 아무나 가질 수 없었던 것이었으며, 심지어 나라가 보유한 컴퓨터의 개수를 손으로 꼽을 정도였다.

이런 컴퓨터가 80년대에 들어서 개인용 컴퓨터로 변신하면서 단 10년 만에 세상을 급진적으로 변화시키며 모든 산업에 스며들었다. 그리고 90년대의 컴퓨터는 모든 산업에 적용되고 그 산업에 융화되면서 컴퓨터 산업이라는 용어를 희석하기 시작했다. 즉 산업에 컴퓨터가 완전히 융화되어 컴퓨터가 없는 산업은 존재하기 어려울 정도가 되었다.

컴퓨터 산업을 IT Information Technology 산업이라 바꿔 불렀지만, 그 본질은 완전히 다른 산업이었다. 컴퓨터 산업이 아닌 IT 산업은 정보를 입력, 출력, 수집, 처리, 저장, 검색, 전송하는 소프트웨어 및 하드웨어로 제품과 서비스를 통틀어 칭하는 말이 되었다.

2000년대에 들어서 컴퓨터 산업은 통신과 다시 융합되어 ICT Information & Communication Technology 산업이라 통칭하며 마치 물처럼 모든 산업의 일부가 되어버렸고, 이제는 ICT, 즉 컴퓨터 통신 산업이 따로 존재하지 않는다. 즉 누구나 휴대하고 누구나 사용하며 모든 곳에 있기 때문이다.

물의 덕목과 가치는 요즘과 같은 초연결 사회를 맞이하며 반드시 배워야 할 것이 되었다. 그것은 다양한 분야의 장점을 결합하여 새로운 가치를 창출해 내는 창조력이다. 이것은 물리적 결합에 의한 것이 아닌 화학적 결합을 의미한다. 자갈, 모래, 시멘트가 섞일 수는 있지만 결합은 어렵다. 물이 스며들어 이들을 결합하고 단단하게 만들어 건축물로 창조되게 하는 것이다.

산업 한가지 한가지는 뛰어나지만 그 산업들이 각자 존재할 때 그 가치는 높아지지 않는다. 자갈과 모래의 길에서 벗어나 물의 가치를 이용한다면 그 가능성은 무한하게 열려있다.

물의 가치 중의 하나는 비정형이다. 모래와 자갈은 고정된 형태이지만 물은 그렇지 않다. 우리가 배워야 할 물의 가치는 나만의 방법만이 옳은 길이라고 고집하지 않아야 하는 것이다. 아무리 탁월한 능력자라 할지라도 조직에 스며들지 못한다면 그는 훨씬 더 큰 것을 만들어 낼 수 없다. 나의 방식과 시스템을 고집하지 않고 다양한 분야의 강점을 유연하게 수용하는 태도가 물의 가치이다.

요즘 들어 정말 많은 신조어가 만들어지고 통용되고 있다. 그중 신조어 '케미'는 좀 특별한 것 같은데, '서로 케미가 맞다', '케미가 좋다' 등등 여러 가지로 사용된다. 케미란 사실상 영어 단어 'Chemistry'에서 온 표현이다. '화학'을 의미하는 '케미스트리'의 준말로 '케미'라 쓰는 것이다. 결국은 화학적으로 좋다라는 뜻인데, 우리말로 바꾸면 '궁합'이 좋다고 바꿀 수 있다. 그러나 '궁합'이라는 말이 남녀 간의 관계로 한정되기 때문에 이를 동성 간의 관계에 쓰기가 어려워서 '케미' 라는 말이 많이 사용되는 것 같다.

서로 합이 잘 맞다거나, 궁합이 잘 맞다 등 혹은 잘 맞는 사이를 말한다. 그럼, 어원인 영어에서도 그렇게 쓸까?

궁합의 사전적 의미를 찾아보면 'Compatibility'이다. 물론 완전히 틀린 표현도 완전히 맞는 표현도 아니다. 그냥 '궁합을 보다'는 직역한다면 'assess astrological compatibility'이겠지만, 실제로는 'match made in heaven' 혹은 'perfect couple' 등이 더 잘 쓰인다.

그럼 '케미'를 '죽이 잘 맞는 사이'로 번역하고 이를 실제 영어 표현으로 본다면, "have good chemistry'일 것이다. 한국 신조어 '케미'가 실제 영어 'chemistry'로 쓰이는 경우이다.

"We have good chemistry."

우리는 죽이 잘 맞습니다.

"The couple share good marital chemistry."

그 부부는 금슬이 좋다.

실제로 '케미'는 물의 가치를 가장 잘 대변해 주고 있는 단어이다. 내가 잘 스며들어 맞춰주고 협력하여 새로운 가치를 창출하는 것이 물의 진정한 가치이다. 진정으로 물의 가치에 대해 생각한다면 다음과 같이 반문해 볼 필요가 있다. '우리는 물과 함께 살아갈 준비가 되어 있는가?'

V

물도 얼굴이 있다

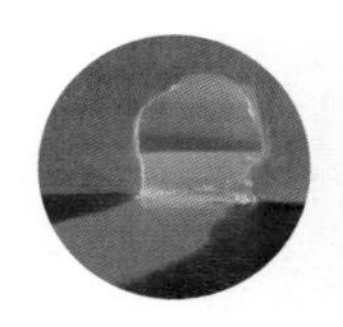

01 물도 얼굴이 있다.

"우리가 돈이 없지 가오가 없냐." 영화 장면 중에 나오는 대사이다. 여기에서 '가오'란 '얼굴'을 의미하는 일본말인데 동네 주먹쟁이들 사이에서 변형된 의미로 꽤 통용되는 단어이기도 하다. 또한 '건달'로 대변되는 조직폭력배 집단과 그와 대적하는 경찰들 사이에서도 쓰인다는 사실을, 영화를 통해 확인할 수도 있다.

여기에서 가오란 얼굴이라는 뜻보다는 '체면'이나 '명예'의 뜻으로 쓰인다. 실제로 뒤에 동사가 붙어 '가오잡다'가 되면 '허세 부린다' '폼재다' 혹은 '센 척하다'의 뜻으로 쓰인다. 그러나 함부로 썼다가는 자신의 품격을 떨어뜨릴 수 있으니 주의하여 사용하여야 한다.

얼굴은 신체를 대표하는 가장 중요한 부위의 하나이기도 하지만 우리가 가장 많이 신경 쓰고 가꾸는 부위이기도 하다. 아침에 일어나서 맨 먼저 하는 일이 세수洗手하는 일이다. 그대로의 뜻은 손을 씻는다는 뜻이지만 실제로는 얼굴을 씻는 일을 말한다. 그리고 잠들기 전에 마지막으로 하는 일 역시 세수하는 일이다.

우리의 하루 일과의 시작과 끝이 얼굴을 씻는 일이라는 것은 얼굴이 신체만 대표하는 것이 아닌 나의 정체성뿐만 아니라 삶의 시작과 끝을 의미하기도 한다.

천의 얼굴을 가졌다는 표현은 배우에게는 최고의 찬사나 다름없다. 한 사람이 마치 다른 사람인 듯한 여러 가지의 표정을 보여주는 것을 의미하는데 사람의 얼굴 근육은 80개로 7,000여 가지의 표정을 지을 수 있다.

물도 얼굴이 있다. 사람 얼굴 표정의 개수는 물 얼굴의 변화무쌍함에 비하면 새 발의 피다. 또한 물의 얼굴은 셀 수 없지만 나름의 철학적 의미를 가지고 있다. 물은 형태적 얼굴을 가지기도 하지만 주변의 상황 변화에 의한 미메시스mimesis적 얼굴을 가지기도 하여 보는 이에 따라서 서로 다른 맞춤형 얼굴을 보여준다. 그 얼굴은 빛에 의해 달라지기도 하고 바람에 혹은 하늘에 의해 달라지기도 하고, 그리고 보는 사람의 마음에 따라 달라지기도 한다.

얼굴은 얼魂이 들어 있는 굴窟을 말한다. 즉 혼魂이 들어오고 나가는 굴을 얼굴이라 하는 것이다. 혼이란 영혼이라는 뜻이고 우리말 '얼'이다. 굴이란 동굴 혹은 통로의 뜻이고 우리말 '굴'이다. 다른 의미로 '굴' 대신에 '꼴' 즉 모양에서 유래했다는 설도 있다.

그래서 얼간이는 얼이 간 사람, 즉 뭔가 좀 모자란 사람을 말하고, 얼빠진 이는 얼이 빠진 사람, 즉 정신이 없는 사람을 말한다.

그리고 어른은 얼이 큰사람, 어린이는 얼이 이른 사람, 어리석은 이는 얼이 썩은 사람을 말한다.

사람을 처음 마주할 때 가장 처음 보이는 것이 얼굴이다. 따라서 얼굴은 첫인상을 결정하는 가장 중요한 요인이다. 첫인상은 보통 5초 정도에 결정된다고 하는데 외모, 표정, 제스처가 80%, 목소리 톤, 말하는 방법이 13%, 인격이 7% 정도 결정에 영향을 미친다.

얼굴은 그 사람의 삶의 흔적이며 마음을 비춰주는 거울이라고도 한다. 따라서 눈에 보이는 눈, 코, 입뿐만 아니라 눈에 보이지 않는 성품, 인격, 그리고 감정을 엿볼 수 있다.

물의 얼굴은 어떠한가? 물은 색깔도 맛도 냄새도 모양도 없지만 어떤 모양으로도 변할 수 있고, 많은 물질과 결합할 수 있고 대부분의 물질을 수용하여 녹일 수 있다. 물 만큼 많은 물질을 녹일 수 있는 액체는 별로 없다. 물은 짙고 어둠침침하다고 할 수 있으나 고요한 물은 그 침전물을 스스로 제거하여 남을 비출 수 있다. 그것이 물의 본 얼굴이다.

따라서 물의 얼굴은 나의 내면 얼굴과 같다. 나를 비춰주는 얼굴이기도 하고, 나를 위로해 주는 얼굴이기도 하다.

02 물은 고체가 되면 더 커진다.

모든 물질은 온도가 내려가면 부피가 줄어들지만 물은 유일하게 그 반대의 성질을 가지고 있다. 즉, 보통의 액체들은 얼어버리면 분자와 분자 사이가 엄청나게 가까워지며 밀도가 증가한다. 보통은 그렇다. 그러나 물은 다르다. 물의 부피는 섭씨 4도일 때 가장 작고, 그리고 물맛이 가장 좋다. 온도가 더 내려가면 물은 부피가 커지는데, 얼었을 때 약 9% 정도 늘어난다. 그래서 겨울에 수도가 얼어 터지거나, 병에 물을 가득 채워 냉동실에 넣으면 얼었을 때 터지는 이유가 바로 이 때문이다.

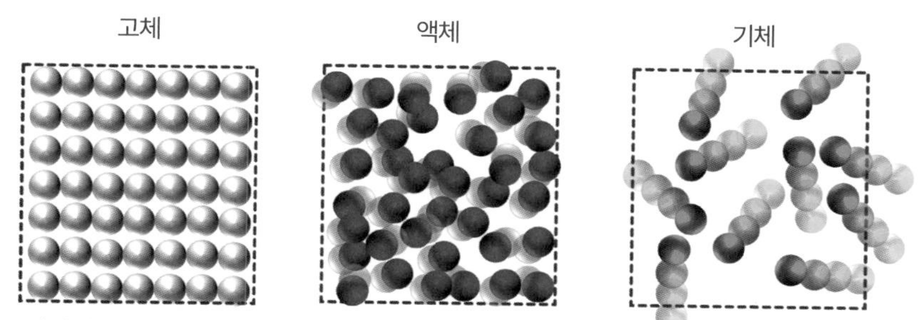

일반적인 물질의 고체 액체 기체 분자 상태_일반적인 물질은 밀도가 고체 액체 기체 상태로 높다.

이러한 기현상은 오랫동안 과학적으로 풀리지 않은 문제였으나 최근 들어서 밝혀졌다. 물은 온도가 감소하면서 액체 상태의 분자들이 운동성을 차차 잃으면서 서로 모이려 할 때, 수소 결합에 의해 산소와 수소가 서로 결합하려 하면서 특정한 육각 구조로 배열되려 하기 시작한다. 그러다 보니, 위 그림처럼 고체일 때 분자들이 빼곡히 모이지 않게 되며, 다음 그림처럼 육각형으로 모이게 된다. 그렇기 때문에 다음 그림의 물 분자구조가 얼음 분자구조보다 더 커지게 되어 오히려 부피가 증가하게 된다.

물의 고체 액체 기체 분자 상태_물은 밀도가 액체 고체 기체 상태다. 그 이유는 밀도가 가장 높은 4℃에서 육각형의 구조를 띠기 때문이다. 과냉각 상태인 섭씨 영하 30~40도에서는 대부분이 6각형 고리구조를 하고 있다. 육각수는 인체 흡수가 빠르고 혈액순환 개선에 도움이 되며 물맛이 부드럽고 좋다.

모든 물질은 상태 변화가 있을 때는 항상 부피가 변한다. 즉 고체가 액체로, 액체가 기체로 기체가 고체로 변할 때 부피가 늘어나고, 반대로 액체가 고체로 기체가 액체로 기체가 고체로 변할 때는 부피가 줄어든다. 그런데 물은 액체가 고체로 변할 때 부피가 늘어난다. 왜? 구조가 육각형으로 변하니까….

물과는 반대로 온도가 내려가면 모든 물질은 움츠려드는데 우리 몸도 마찬가지이다. 우리는 날씨가 추워지면 몸을 움츠리게 된다. 좀 더 추워지면 몸까지 덜덜 떨리게 되는데 그 이유는 몸이 체온 유지를 위해 기초대사량을 급격히 높이기 때문이다.

기초대사Basal Metabolism란 몸이 움직이지 않아도 기본적으로 신체 유지를 위해 스스로 활동하는 것을 의미하는데, 혈액순환을 위한 심장박동, 산소공급을 위한 호흡활동, 음식물의 소화와 흡수 활동 등 몸이 필요로 하는 최소의 에너지 생성활동을 뜻한다. 우리 몸은 36.5도의 체온을 유지하기 위해 체내에서 칼로리를 태워 열을 발생시킨다. 그래서 날씨가 추우면 우리 몸은 평소보다 더 많은 에너지를 소모하게 된다. 이 열의 상당 부분은 체온을 유지하는 데 사용되지만 일부는 피부를 통해 밖으로 내보낸다.

그런데 추운 외부온도 영향으로 방출되는 열이 많아 체온이 떨어지면 몸은 이를 유지하기 위해 더 많은 영양분을 분해하면서 에너지를 발생시킨다. 영양분은 분해되며 물과 이산화탄소를 배출한다. 추워지면 추워질수록 에너지 분해가 심화하고 날씨도 추운데 자꾸만 오줌이 마려워지는 이유가 바로 이것 때문이다. 추워지면 몸이 열을 발생시키는 메커니즘은 어떻게 될까. 체온이 저하되면 몸은 체내에서 열을 발생시키기 위해 근육운동을 한다. 즉 신체 근육을 반복적으로 짧게 수축 이완시킴으로써 열을 발생시킨다. 이러한 근육의 격렬한 움직임으로 날씨가 추워질수록 몸이 덜덜 떨리는 것이다.

우리가 소변을 배출하였을 때 몸이 부르르 떨리는 이유가 이와 같은 메커니즘 때문이다. 몸속에 있는 체온과 같은 온도의 물이 갑자기 배출되면 몸의 온도가 급격히 떨어지는데 이때 열을 발생시키고자 빠르게 근육의 수축 이완하는 자가반응을 하는데 이것이 몸을 부르르 떨게 만드는 것이다.

또한 근육을 단단하게 뭉치는 작용을 통해 열의 방출을 막기도 한다. 이로 인한 근육의 과도한 긴장 때문에 혈류량이 줄어들며 수축하는데 추운 곳에 있으면 몸이 딱딱하게 굳는 이유가 바로 이것이다. 따라서 추운 곳에서 오래 있으면 몸이 굳고 이에 따라 근육통이 생기기도 한다.

보통 나이가 젊을 때는 기초대사량이 높기 때문에 많이 먹어도 살이 잘 찌지 않지만 나이가 들수록 기초대사량이 급격히 저하되어 많이 움직여도 살이 찌기 마련이다. 우리 몸이 50세가 넘어서면 소위 나잇살이라 칭하는 군더더기 살이 바로 그것이다. 기초대사량의 저하는 근육 감소와 밀접한 연관이 있다. 나이가 들면 성장호르몬이 감소하게 되고, 이는 바로 근육 감소로 이어진다. 근육이 빠지면 당연히 수축 이완할 근육이 없어 기초대사량이 저하되고, 이 때문에 같은 양의 음식을 섭취해도 에너지가 남아서 지방으로 축적되며 이것이 살이 된다. 곧 뚱뚱이 악순환인 것이다.

나이가 들면 추위를 더 많이 느끼는 이유도 역시 근육이 별로 없어서다. 수축 · 이완 시킬 근육이 없어 에너지와 열을 발생시키지 못하므로 몸에 열이 나지 않고 추울 수밖에 없다.

물은 액체, 고체 기체라 불리는 세 가지의 형태적 얼굴을 가진다. 얼굴을 바꾸는 시점은 섭씨 0도와 100도이다. 물은 1기압인 상태에서 온도가 0도에서 100도 사이일 때 액체 상태로 존재하지만, 0도 이하로 내려가면 얼굴을 바꿔 고체 상태로 변하는데, 이것이 바로 얼음이고 단단함은 수정이나 이빨과 비슷한 경도 7이다. 액체인 물은 손으로 움켜잡을 수 없고, 일정한 모양이 없으며 담는 그릇에 따라 모양이 달라지지만 얼음은 일정한 형태를 가지고 있다. 물은 항상 투명한 얼굴을 가지지만 얼음은 투명한 얼굴과 하얀 얼굴을 가지기도 하고 혹은 파란 얼굴을 가지기도 한다.

물의 얼굴 중 하나인 얼음의 색깔이 다른 이유는 물이 얼 때 미처 빠져나가지 못한 공기층이 난반사되거나, 얼음의 두께에 따른 빛의 반사각이 달라지기 때문이다. 빛은 물체에 부딪히면 반사 굴절 흡수 혹은 통과하게 된다. 우리가 보는 물체의 색깔은 빛의 성분인 일곱 색깔 무지개색에서 반사되는 색깔만 보게 되는데 얇은 얼음은 모든 색깔의 빛이 통과되므로 투명하게 보인다. 그러나 빙하처럼 두꺼운 얼음은 파란색을 반사하므로 우리 눈에는 파란색으로 보이는 것이다.

일상에서 보는 얼음의 색깔은 보통 투명하거나 약간 하얀 색인데, 앞서 얘기했듯이 하얀색은 얼음 속 공기층의 난반사 때문이다. 만일 완전히 투명한 얼음을 만들고 싶다면 물속에 용해된 기체를 빼내야 하는데, 심하게 흔들거나 혹은 끓인 후 천천히 얼리면 된다. 반대로 하얀색 얼음을 얻고 싶다면 탄산수를 급속으로 얼리면 된다.

1기압의 상태에서 온도가 100도를 넘어가면 물은 기체 상태인 수증기로 변한다. 이때는 부피가 수백수천 배 커지면서 공기 중으로 훌쩍 날아가 버린다. 그러고는 공기 중에 떠다니다가 차가운 물체를 만나면 다시 물방울로 변한다. 만일 하늘 높이 올라간다면 솜털 같은 모양의 구름이 되기도 하고, 하늘은 잔뜩 시커멓게 뒤덮는 먹구름이 되기도 하고, 바람과 만나서 태풍이 되기도 한다. 이 구름은 비로도 내리기도 하고, 낭만적인 눈으로 내리기도 한다.

03 물이 날아가는 방법

보통은 물이 기체로 변하는 온도를 100도로 알고 있지만 실제 실험을 해본 결과 105도 정도 된다는 사실이 나왔다. 물이 순수하지 않고 다른 물질이 섞여 있기 때문이다.

그런데 물이 꼭 100도에서 기체로 변하는 것은 아니다. 기체로 변하는 현상을 기화 혹은 증발이라고도 한다. 물은 자연 상태에서도 수증기로 변한다. 만일 그런 현상이 일어나지 않는다면 빨래가 마르지 않아 생활이 많이 불편해질 것이다. 물론 소금도 얻기 힘들고 맛있는 말린 오징어나 북어도 맛볼 수 없을 것이며, 빨간 고춧가루도 얻기 힘들다.

물이 얼굴을 바꿀 수 있는 기화 상태는 끓여서 만들 수도 있지만 자연 상태에 그냥 두어도 된다. 자연 상태에서 기화되는 것을 특별히 증발蒸發이라 부르는데 끓여서 기화시키는 것과는 약간의 차이가 있다.

사실 물이 얼굴을 바꾸는 행위는 가지고 있는 열 에너지와 밀접한 관련이 있다. 즉 액체 상태에서 열 에너지를 빼앗기면 고체인 얼음이 되고 열을 가하면 열 에너지를 얻어 기체가 된다. 그리고 액체에서의 물은 분자들이 서로 잡아당기는 힘이 있어 균형을 유지하므로 액체 상태인 물로서 존재한다. 그러나 그 균형이 깨지면 다른 형태로 바뀌게 되는데 그 균형을 깨뜨리는 외부 요인이 바로 열 에너지이다.

물이 수증기가 되어 날아가는 방법은 두 가지가 있는데, 그냥 공기 중의 열에 의해서 날아가는 방법과 아래서 열을 가하는 방법인 물을 끓여서 기화시키는 방법이다.

다음 그림을 보면 사이좋게 손에 손잡고 줄줄이 서 있는 물 분자들을 볼 수 있다. 바로 액체 상태에 있는 물 분자들이다. 그런데 맨 윗줄에 있는 하늘색 물 분자들과 그 아래에 있는 파란색 물 분자들의 처지가 다른 것을 알 수 있다. 같은 액체 상태이지만 파란색 물 분자들은 사방에서 서로 끌어주고 당겨주며 균형을 유지하며 액체 상태를 유지해 가고 있으나 맨 윗줄의 하늘색 물 분자는 사방이 아니라 세 군데에서만 끌어당겨 주고 있다. 윗 부분은 공기와 접촉하고 있기 때문이다.

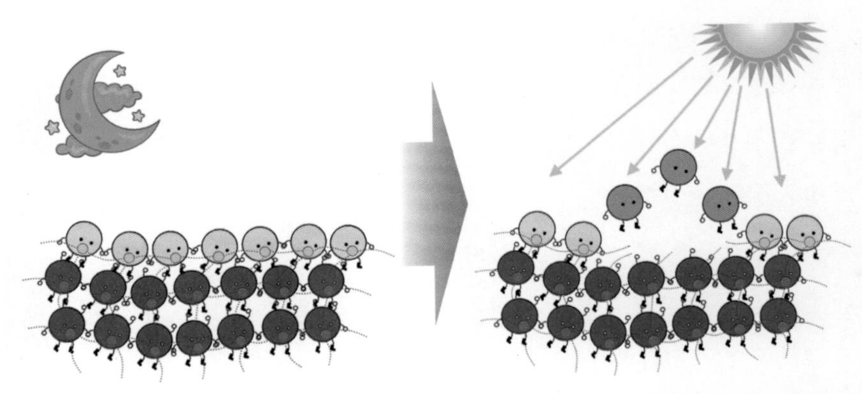

물이 자연으로 증발할 때_증발은 물 표면에 있는 활동성이 강한 입자들이 그들 간의 잡아당기는 힘을 끊고 공기 중으로 튀어나오기 때문에 발생한다.

그런데 공기와 접해 있으므로 하늘색 물 분자는 열에너지를 흡수할 수 있는 최전선에 있는 것이다. 만일 맨 윗줄의 하늘색 물 분자가 열에너지를 얻게 되면 날고자 하는 힘이 세지는 분홍 물 분자로 바뀌게 된다. 분홍 물 분자는 열 에너지를 받아 날아갈 수 있는 힘이 세지면 당연하게 아래쪽과 옆쪽에서 서로 끌어주고 당겨주는 힘을 끊어버리고 자유롭게 날아가 버린다. 이것이 바로 증발 현상이다. 물 표면의 물 분자들은 주위로부터 열을 흡수하여 서로 끌어당기며 유지하고 있는 균형을 깨 버리고 공기 중으로 날아갈 수 있다. 그럼 그 아래에 있던 물 분자들도 역시 공기 중의 열을 흡수하여 다시 공기 중으로 날아가 버리는 것이다. 다시 말하면 증발은 TOP-DOWN 방식의 기화 현상이다.

그런데 물을 끓여 기화시키는 것은 증발과는 약간 차이가 있다. 이는 증발의 경우와는 달리 아래쪽에서 가열하여 열에너지를 물에 공급시키는 방식이므로 열에너지는 물 전체에 골고루 퍼질 수 있다. 물론 아래쪽에서 가열하면 아랫부분부터 열이 가해지기는 하지만 짧은 시간 안에 가열하므로 큰 차이는 없다. 이때 물 전체에 열에너지가 공급되므로 물이 표면에 있거나 혹은 깊은 곳에 있거나 어느 곳에 있는 물 분자든 그림처럼 비슷한 열을 받아 분홍 물 분자로 바뀐다.

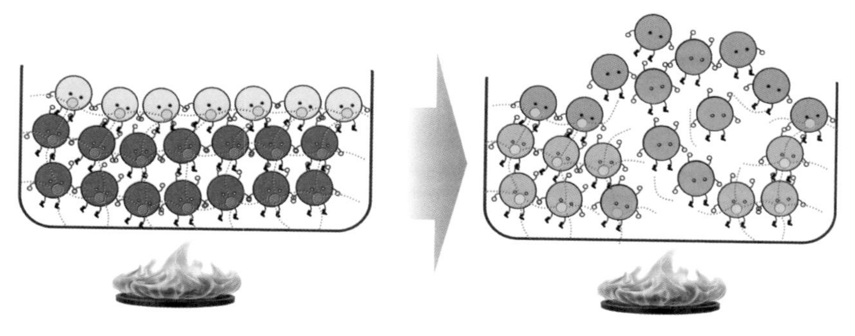

물을 끓여서 기화시킬 때_물을 끓이면 물에 열에너지를 가하여 분자들의 움직임을 촉진해 기화가 발생한다.

그래서 다른 물 분자들과 끌고 당기는 균형을 깨 버리고 다른 물 분자들로부터 떨어져 나와서 물의 안쪽에 모여서 기체를 형성하는 데 그것을 기포라고 한다. 기포는 처음에는 물속에 녹아 있던 공기가 방출되는 것이지만 나중에는 물이 수증기로 변화는 과정에서 기포가 만들어진다.

기포는 바닥에서 물을 밀어내고 올라갈 만큼 열 에너지를 공급받으면 물을 밀어내면서 공기 중으로 날아가는데 이때 기포가 날아가는 소리가 바로 보글보글 나는 소리이다. 그러나 열이 직접적으로 가해지는 부분에 있는 물 분자가 가장 열 에너지를 먼저 얻기 때문에 열이 가해지는 지점에서 먼저 기포가 생기면서 그 주위의 물 분자가 열 에너지를 받아 주황 물 분자인 수증기로 변한다. 그래서 끓이는 방식은 BOTTOM-UP 방식의 기화 현상이라 할 수 있다.

04 물은 왜 표면부터 얼까?

겨울철 강물은 차가운 공기와 접하고 있기 때문에 표면부터 온도가 내려간다. 온도가 내려가면 밀도가 높아지기 때문에 표면에 있던 물은 무거워져서 강바닥으로 내려가고, 표면의 물 아래에 있던 물이 표면으로 올라와 찬 공기와 접하게 되면 역시 온도가 내려가고 밀도가 커져서 강 바닥으로 내려가게 된다. 이런 현상이 반복되면 결국 가장 밀도가 큰 섭씨 0도의 물이 강바닥에 있게 되므로 강물은 바닥부터 얼게 될 것이다. 그렇다면 물고기들은 모두 얼어 죽게 되어 수중 생태계 자체가 존재할 수 없게 된다.

그러나 다행스럽게도 이런 현상은 일어나지 않는다. 다른 액체와는 달리 물은 얼음이 되는 0℃에서 가장 밀도가 높은 것이 아니라 4℃에서 밀도가 가장 높기 때문이다. 물이 어는 과정을 자세히 살펴보면, 겨울이 되어 날씨가 추워지면 차가운 공기가 호수의 물 표면 온도를 낮추게 된다.

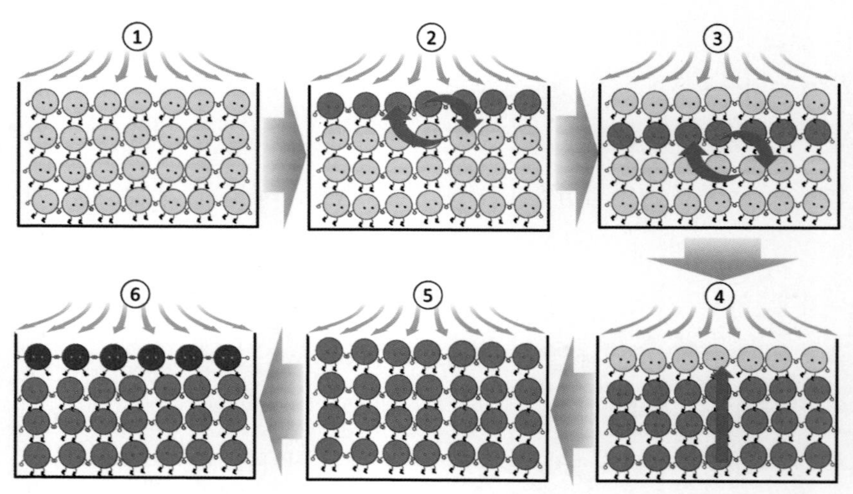

호수의 물이 어는 원리_물이 위에서부터 얼음으로 변하는 이유는 밀도와 관련이 깊다.

그림의 ①처럼 하늘색 물 분자가 4℃보다는 높은 물이라고 가정하고, 겨울의 찬 공기가 물 표면을 차갑게 만들어 표면에 있는 물의 온도를 떨어뜨려 파란색 물 분자처럼 4℃가 되면 표면의 물은 밀도가 커지게 되고 그림의 ②와 같이 호수의 아래로 가라앉게 된다. 그림의 ③처럼 밀도가 가장 높은 4℃ 물은 아래쪽의 따뜻한 물과 자리를 바꾸며 아래로 내려간다. 대신 깊은 곳에 있던 상대적으로 따뜻한 물이 표면으로 올라오게 된다.

표면으로 올라온 물은 다시 찬 공기와 만나 차가워지면서 4℃가 되면 다시 아래로 가라앉고, 그림의 ④처럼 깊은 곳의 따뜻한 물이 다시 올라오는 순환을 반복하며 호수의 온도는 점점 내려간다. 이러한 순환은 그림의 ⑤처럼 호수의 전체 온도가 4℃가 될 때까지 계속되는데, 이런 과정이 반복되면 결국 얼음이 얼기 전에 호수 전체가 모두 4℃의 물로 바뀌게 된다.

그리고 물의 온도가 4℃ 아래로 더 떨어지게 되면 오히려 물의 밀도가 감소하여 아래로 내려가지 않고 수면에 그대로 남아있게 된다. 물이 4℃ 이하로 내려가면 수소결합에 의한 분자 간 결합이 우세해지면서 6각 모양으로 배열되며 오히려 부피가 증가하기 시작한다. 부피의 증가로 인해 밀도는 감소하고 이때부터 차가워진 물은 더 이상 가라앉지 않고 위로 뜨게 된다. 부피 증가에 따른 밀도 감소가 그 원인이다.

이때 표면의 물이 가장 먼저 0℃에 도달하게 되어 그림의 ⑥과 같이 표면부터 얼게 되는데, 얼음은 외부 공기와 열교환을 차단하여 상대적으로 열을 덜 빼앗겨 얼음 아래쪽 물은 얼지 않는다. 추위가 이어지면 얼음이 점점 두꺼워지는데, 얼음은 두꺼워질수록 매우 좋은 단열재로 작용한다. 얼음이 두꺼울수록 외부의 추위를 차단하는 단열효과가 커지므로 수심이 깊으면 호수 밑바닥까지 어는 경우는 거의 없다. 만일 물이 다른 물질이나 액체처럼 온도가 떨어질수록 밀도가 계속 커진다거나 어느점에서 밀도가 가장 높다면 물은 바닥부터 얼기 시작할 것이다.

그렇다면 물고기에게는 정말 큰 일이 아닌가? 자연 동태가 될 것인데…, 정말 다행스럽게도, 물이 위에서부터 어는 이유는 물의 밀도가 4℃에서 가장 커진다는 것과 밀도가 커지면 아래로 가라앉는다는 과학적 원리에서 나온 것이다.

영하의 날씨에도 바닷물이나 강물은 잘 얼지 않는 이유는 또 있다. 물이 0℃보다 낮은 온도에서도 얼지 않는 것이다. 그 이유는 소금기가 포함되면 순수한 상태보다 어는점이 내려가는 빙점강하freezing point depression 현상이 일어나기 때문이다. 그러나 순수한 물임에도 불구하고 영하 수십 도의 추위에도 얼지 않는 경우가 있다. 대기권에서는 −40℃에서도 물 성분이 액체 상태를 유지한다. 이와 같이 액체가 어는점 이하에서도 원래의 모습을 유지하는 현상을 '과냉각supercooling'이라 한다. 미국의 한 대학 연구진은 컴퓨터 시뮬레이션을 통해 −48℃에서도 물이 얼지 않는 현상을 설명해 냈다고 한다.

온도가 내려가면 물 분자의 결합 구조가 변하면서 얼음의 상태와 비슷해진다. 그러다 '빙정'이라 불리는 조그만 얼음 씨앗이 생겨나면 그 주변의 물분자도 결합 구조가 변하면서 얼기 시작한다. 다시 말해서 그러한 얼음 씨앗이 생기지 않도록 막는다면 영하의 온도에서도 물이 얼지 않을 수 있다. 바로 '과냉각수'가 되는 것이다. 미국의 대학에서 컴퓨터 시뮬레이션으로 밝히기 전까지의 과냉각수의 최저온도는 −41.15℃였다고 한다.

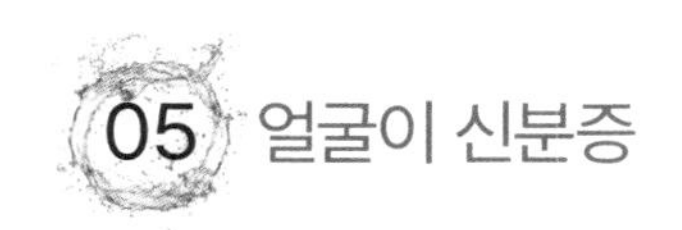

05 얼굴이 신분증

얼굴은 개인의 아이덴티티, 즉 개인의 정체성을 대표하고 증명해 주는 부위이다. 사회가 발달하면서 사회 구조가 복잡해지고 다양해지면서, 우리가 살아가는 행동 패턴과 반경이 무한대로 넓어지고 있다. 그 행동 패턴과 반경은 우리가 사는 실제 세상도 존재하지만 그보다 훨씬 넓은 온라인 세상이 존재한다.

이 온라인 세상을 바탕으로 사이버 세상이 다시 창조되고 존재하면서 우리의 행동 반경을 무한대로 변신시켰다. 지금까지 온라인 세상과 사이버 세상을 드나드는 다양한 방법이 존재했는데 가장 중요한 것이 자신을 증명하는 신분증 역할을 하는 무엇이었다.

초기에는 일련번호 숫자 아이디와 비밀번호 숫자 4개라는 아주 기초적인 방법이었으나, 점차 아이디도 문자 혹은 문자와 숫자를 섞어서 그리고 비밀번호 10자리 숫자와 문자 특수기호까지 섞어서 넣게 하고 있다. 심지어는 이메일을 보내게 한다거나 전화를 걸게 한다거나 하는 기상천외한 방법도 등장했다.

그중 압권은 공인인증서였다. 사실 공인인증서는 공인이 아닌 사설 인증서에 불과하다. 그리고 더 아이러니한 것은 내가 나를 나라고 증명할 수 없고 내가 나를 증명해도 절대로 나를 나라고 인정해 주지 않는다. 일면식도 없는 다른 사람이 나를 나라고 인정해 주면, 그때야 알겠단다… 미칠 노릇이다.

일면식도 없는 공인도 아닌 사설 타인이 나를 나라고 증명해 주는 꼴이다. 참 해괴한 변질일 수밖에 없는 방법인데, 이런 바보 같은 방법을 21년 동안 사용했다. 여러 가지 구설 때문에 공인 인증서는 2020년 12월에 서류상 종말을 고했으나 사실은 '공동인증서'라는 해괴한 이름으로 얼굴만 바꿔서 여전히 말도 안 되는 방법으로 여전히 타인이 나를 인증하도록 만든다.

우리나라의 모든 인증 방법은 내가 나를 나라고 인정할 수 없고, 다른 사람이 나라고 인정해 주어야 믿는 최악의 인증 방법을 택하고 있다. 이런 멍청한 방법이 없어지지 않고 계속해서 더 나쁘게 진화해 가는 이유는 근본적인 제도 개선보다는 그때그때의 문제점을 미봉책으로 보완하는 탁상 편의주의 때문이다.

사실 ICT가 발달해 있는 이 시대에 나를 증명할 방법은 아주 많다. 지문, 홍채, 지정맥, 손정맥, 손바닥, 얼굴, 목소리, 보행패턴 등 다양한 방법이 있다. 그중 가장 대표적인 방법이 얼굴인식인 것이다.

이렇게 나를 증명하는 방법이 자꾸만 복잡해지고 발전해 나가는 것은 인류 최초의 직업인인 바로 도둑놈과 사기꾼들 때문이다. 도둑놈을 비롯해 매춘부, 종교인, 정치인, 사냥꾼은 인류 최초의 5가지 전문가 직업인데, 이 중 전문 직업인인 도둑놈은 내 증명 정보를 훔치거나 위조하여 내 재산을 훔치거나 가로채기 위해 상시 활동 중이다. 이들은 '뛰는 놈 위에 나는 놈' 있다는 사실을 증명이라도 하듯이 항상 보안시스템을 무력화시켜 나를 도둑질 해버린다.

통상 우리가 알고 있는 잘못된 얼굴 인식 원리_얼굴인식은 컴퓨터가 인식 과정을 우리에게 보여주지 않는다. 그리고 1초에 수십 명을 처리한다. 흑백으로 인식해야 한다.

그래서 이들은 항상 우리 주위에 도사리고 있고 우리의 허점만을 찾고 있다. 따라서 내 증명 정보가 안전하게 작동되고 내 자신을 도둑맞지 않으려면 이러한 증명시스템은 항상 발전하고 앞서 나가야 한다. 세상이 많이 피곤해진 것이다.

우리는 영화를 통해 얼굴인식 기술을 많이 접한다. 그런데 영화에 나온 얼굴인식 기술은 실제 얼굴인식 기술과 많은 차이가 있다. 영화처럼 하게 되면 다음과 같은 네 가지 문제가 발생하는데 첫 번째, 가령 1천 명밖에 안 되는 얼굴 데이터베이스에서 내 얼굴을 찾으려면 최소 5분 정도 소요된다. 따라서 1천 명이 근무하는 회사에 출근한다면, 문 앞에서 5분 동안 인증을 기다리며 서 있다가 들어가야 한다. 사람에게 비교하라는 말도 아니고… 말도 안 되는 설정이다. 두 번째, 얼굴을 찾는데 대조하는 얼굴이 일일이 화면에 뜬다. 말이 안 되는 설정이다. 대조하는 얼굴을 띄울 필요도 없거니와 쓸데없는 화면 출력으로 검색 시간이 엄청나게 느려진다. 세 번째, 사진이 바뀌면서 얼굴을 대조하는 영상이 컬러이다. 그 장면도 틀린 것이다. 얼굴인식은 흑백으로 한다. 왜냐하면 카메라에 찍힌 영상은 항상 컬러값이 동일할 수 없어서 그렇다. 따라서 256개의 회색 색상(256 gray)의 얼굴로 변환하여 인식한다. 사실상 흑백 인식인 셈이다. 네 번째, 얼굴인식 기술은 4가지 기술(특징점 추출 방식, 지식기반 방식, 템플릿 정합 방식, 윤곽선 방식)이 있는데, 대부분 특징점 추출 방식을 사용한다.

그런데 영화에서는 그도 저도 아닌 피처 와이어링을 보여준다. 피처 와이어링은 특징점의 벡터값 분산을 연결 지어서 사람이 알아볼 수 있게 한 것이지 컴퓨터 인식용이 아니다. 사람보다는 컴퓨터가 알아보게 만들어야 하는데 방향이 틀린 것이다. 고로 영화에서 나오는 얼굴인식 장면은 모두 가짜인 설정일 뿐이다.

얼굴은 두 가지 뜻이 있다. 말 그대로 신체 부위로서 얼굴이고 다른 하나는 체면이나 명예를 뜻하는 데, 이때 쓰이는 순우리말이 '낯'이다. 사전에서 낯의 의미는 체면 말고도 얼굴을 낮춰 표현하거나 예사롭게 이르는 말이라 설명하고 있다. 그래서 낯은 부정적인 곳에 많이 쓰인다. '볼 낯이 없다', '낯 뜨겁다', '낯 간지럽다', '낯이 두껍다', '낯을 가리다' 등이 낯에 대해 사용되는 말뭉치이다. 그런데 좀 더 좋지 않은 비속어에 가깝게 쓰이고 있는데, '낯짝', '낯바닥', '낯배기', '낯판' 등이 그것이다. 맨얼굴이라는 뜻의 '민낯'도 역시 비하하는 뜻이 상당히 강하다. 이러다가는 순우리말 '낯'은 '얼굴'에 밀려 사라질 말이 될지도 모른다. 얼굴을 속되게 이르는 '상판때기'도 낯판'에서 비롯되어 '귀때기' '볼때기' 등의 신체 일부를 나타내는 명사가 붙어서 쓰이는 것으로 추정된다.

'쪽'은 '낯'에 비하면 은어 격으로 쓰이는 비하되고 속된말이다. 속된 말인 속어와 은어, 비어, 비속어는 모두 다른 뜻을 가지고 있다. 속어는 통속적으로 쓰이는 저속한 혹은 좀 상스러운 말이고, 비어는 천박한 말이나 상대를 낮잡는 말이다. 두 말을 합치면 비속어가 된다. 반면 은어는 특정 집단이나 계층의 사람들이 자기네들끼리만 알아듣도록 사용하는 말이다. 비속어는 표준말에 속하지만 은어는 표준말에 들지 못한다. 모든 국민이 공용으로 쓰지 않고 특정 집단만이 쓰기 때문이다.

어쨌든 '쪽'은 주로 '팔리다'와 결합하여 '쪽 팔리다' 라는 말로 '창피하다' 혹은 '부끄럽다'는 뜻으로 쓰인다. 점잖은 표현은 아니어서 상황에 어울리지 않게 썼다가는 오히려 품위를 떨어뜨릴 수 있다. 더 심한 말로 '개 쪽 당했다' 혹은 '개 쪽팔림' 등으로 '심한' '엄청난' 등의 반어적 의미로 변형된 '개'를 붙여 사용하기도 한다. 그래서 조금 순화해서 '얼굴이 팔렸다' 정도로 쓸 수는 있지만 여전히 점잖은 표현은 아니다.

그러나 일본어 '顔(かお)が売(う)れる가오가우레루'는 우리말로 그대로 번역하면 '얼굴이 팔리다' 혹은 '쪽 팔리다' 뜻이다. "아니 이럴 수가!! 일본말에도 '쪽팔

리다'라는 말이 있구나"라고 생각하고 혹시 '우리나라에서 넘어갔나?'라 착각할 수 있지만, 실제 뜻은 의외로 '유명해지다'라는 뜻을 가진 그들의 고유 표현이다. 언어라는 것은 국가별로 전통과 풍습에 따라 많은 것을 대변한다는 것을 다시 증명하는 것 같다.

우리가 가끔 쓰는 속된 말로 '쪽 수'라는 말을 쓰기도 하는데, 이는 사람의 숫자를 얘기할 때 사용한다. 이때는 얼굴의 의미보다는 신체의 의미가 더 강하다. 그래서 '몇 명'을 의미할 때 '쪽 수' 라는 단어를 사용하기도 한다. 원래 우리말에서 쪽은 책의 페이지를 의미한 것인데 한자로는 면面, 즉 얼굴을 뜻한다. 아마도 쪽을 얼굴로 바꿔 부르는 속어는 페이지를 뜻하는 면이 얼굴이라는 의미해서 뽑아낸 듯하다.

또 다른 말로는 '면상'이 있는데 한자로는 세 가지 면상面相, 면상面象, 면상面上이 모두 쓰인다. 그런데 의미는 쓰임에 따라 다르다. 면상面相과 면상面象은 얼굴의 생김새를 의미하고, 면상面上은 얼굴위를 의미하므로 순수한 얼굴 뜻을 가진 한자는 면상面相과 면상面象이다.

현대에 얼굴의 의미는 신체의 일부인 머리 앞부분을 의미하지만, 15세기에는 '얼굴' 이라는 단어는 '전신', '몸 전체', '모습', '틀', '형체'의 의미를 지니고 있었다. 당시에 쓰인 '體格체격'은 몸얼굴을, '原形원형'은 몸 전체를 가리키는 합성어였다. 신언서판身言書判은 당나라 때의 관리를 등용하면서 인물을 평가하는 기준으로 삼았던 용모, 말씨, 문필, 판단력의 네 가지를 이르는 말인데,

'무릇 사람을 고르는 법에는 네 가지가 있다.
첫째는 몸이니, 용모가 단정해야 하고,
둘째는 말이니, 말이 조리 있고 정직해야 하며,
셋째는 글씨니, 해서楷書 글씨는 아름다움을 다해야 하고,
넷째는 판단이니, 사리를 분별하는 능력이 뛰어나야 한다.

凡擇人之法有四, 一日身, 言體貌豊偉 二日言,

言言辭辯正, 三日書, 言楷法遵美, 四日判, 言文理優長.'

그런데 신身이 용모容貌를 뜻하는데 용모의 글자 뜻은 '얼굴 용', '모양 모'자이니, 곧 얼굴의 모양을 의미한다. 따라서 얼굴이 신체를 뜻했다고 볼 수 있다. 그런데 17세기에 들어서 얼굴은 '안면顔面'의 의미로 대체되기 시작했다. 이때 안면은 얼굴처럼 몸 전체를 뜻하는 것이 아닌 몸의 일부인 머리의 앞부분을 의미한 것으로 의미 적용의 범위가 상당 부분 축소된 것으로 보인다.

진주하씨 묘에서 출토된 '현풍곽씨 언간'은 17세기 조선시대 곽주가 부인 진주 하씨, 그리고 자녀들이 보낸 편지가 172매 출토되었다. 언간이라는 표현에서 알 수 있듯이 가족 간에 주고받았던 언문 편지 즉 한글 편지를 뜻한다.

출가한 딸이 어머니인 진주 하씨에게 보낸 편지에서

"누구는 얼굴이 얽었고 아니 얽었는지 자세히 편지해 주십시오."

에서 쓰인 '얼굴'은 확연히 얼굴이 신체를 뜻하기보다는 안면顔面의 의미로 사용되었음을 알 수 있다.

06 동양인이 서양인에 비해 눈이 작은 것은 아니다

동양인을 인종 차별하는 제스처로 두 눈꼬리를 찢는 방법이 있다. 이것은 동양인이 서양인보다 눈이 작고 찢어졌다는 것을 비하하는 행동이다.

눈 찢기로 동양인을 비하하는 정신 나간 우루과이 축구선수 발베르데

그런데 실제 눈의 크기를 보면 동양인의 눈 크기가 서양인에 비해 작은 것은 아니다. 그런데 서양인의 눈 크기가 훨씬 커 보이는 이유는 다른 곳에 있다. 바로 눈의 깊이이다. 먼저 눈의 차이를 보면 확연하게 알 수 있는 것이 홀이다.

즉 다음 그림과 같이 눈썹뼈와 눈 사이의 깊이가 다르다. 눈이 깊이 들어간 '홀'이 있는 서양인의 눈은 동양인의 눈에 비해 입체감이 확연하며 얼굴을 입체적으로 보이게 만든다. 그뿐만 아니라 눈매가 그윽함으로 느낄 수 있다. 하지만 동양인의 눈매에서는 깊이감이 거의 없기 때문에 입체감이 뚝 떨어진다.

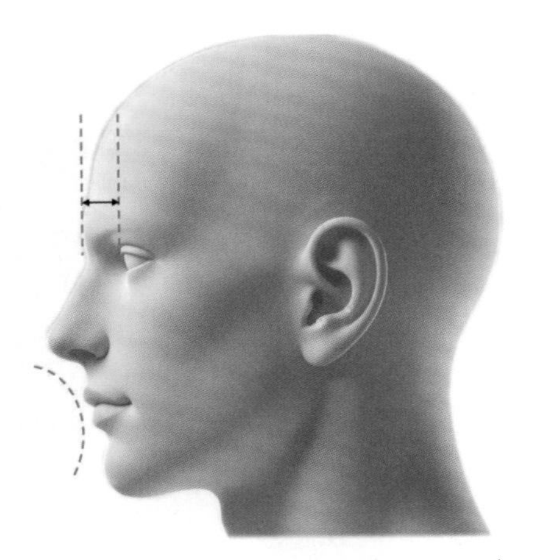

서양인의 옆 모습과 눈 깊이

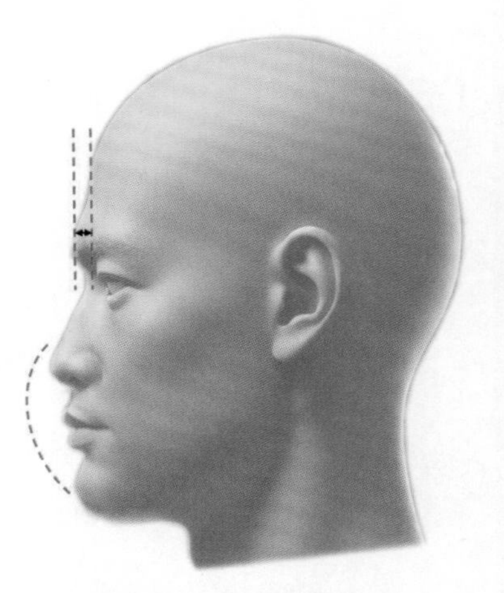

동양인의 옆 모습과 눈 깊이

서양인의 옆 모습 눈매를 보면 입체적인 굴곡이 확연하게 보이고 양미간에 위치한 콧대에서 눈까지의 거리가 깊지만 평면적인 동양인의 눈매는 옆에서 보아도 탱탱함이 느껴진다. 또한 콧대와 눈까지의 거리가 매우 짧다.

다음 이유로는 몽고주름의 유무이다. 몽고주름이란 서양인의 눈에는 거의 나타나지 않는 동양인의 해부학적 특징으로 눈 앞머리를 덮고 있는 피부가 있는 것인데, 이것을 제거하는 것을 앞트임 수술이라 한다.

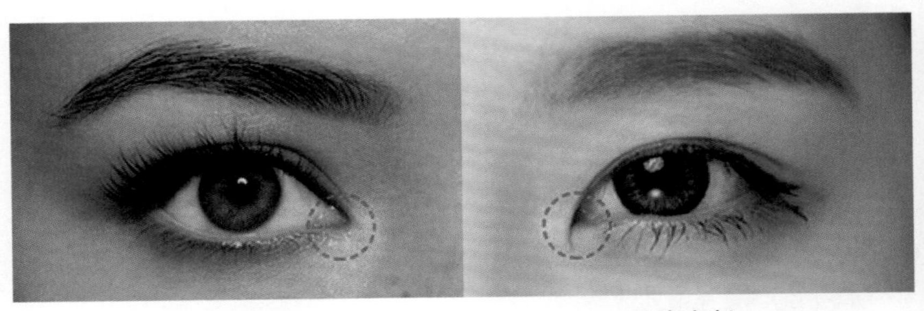

서양인의 눈 동양인의 눈

마지막 이유는 쌍꺼풀의 구조가 완전하지 못한 것이다. 동양인은 쌍꺼풀이 없거나 있더라도 눈머리 부분의 쌍꺼풀 라인이 분명하지 못하면서 흘러내린

윗눈 꺼풀 피부가 눈머리를 덮고 눈구석 아래로 몽고주름이 지기 때문이다.

얼굴은 개개인의 특성을 나타내기도 하지만 거시적 안목에서 보면 인종을 나타내기도 하고 좁게는 한국인과 중국인 일본인 동남아인을 구분 지을 수 있을 정도로 다른 특징들을 가지고 있다. 얼굴의 형태는 전체적인 윤곽도 중요하지만 눈, 코, 입 등 얼굴 구조물에서 현격한 차이를 보인다. 특히 인종 간 차이점은 두상, 즉 머리통의 형태에서 찾을 수 있다.

흑인은 긴머리형dolicocephalic, 백인은 중간머리형mesocephalic, 동양인은 짧은머리형brachycephalic으로 분류하지만, 단순하게 장두형과 단두형으로 분류하면 된다. 머리통 모양이 앞뒤로 길면 장두형長頭型, 뒤통수가 납작하여 머리통 앞뒤 거리가 짧으면 단두형短頭型이라 한다. 물론 그 중간 형태인 중두형中頭型도 있다. 두장폭지수란 줄여서 두지수라고도 하는데, 1842년 스웨덴의 인류학자 레치우스Anna Hierta-Retzius가 고안한 것으로 뇌 구개골의 최대 폭을 최대 길이로 나눈 숫자에 100을 곱해 나타낸 것이다.

예컨대 머리뼈 최대폭인 150mm, 두개골의 최대 길이가 200mm인 경우 두장 폭 지수는 75.0이 된다. 두상 폭과 앞뒤 길이 비율을 따져 장두인지 단두인지 구분하는 방법이다. 즉, (두상 폭÷두상 앞뒤 길이)×100 = 74.9까지를 장두형, 80.0부터는 단두형이라 하고 수치가 낮을수록 장두형, 높을수록 단두형이다. 쉽게 표현하면 두상이 럭비공같이 폭이 좁고 길쭉한 타원형에 가까운 형태라고 볼 수 있다.

인종에 따라 두장폭 지수와 두상의 형태가 다소 차이가 있으며 같은 인종이라도 환경이나 시대에 따라 차이가 나기도 한다. 대표적으로 흑인과 백인들이 장두형이며 황인의 단두형 두상과 비교하였을 때 차이점이 뚜렷한 편이다.

백인, 흑인, 황인의 두상 크기는 앞뒤는 2.5cm 이상 차이가 나고, 폭도 1~2cm 정도 차이 난다. 그래서 백인과 흑인들은 키가 2m에 가깝더라도 키에 비해 얼굴 폭이 좁고 긴 사람들이 많다. 또한 흑인은 90% 이상이 장두형이기 때문에 흑인들의 머리가 유난히 작아 보인다. 그러나 백인은 장두형 뿐만 아니라 중두형도 상당히 많아 머리가 유난히 작아 보이지는 않는다. 단두형은 두상이 앞뒤로 짧기 때문에, 상대적으로 얼굴의 입체감이 떨어지는 편이라, 장두형에 비해 얼굴 면적이 같아도 두상의 차이 때문에 앞에서 보면 동양인의 얼굴이 커 보이는 이유가 바로 이 때문이다.

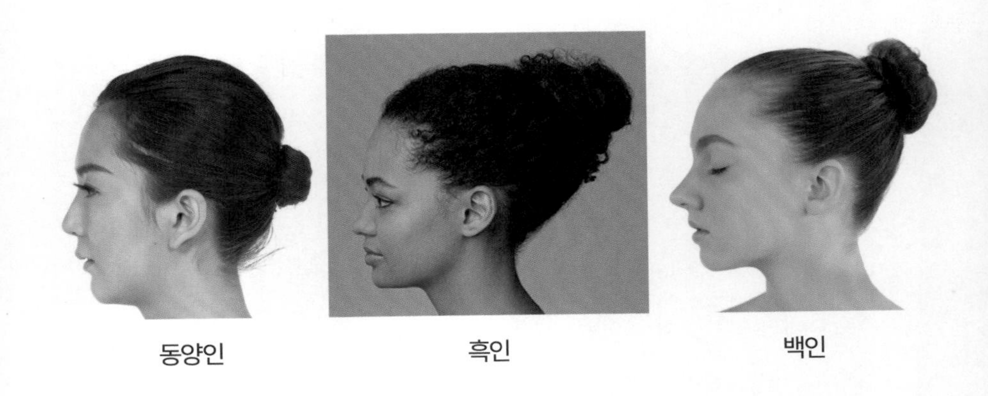

동양인　　흑인　　백인

두장폭지수는 머리를 위에서 본 모양을 수치로 나타낸 것이고 수치가 커지면 둥근 머리형, 작아지면 가늘고 긴 타원형이 된다. 수치에 따라 구분해 보면,

초장두형: 64.9 ≥

과장두형: 65.0 ~ 69.9

장두형: 70.0 ~ 74.9

중두형: 75.0 ~ 79.9

단두형: 80.0 ~ 84.9

과단두형: 85.0 ~ 89.9

초단두형: 90.0 ≤

실제로 대부분의 인류의 머리형은 장두형과 단두형 사이에 있고, 통상적으로 장두형, 중두형, 단두형 세 가지로 구분하는 경우가 많다.

일반적으로 성형 기술이 뛰어난 한국에서 한국인들이 코 성형수술을 하면 티가 많이 나는 이유가 바로 두상의 차이 때문이다. 단두형 얼굴 구조에서 코를 높인다고 입체적인 얼굴이 되는 것이 아니고 오히려 얼굴의 부조화를 야기하기 때문이다.

한국인의 95%가 단두형이다. 우리나라에서 장두형으로 분류되는 머리통을 가진 사람은 5% 미만(22명 중 1명)이기 때문에 이질감을 느낀다. 오죽했으면 70년대에는 장두형 머리통을 가진 아이에게 '앞 뒤꼭지 삼천리'라는 별명을 붙여 놀림감이 되었을까. 그러나 지금은 그 장두형 머리통이 주목받는 시대가 되었다.

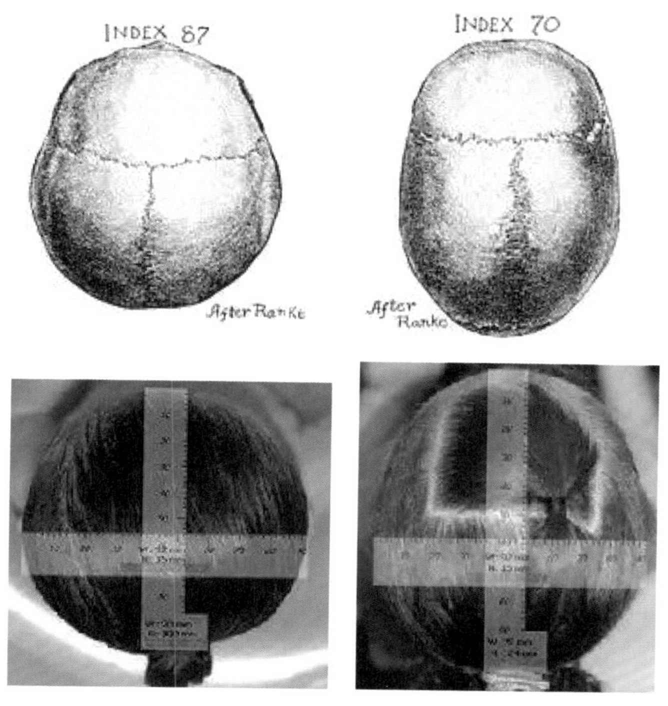

장두형 두상과 단두형 두상의 윗 모습

07 동양인에게 선글라스가 어울리지 않은 이유

동양인은 선글라스를 착용했을 때 아래로 흘러내리는 두상을 가지고 있다. 옆모습을 보면 서양인용 선글라스는 압도적으로 다리가 길어야 한다는 것을 알 수 있다. 귀의 위치를 보면 동양인은 귀의 위치가 높고 눈과의 거리가 가깝기 때문에 선글라스가 흘러내리는 현상이 발생하지만, 서양인은 그렇지 않다.

선글라스 자체도 아예 다르다. 즉 인터네셔널핏과 아시안핏이 있다.

아시안핏은 아시안인의 얼굴에 광대뼈가 있는 특성을 감안하여 테를 조금 둥글게 만들어, 머리둘레가 아주 큰 사람(62cm 이상)인 사람들에게 잘 맞는 형태다. 또한 서양인들보다 귀 위치가 높고 귀와 코 사이의 거리가 짧으며 콧대가 낮은 동양인들은 안경을 착용할 경우 흘러내릴 수밖에 없다. 이러한 불편을 해소하고자 코 받침을 높게 만든 것이 아시안핏이다.

서양인들은 코가 높기 때문에 브릿지 길이가 좀 길어야 안착감이 좋다. 반면 동양인들은 브릿지가 넓으면 쉽게 흘러내리고 눈썹에 대일 가능성이 있다.

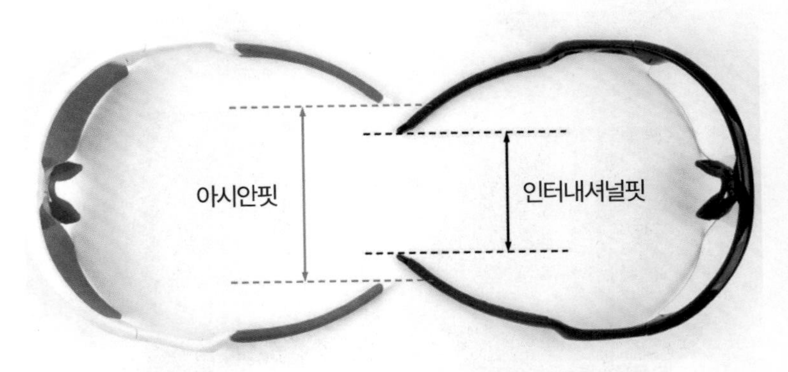

동양인용 안경(아시안핏)과 서양인용 안경(인터내셔널핏)

세 번째 차이점은 다리 부분의 넓이 차이다. 인터네셔널핏에 비해 아시안핏은 넓이가 좀 좁다. 동그란 얼굴이 많은 동양인에게는 두상에 맞추기 위해 템플이 짧고 감아주는 듯한 모양을 지닌다.

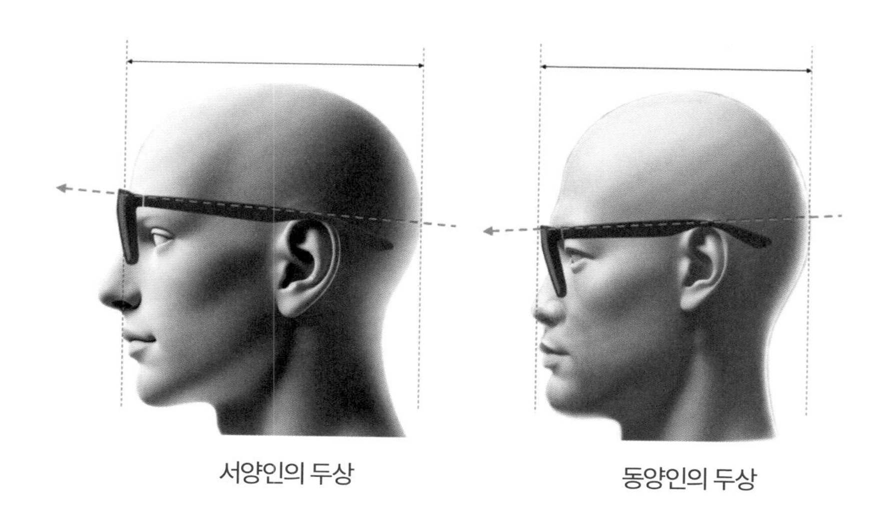

서양인의 두상　　　　동양인의 두상

우리나라를 성형 천국이라고 하지만 그것은 성형 기술이 세계적으로 뛰어나다는 의미이지 모든 국민이 성형을 한다는 뜻은 아니다. 진정한 성형 천국은 남미의 베네수엘라를 꼽을 수 있다. 미인의 나라로 알려진 베네수엘라는 소위 미인을 제조하는 공장이 있는데 성형과 치열교정, 화술, 몸매, 영어 회화 등을 완벽하게 맞춤형으로 교육하는 '미인 사관학교'를 이르는 말이다. 그래서 그런지 세계 최고 권위의 미인대회인 미스 유니버스에서 7명의 우승자를 냈고 주요 미인대회에서 우승을 22회나 차지했다.

베네수엘라는 거의 모든 여성이 성형을 하는데, 유난히 성형에 집착하는 이유는 문화와 밀접한 관련이 있다. 베네수엘라에서는 어른이 되는 하나의 통과의례로 가슴성형을 하기 때문인데, 남미에서 전통적으로 15세를 성인 여성으로 받아들인다. 따라서 생일 선물로 가슴성형 수술을 받는 경우가 비일비재하다.

I

Ⅵ
물의 균형

01 물의 균형

'심오한 사고, 정확한 판단, 과감한 실천'

글쓴이가 졸업한 고등학교의 교훈이다. 졸업한 지 40년도 더 넘었지만 여전히 기억 속에 박혀 있는 이유는 '생각–판단–실행'이라는 명확한 지침과 순서를 제시했을 뿐 아니라 매사를 처리하면서 평생의 잣대로 활용할 수 있어서였다. 그런데 고등학교를 한 학기 남겨 놓고서야 저처럼 명확한 교훈이 사서삼경의 하나인 중용中庸의 한 구절을 인용한 것이라는 사실을 알게 되었다.

중용 20장에는

'박학지博學之하고, 심문지審問之하며,

신사지愼思之하고, 명변지明辨之하여, 독행지篤行之하라.'

심오한 사고 – 신사지愼思之하고

정확한 판단 – 명변지明辨之하여

과감한 실천 – 독행지篤行之하라

박학지博學之와 심문지審問之: 널리 배우고, 자세히 물어라의 두 글귀에서 학문學問이라는 낱말이 만들어졌다.

물론 모든 학교가 추구하는 것이 당연히 학문이기 때문에 앞의 두 글귀는 굳이 인용하지 않고 절묘하게 뒤의 세 글귀만 인용한 듯하다. 세상을 살아오면서 알게 모르게 삶의 방식에 교훈이 뒷받침되어 최소한의 그릇된 판단은 막아 주었다는 점에서 그 교훈을 지정한 분의 통찰력은 존경할 만하다.

사서삼경에서 사서는 공자의 〈논어〉, 맹자의 〈맹자〉, 증자의 〈대학〉, 자사의 〈중용〉이다. 주자가 설명하기를 중용은 '한쪽으로 치우치지 않고 기울어지지 않으며, 지나침도 미치지 못함도 없는 것不偏不倚無過不及'이 중中이요, 용庸이란 떳떳하고 항상 그러함을 뜻하는 것이라 하였다.

그러므로 중용이란 내가 서있는 이 자리에서 가장 적절한 지점, 즉 균형을 찾는 노력과 자세를 의미한다. 다르게 표현하면 해도 되고 하지 않아도 괜찮은 것이 아니라, 평생 실천해야 한다는 것이다. 중용의 도는 어느 한쪽으로 치우침 없이 조화와 균형을 이루는 것이라고 말할 수 있다.

이처럼 예로부터 어느 한쪽으로 치우치거나 기울어지지 않는 균형을 가장 큰 덕목으로 삼았는데, 이는 균형이 인간과 자연과의 관계를 조화롭게 유지하는 길로 여겼기 때문이다. 동양의 전통 철학에서는 세상의 모든 것은 음陰과 양陽의 상호작용으로 이루어진다고 보았으며, 조화를 이루는 상태가 건강과 행복을 가져오는 조건으로 생각했다.

서양철학의 근본을 세운 아리스토텔레스는 '니코마코스 윤리학'에서 '중용의 덕'을 강조했다. 그는 '덕은 과도함과 부족함 사이의 중간상태'라 하였다. 그 예로서 '용기'란 무모함(과도함)과 비겁함(부족함) 사이의 균형 상태를 들 수 있는데, 이러한 균형 잡힌 삶이 행복으로 가는 길이라고 보았다.

짚고 넘어가기: 니코마코스 윤리학이란 아리스토텔레스가 세운 학당 '뤼케이온 Lykeion'에서 강의한 행복에 관한 논설을 담은 도덕책으로 그는 '인간이 추구하는 최고선은 행복이며, 행복은 마음가짐이 아니라 인간의 활동이 수행될 때 이루어진다'고 했다.

02 황금률과 은률

성경에 황금률黃金律: Golden Rule이라는 윤리원칙이 있다고 한다.

"다른 사람이 해주었으면 하는 행위를 하라.

Do unto others as you would have them to unto you."

일부 기독교인들은 이 구절과 비슷한 성경마태복음 7:12의 구절인 '그러므로 무엇이든지 남에게 대접을 받고자 하는 대로 너희도 남을 대접하라 이것이 율법이요 선지자니라.'만이 황금률이라고 설레발치지만, 사실 이것은 예수의 명언이기 이전에 어지간한 종교의 경전이나 철학 서적을 뒤져보면 비슷한 문구들을 많이 발견할 수 있어서 기독교인들의 일방적인 주장은 이치에 맞지는 않다. 예를 들어 예수보다 551년 전에 먼저 태어난 공자가 언급하기를 '기소물욕 물시어인己所不慾 勿施於人: 내가 원하지 않는 것을 남에게 행하지 마라.'라 했다.

이미 성경보다 수백 년 먼저 쓰여진 중용에도 충서忠恕를 언급하며 '충忠과 서恕는 도에 어긋남이 멀리 있지 않으니, 자기에게 베풀어지기 원하지 않는 것을 또한 남에게 베풀지 말아라. 忠恕違道不遠 施諸己而不願 亦勿施於人'라 했다.

여기에서 충忠은 충성忠誠이요 서恕는 용서容恕가 되겠다. 충성은 윗사람에게 무조건적인 복종을 의미하는 것이 아니라 정성을 다해 한 마음으로 존중한다는 의미다. 설사 윗사람과 반대 의견을 내세우는 순간에도 충성된 마음만은 흔들리지 않고 정성으로 대한다는 것이다. '서恕'는 내가 원하지 않는 바를 남에게 베풀지 말라는 뜻이다. 서恕자를 파자破字해보면 '같을 여如와 마음 심心'이 결합된 형태다. 곧 나의 마음이나 상대방의 마음이나 결국 같다는 의미가 된다. 상대방이 싫어하는 일은 하지 않는, 역지사지易地思之 하는 바로 그 마음이다.

우리가 사용하는 '용서容恕'라는 말은 바로 이와 같은 뜻이다. 용서는 크게 불대등간인 신神이 인간에 대하여 행하는 절대적이고 아가페적인 용서와 상호

대등한 인간사이에서 행해지는 상대적인 용서가 그것이다.

황금률은 기독교가 공인되지 못하고 한참 박해를 받던 시기였던 로마 24대 황제인 알렉산더 세베루스Alexander Severus가 '네가 자신에게 원하는 것을, 다른 이에게도 하라.QVOD TIBI HOC ALTERI'라는 자신의 좌우명을 황금으로 새겨 궁전과 주요 공공건물의 벽에 걸어 놓도록 지시했다는 것이 기원이라고 한다. 참고로 기독교는 이로부터 약 100년 후인 AD 313년 콘스탄티누스 1세 황제가 반포한 밀라노 칙령에 의해 박해로부터 해방되었다.

'QVOD TIBI, HOC ALTERI.'
Quod: '무엇' 또는 '~한 것' (접속사로 사용됨).
Tibi: '너에게' (간접 목적격, 너 자신을 가리킴).
Hoc: '이것' 또는 '이러한 것.'
Alteri: '다른 사람에게' (간접 목적격).

황제가 자신의 좌우명을 황금으로 새겨 궁전에 걸어 놓았다는 사실, 이들 두고 기독교계에서는 황제가 예수의 가르침을 신봉했기 때문이라고 하는데, 글귀의 표현 자체도 성경의 구절과 다를뿐더러 기독교를 박해한 황제가 국법을 어겨가며 예수의 가르침을 따랐고 그 구절을 금으로 새겨 여기저기 걸어 놓았다는 사실도 의아하다. 더구나 당시 로마 사회 상황에서도 아무리 황제라 할지라도 박해하는 종교의 핵심 내용을 국가적으로 내거는 것은 어려운 일이었을 것이다.

그럼에도 기독교인들은 황금률이 성경의 구절과 비슷하다 하여 성경의 핵심 내용으로 삼아버렸다. 그러나 타 종교에 대한 포용보다는 배척을 중시하는 가장 배타적인 종교인 기독교가 '남이 바라는 대로 섬기고 사랑하는 것'이 성경의 핵심 내용이라면 그들이 꼭 지켰으면 하는 가르침인 것 같다. 또한 이런 황금률에 대비해 일부 기독교인들은 '은률銀律: Silver Rule이라는 용어를 만들어 쓴다. 예수는 '남에게 대접을 받고자 하는 대로 너희도 남을 대접**하라**' 했고 공자는 '내가 원하지 않는 것을 남에게 행**하지 마라**'라 했다. 예수는 적극적으로 '하라' 공자는 소극적으로 '하지 마라' 라고 했기 때문에 공자의 말씀은 예수의 말씀보다 수준이 떨어진다고 하며 예수의 말씀은 황금률이고 공자의 말씀은 은률이라고 격하시킨 것이다.

사실인지 아닌지 모르겠지만 이런 우스개 이야기가 있는데 아무래도 황금률에 대한 풍선효과의 한 가지인 것 같다.

지하철에서 한 노인이,

'예수 믿으면 천국 가고 안 믿으면 지옥 갑니다.'

그러자 앞에 앉아 있던 아주머니 왈,

'그렇게 좋으면 먼저 가시든가!'

단순 우스개 소리 같지만, 기독교의 전도 논리가 황금률에 기초하고 있다는 사실을 여실히 보여준다. 황금률에 따르면 누구에게라도 상대방이 원하든 원하지 않든 자신이 원한다는 이유 하나로 상대방을 무조건 강제하는 것을 당연시 한다. 그가 불교 신자든 무슬림이든 관계없이 무조건 예수님을 믿게 하여 억지로 천국에 보내야 한다는 것이다. 이러한 전도 방식은 빈약한 논리의 저급한 전도 방식이다. 기독교 발전을 위해서는 좀 더 수준 높은 전도 방식을 개발해야 할 것 같다. 가장 좋은 방법은 내 경험치를 설파하는 것인데, 그렇게 하려면 우선 천국을 먼저 다녀와야 한다. 혹 천국 갈 자격이 안 된다면 우선 지옥에라도….

무슨 논리를 펴더라도 이론가는 경험자를 이길 수 없다는 과학적 사실에 기초해 보자. 그러니 우선 지옥에라도 다녀온 후에 그런 논리를 펴 전도한다면 많은 신자를 확보할 수 있지 않을까? ?

건학이념이 '사랑의 실천'인 서울의 한 명문대학이 있다. 미션스쿨이 아님에도 고귀한 가르침을 건학이념으로 삼은 설립자의 이러한 박애정신은 최소한 현 기독교계가 본받아야 할 것으로 보인다.

다음 내용은 옛 고전에 나오는 내용과 영화 '친절한 금자씨', 그리고 성경에서 언급된 균형에 관한 짧은 이야기들이 들어있어서 TMI가 될 수 있다. 244 페이지 물의 성질을 이용한 수평자로 넘어가도 문제없다.

윗사람에게서 싫은 것을 가지고 아랫사람을 부리지 말며
아랫사람에게서 싫은 것을 가지고 윗사람을 섬기지 말며
앞사람에게서 싫은 것을 가지고 뒷사람에게 먼저 하지 말며
뒷사람에게서 싫은 것을 가지고 앞사람에게 하지 말며
오른쪽에 있는 사람에게서 싫은 것을 가지고 왼쪽 사람과 사귀지 말며
왼쪽 사람에게서 싫은 것을 가지고 오른쪽 사람과 사귀지 말 것이니.
이것이 바로 혈구지도라고 하는 것이다.

所惡於上, 毋以使下；所惡於下, 毋以事上；所惡於前, 毋以先後；所惡於後, 毋以從前；所惡於右, 毋以交於左；所惡於, 毋以交於右。此之謂絜矩之道

즉, '곱자를 가지고 재는 방법'이라는 뜻으로, 자기의 처지를 미루어 남의 처지를 헤아리는 것을 비유하는 말이다.

유가儒家에서 사람이 자기의 행동을 조절하기 위하여 스스로를 척도로 삼는다는 원리이다.

곱자는 나무나 쇠를 이용하여 90도 각도로 만든 'ㄱ'자 모양의 자를 말한다. 여기서 유래하여 혈구지도는 목수들이 집을 지을 때 곱자를 가지고 정확한 치수를 재듯이 남의 처지를 헤아리는 것을 비유하는 고사성어로 사용된다. 자신의 처지를 미루어 남의 처지를 헤아린다는 점에서 추기급인推己及人과 같은 의미이며, 자신이 하기 싫은 일은 남에게도 시키지 않는다는 점에서 기소불욕물시어인己所不欲勿施於人과 상통한다.

한때 최고로 유행했던 말이 있다. '너나 잘하세요.' …

영화 '친절한 금자씨'에 나오는 귀에 확 박히는 대사다. 영화는 못 봤더라도 최소한 이 대사는 모르는 사람이 없을 만큼 유명했다. 감옥에서 만난 전도사가 두부를 들고 출소하는 금자 씨를 반기며 이렇게 말한다. "두부처럼 깨끗하게 살라고 주는 겁니다." 금자 씨는 두부를 건네는 전도사에게 차갑고 싸늘한 무표정으로 두부를 엎어버리며 말한다. '너나 잘하세요.'

'너나 잘해'도 아니고 '당신이나 잘하세요'도 아닌 '너나 잘하세요'다. 존댓말과 반말이 반반 섞인 어찌 보면 재미있는 표현이기는 하지만, 아랫사람에게 저런 얘기를 들었다면 뒷목 잡고 쓰러질 일이다. 그러나 이 얘기를 하는 사람의 입장에서 보면 상대방의 말문을 한 번에 막아 버리고 기선을 제압하여 어떠한 날카로운 공격이라도 단숨에 제압할 수 있는 일종의 필살기가 아닐까 싶다. 듣는 사람 입장에서는 무척 잔인한 일이기는 하지만….

이 말의 속뜻은 상대방에게 나를 가르치려 들지 말고, 너부터 처신 잘하라는 뜻이고, 상대방의 가르침이나 훈계는 전혀 필요 없다는 냉소적인 것이다. 나아가 속뜻을 알아보면 '수신제가치국평천하修身齊家治國平天下'에 근거하고 있다는 것을 알 수 있다. 자기 자신을 먼저 수양하고 이후 집안을 잘 다스릴 수 있어야 나라를 다스릴 수 있고, 그 이후에 천하를 평정할 수 있다는 말이다. 지금 이렇게 하고 있는 정치인이 있는가? 뭐… 생각하기 나름이지만… 별로 없는 것 같다.

그 이유는… '난세에 영웅 난다亂世之英雄'라는 말에서 찾을 수 있을 것 같다. 지금은 난세가 아니라 그런지 그런 정치인은 별반 찾아보기 힘들다. 난세가 되면 절박하기 때문에 집중력과 위기돌파 능력, 잠재능력이 뛰어난 사람을 필요로 한다. 그래서 능력과 역량이 없는 사람은 금방 들통이 나고 도태되기 때문에 그런 문제해결 능력을 갖춘 사람들이 부각되는 것이다. 물론 개인적인 생각이다. 다른 뜻으로 해석하면 '수신제가치국평천하'가 그만큼 어렵다는 말이기도 하다.

'수신제가치국평천하'는 중용과 함께 사서삼경의 하나인 대학大學의 3강령 8조목에 나오는 말인데, 8조목의 순서는 격물格物, 치지致知, 성의誠意, 정심正心, 수신修身, 제가齊家, 치국治國, 평천하平天下이다.

그런데, 요즘 정치인들은 일단 '치국평천하'는 고사하고 '수신'조차 못 하고 있는 형편이다. 이를 빗대어 다음과 같은 패러디가 인터넷에 떠 돈다.

수신修身: 일단 내 것부터 챙기고,

제가齊家: 가족과 친인척, 그리고 지인을 챙기고

치국治國: 그리고 나서 남은 것으로 나라를 챙겨야

평천하平天下: 그래야 국격이 상승한다.

정치인들의 '수신제가치국평천하'가 이 모양이니 기독교의 전도 논리가 황금률인 것을 탓할 바는 못된다. 그러나 진실한 기독교인이라면 은율이 황금률보다 더 못하다고 격하시키는 짓도 아닌 듯하다.

성경의 황금률과 공자의 은률은 기독교인들이 주장하는 바와 같이 누가 더 낫고 누가 덜하다는 것에 초점을 맞추면 안 된다. 왜냐하면 황금률과 은률로 나누는 기독교인들의 잣대 자체가 모순이기 때문이다. 핵심은 황금률은 적극적 선행을 강조하고, 은률은 최소한의 해악 방지를 요구하는 원칙이라고 보는 관점이 정확하다.

겉으로 보기에는 유사한 두 윤리 규범이지만, 사회가 어느 방식을 받아들이느냐에 따라 커다란 차이를 만들어낸다. 역사적으로 보면 황금률이 강요된 사회는 종종 폭력적이고 억압적인 결과를 낳았다. 중세 유럽의 마녀사냥이 그랬다. 황금률적 사고방식에 따라 '신의 섭리를 실현하기 위해 악을 처단해야 한다'는 논리가 등장했는데, 이는 결국 무고한 여성들을 화형대로 보내는 종교적 광기로 이어졌다.

우리는 80년대 전두환 정권에서 '삼청교육대' 사건이 있다. 전두환은 정권을 잡자마자 '사회악을 근절한다' 명분으로 삼청교육대를 설립하여 무차별적인 인간 사냥에 나섰다. 결과적으로 무고한 시민들이 정부의 폭력으로부터 억압과 인권 유린을 당하는 엄청난 비극을 초래했다. 이처럼 황금률은 특정 가치관을 강제할 위험성이 있으며, 잘못된 방식으로 적용되었을 때 폭력과 독재를 정당화하는 논리가 되기도 한다.

철학자 칼 포퍼는 이러한 사고방식을 '유토피아적 사회공학Utopian Social Engineering'이라 부르며 경계했다. 그는 사회를 개선한다는 명목으로 개인의 자유를 침해하고 강압적 정책을 시행하는 것이 궁극적으로 비극을 초래한다고 얘기했다. 예컨대 나치 독일의 홀로코스트는 이상적인 사회를 만들겠다는 논리로 유대인 대학살을 자행했다. 공산 중국의 마오쩌뚱은 중국 문화혁명을 명분으로 홍위병을 조직하여 공산주의 이념을 강제하고 대규모 숙청을 단행했다.

나심 탈레브는 '블랙 스완'에서 강제 개입의 위험성을 지적했다. 그는 '자신이 개입한 후 어떤 결과가 나올지 예측하지 못하는 간섭주의자들이 세상을 망친다'고 경고하며, 황금률의 무분별한 적용이 문제를 일으킬 수 있다고 경고했다.

포퍼와 탈레브는 윤리적 규범으로서 황금률을 배제하고 은률을 강조했다. 그들의 주장은 은률이 보다 실용적이다 라고 했다. 왜냐하면 황금률처럼 적극적으로 개입하지 않지만, 최소한의 해악은 방지할 수 있다. 따라서 타인을 변화시키려 하기보다, 자신이 먼저 해악을 끼치지 않는 존재가 되어야 한다고 했다. 은율은 황금률의 해악인 불필요한 강제와 억압을 만들어 내지 않기 때문이다.

결국, 그들의 주장에 따르면 사회가 건강하게 운영되려면 황금률보다는 은률을 중심으로 삼아야 하고, 타인의 행동을 바꾸려는 교조적인 태도보다는, 내가 세상에 해를 끼치는 존재가 아닌지를 먼저 고민하는 것이 더 중요한 윤리적 태도가 중요하다고 했다.

결론적으로 사회가 보편타당하고 시민이 주인인 사회가 되기 위해서는 사회적 압제보다 개인의 자유가 더 중시되어야 한다. 개인의 정치적 성향을 통제하는 정치적 압제는 매우 가혹하다. 하지만 특정 종교나 신념을 강요하는 사회적 압제는 더욱 가혹하다. 사회적 압제는 일상 곳곳에 침투하여 결국 인간의 영혼까지 장악한다.

이는 단순한 철학적 논의가 아니다. 우리가 살아가는 사회에서 강제적 선행이 폭력으로 변질될 위험을 항상 경계해야 하며, 강요보다는 자율과 배려가 중심이 되어야 함을 시사한다. 황금률이 아닌 은률을 따를 때, 우리는 보다 자유롭고 존중받는 사회를 만들 수 있다.

03 물의 성질을 이용한 수평자

물의 성질은 균형으로부터 나왔다. 우리는 종종 기울어진 세상을 바로잡고 싶어 한다. 바닥이 기울어지면 불안하고, 테이블이 한쪽으로 치우치면 불편함을 느낀다. 이렇듯 우리는 본능적으로 균형을 중요하게 여긴다. 그리고 이 균형을 측정하는 단순하면서도 정교한 도구가 있다. 바로 수평자Spirit Level다.

물은 형태로서 항상 균형을 추구한다. 건축 현장의 목수나 미장이들이 분신처럼 들고 다니는 보조공구 수평자는 물방울의 균형을 통해 수평 여부를 확인하는 것이다. 물이 그릇에 담겨있을 때 항상 수평을 유지한다는 원리를 이용한 것으로 수평자는 유리관 속에 담긴 작은 기포를 통해 물체의 수평을 확인하는 기기다. 그 원리는 간단하다. 액체는 언제나 중력에 따라 아래로 흐르지만, 완전히 평평한 곳에서는 어느 한쪽으로 치우치지 않는다. 그렇기 때문에 기포는 항상 가장 높은 지점으로 이동하며, 정확한 수평을 찾아낸다. 이처럼 물의 균형을 이용하는 수평자는 우리 일상에서 의외로 중요한 역할을 한다.

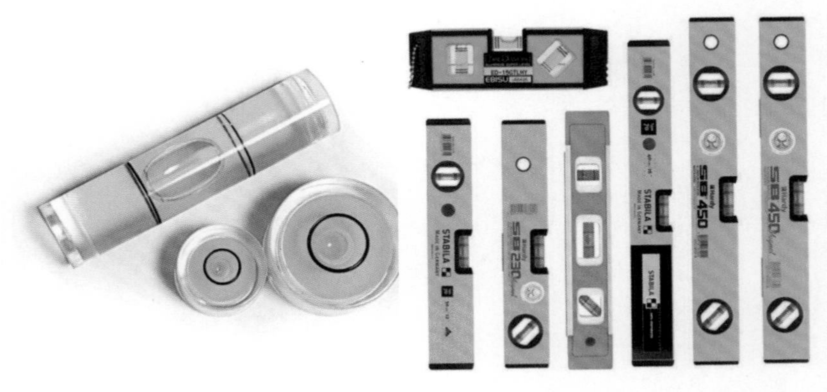

여러 가지 수평자_수평자는 어떤 면이 수평인지 확인하거나 기울기를 확인하기 위한 도구로, 수평계, 물바늘, 므저울이라고도 한다.

토목 및 건축 현장에서 수평자는 구조물의 수평 상태나 수직 상태를 측정하는 데 사용되는 필수적인 도구다. 벽이 기울어지지 않았는지, 바닥이 반듯한지 확인하는 데 없어서는 안 될 존재다. 만약 수평이 맞지 않다면 작은 기울어짐이 나중에는 큰 문제를 불러올 수 있다. 수평을 맞추는 것은 단순한 미관의 문제가 아니라 기초와 안정성을 위한 기본 원칙인 것이다.

수평자란 단순히 '수평을 맞추는 도구'를 넘어, 건축물의 안정성과 품질을 확보하는 핵심적인 역할을 하지만 가장 간단한 구조를 가진다. 물과 기름, 기포로 채워진 투명한 관과 기포의 위치를 표시하는 중앙선이 전부이지만 건축에서 안정성, 품질, 시각적 정렬을 보장하는 필수 도구이며, 이를 통해 건축물의 안전성과 미관을 유지할 뿐 아니라, 작업의 정밀도와 효율성을 높일 수 있다.

하지만 수평이 필요한 것은 비단 토목 건축뿐만이 아니다. 우리의 삶에서도 균형은 매우 중요한 요소다. 때로는 감정이 기울고, 생각이 한쪽으로 치우칠 때가 있다. 너무 한쪽으로 치우치지 않고 중심을 잡는 것이 중요하다는 점에서, 수평자는 물리적인 도구이면서도 철학적인 가르침을 주기도 한다. 마치 수평자가 작은 기포 하나로 균형을 확인하듯, 우리도 자신의 삶을 돌아보며 마음의 기포가 어디로 향하는지 살펴볼 필요가 있다.

어쩌면 인생이란 거대한 수평자 위에서 흔들리는 것일지도 모른다. 기울어지면 다시 중심을 잡고, 때로는 작은 변화를 받아들이며 새로운 균형을 찾는다. 수평자는 단순한 도구가 아니라, 우리가 보다 안정적이고 조화로운 삶을 살아가기 위한 하나의 상징 같은 존재가 아닐까. 그 작은 기포가 언제나 중심을 찾아가듯, 우리도 삶의 균형을 찾기 위해 끊임없이 조정해야 할 것이다.

04 선박 평형수와 생태교란

'선박 평형수'란 배의 균형을 잡기 위한 물을 뜻한다. 대부분의 선박 밑바닥에는 무게중심을 잡아주기 위해 평형수 탱크ballast water tank가 있다. 선박이 화물을 내리거나 탑재할 때, 또는 빈 상태로 항해할 때 중심을 유지하기 위해 사용된다. 예를 들어, 선박이 무거운 화물을 실으면 평형수를 배출하고, 반대로 화물을 내리면 평형수를 채워 무게 중심을 조정한다. 화물선이라고 해서 늘 짐을 가득 싣고 있지는 않다. 목적지에 도착하여 배에 실린 화물을 모두 내리게 되면 배가 평소보다 가벼워진다. 그러면 부력에 의해 배가 위로 떠오르기 때문에 물에 잠기는 부분이 평소보다 줄어든다.

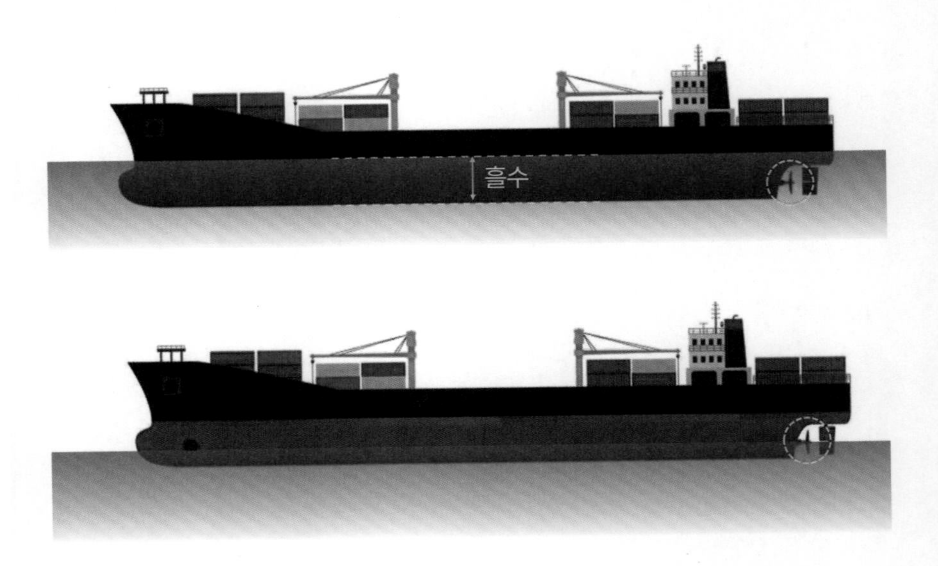

흘수가 클 때(상)와 작을 때(하) _흘수(吃水) 또는 끽수(喫水)는 선박이 물 위에 떠 있을 때에 선체가 가라앉는 깊이 즉, 선체의 맨 밑에서 수면까지의 수직 거리를 가리킨다.

배가 물에 잠기는 깊이는 흘수吃水라 하는데 그림의 아래처럼 이것이 얕아지면 배의 무게중심이 높아지게 되어 배가 균형을 잃을 수 있다. 또한 원형 점선처럼 배를 앞으로 나아가게 하는 프로펠러가 물 위로 올라오게 되기 때문에 당연히 물을 밀어내지 못해 배가 정상적으로 앞으로 나아가는 것도 어렵게 된다. 따라서 배의 균형을 유지하게 하고 오뚝이처럼 복원력을 높이기 위해서 아래쪽에 물을 채워 배 상부의 무게편중을 아랫부분에서 잡도록 하는 것이다.

짐을 가득 실은 배는 무게중심이 낮아지고 흘수가 깊어져서 안정적이다.

짐을 내리게 되면 배가 가벼워져서 흘수가 얕아진다.

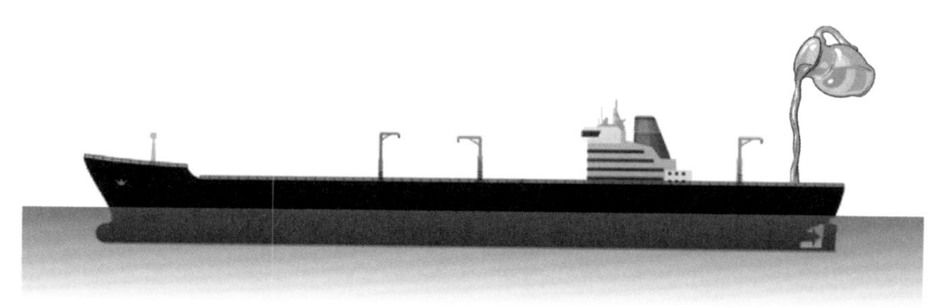

평형수를 채우면 다시 흘수가 깊어지고 무게중심이 낮아진다.

평형수를 바다에 버리고 있는 화물선_화물을 실은 배는 물속에서 추진기와 방향타가 효율적으로 작동하고 배의 균형도 안정이지만, 화물이 충분치 않아 배가 물 위로 많이 떠올라 있다면 프로펠러의 효율이 떨어지고, 배가 균형을 잃고 넘어지는 등 안전이 위협받는다. 이런 위험을 사전에 없애주는 것이 선박평형수이다.

물에 떠다니는 배의 균형을 위해 배 안에 또 다른 물을 채워 넣는 셈인데 평형수 탱크는 모든 선박이 다 같은 모양은 아니다. 컨테이너선, 원유 운반선, LNG 탱크선, 산적화물선, 자동차 운반선 등 화물의 종류와 특징에 따라 평형수 탱크가 밑바닥에만 있거나 혹은 측면인 현 측에 있기도 한다.

선박 평형수는 선박의 균형과 안정성을 유지하기 위해 사용되는 필수적인 것이다. 하지만 평형수에는 단순히 물만 담기는 것이 아니라, 그 안에 다양한 미생물, 플랑크톤, 해양 생물 등이 함께 포함된다. 이러한 평형수가 새로운 지역으로 방출될 때, 외래 생물종 침입과 같은 환경 문제를 일으키며 때로는 예상치 못한 사고와 헤프닝으로 이어지기도 했다. 평형수와 관련된 실제 사례는 열거하기도 어려울 정도로 많다.

선박의 화물은 안전범위 내에서 실리게 되면 그에 따른 적정량의 평형수가 계산된다. 선박 평형수는 밑바닥 좌우에 여러 개의 물탱크에 나뉘어 담긴다. 화물 선적 후 배가 오른쪽으로 무게가 더 나가면 왼쪽 탱크에 더 많은 물을 채워 배 전체의 무게 균형을 잡아준다. 무게중심과 좌우 균형이 불안정하면 평형감각을 잃게 되어 선박이 전복되는 사고가 발생할 수 있다.

그런데 균형을 잡아주는 평형수는 선박의 안정성과 연료 효율성 그리고 안전한 항해를 보장하기 위한 반드시 필요하지만 이로 인해 또 다른 균형이 깨진 사례가 발생하였다. 바로 해양 생태 균형이다. 전술했듯이, 선박에 짐을 실으면 흘수를 유지하기 위해 평형수를 바다로 내보낸다. 그리고 다음 항구에 가서 짐을 내리면 평형수를 도로 채우게 된다. 이렇게 바닷물을 싣고 내보내는 행위를 반복하는 과정에서 평형수에 딸려 들어왔던 작은 해양생물이 본래 살던 곳을 떠나 다른 나라로 이동하게 된다.

선박 평형수로 쓰이는 바닷물은 세계적으로 매년 약 100억 톤 규모다. 이 물을 넣고 빼는 과정에서 매년 약 1만 여종에 달하는 해양생물이 본의 아니게 '이사'를 하게 된다. 낯선 환경에 놓인 외래종은 보통은 바닷물 온도 변화, 염분 변화 등에 적응하지 못해 죽지만, 유독 생명력과 적응력이 뛰어난 종류는 살아남아 크게 번성하게 된다. 낯선 종이라 포식자가 없는 경우가 많아 왕성하게 번식하고, 결국 수중 생물 생태계가 교란되어 균형이 깨지는 것이다. 해외 유입종인 황소개구리가 우리 생태계를 교란하며 과도하게 퍼졌던 것도 같은 맥락이다.

결과적으로 선박 평형수는 해양 생태계를 교란하는 침묵의 밀항자다.

배들이 항해할 때 탑재하는 평형수는 해양 생태계를 무심코 뒤흔드는 거대한 변수다. 마치 코로나-19가 인간에게 전파되어 세계적 대재앙인 팬데믹을 일으켰듯, 평형수에 섞인 외래 생물이 새로운 환경에 도착하면 현지 생태계에

커다란 혼란을 초래한다. 경쟁이 치열한 환경에서 적응한 종들은 상대적으로 균형이 잡힌 작은 생태계에서 급속도로 확산하며, 때론 토착 생물을 몰아내기도 한다.

이를 대표적으로 보여주는 사례가 있다. 콜럼버스의 발견으로 유럽에서 신대륙으로 건너간 엉겅퀴는 신대륙에서 폭발적으로 번식해 찰스 다윈조차 놀랄 만큼 강력한 생명력을 보였다. 비슷한 원리로, 아즈텍 제국이 스페인 정복자 코르테스의 군대에 무너진 이유 중 하나도 천연두 바이러스의 창궐이었다. 인간의 역사에서처럼 자연 생태계에서도 외래 침입자는 예상치 못한 파괴력을 지닌다.

동아시아의 미역과 다시마는 평형수를 타고 미국, 프랑스, 호주 등 전 세계로 확산하였으며, 무성생식과 유성생식을 동시에 하기에 각국이 대응할 새도 없이 퍼져 나갔다. 북미 오대호에서는 유럽산 얼룩무늬 담치가 토종 홍합을 몰아냈고, 북미 해파리는 북유럽 연안을 오염시키고 있으며, 참게는 북미와 유럽의 강과 하천을 점령해 생태계를 위협하고 있다.

이렇듯 국제 해양 교역이 활발해지는 만큼, 평형수는 생태계를 뒤흔드는 보이지 않는 침략자의 역할을 한다.

05 우리가 아는 홍합은 홍합이 아니다.

구체적인 예를 들어보면 우리나라의 홍합이 바로 그것이다. 포장마차에 가면 의례 내놓는 국물이 홍합탕 국물이다. 그런데 이 홍합은 우리 조상들이 먹던 토종 홍합이 아니라 멀리 유럽의 지중해에서 강제 이주된 '지중해 담치'이다. 지중해 담치는 1950년대부터 선박 평형수에 강제로 끌려들어와 우리나라에 서식하게 되었는데, 이 때문인지 요놈들이 설치는 우리 바다에는 우리 토종 홍합은 거의 자취를 감추었다. 그래서 '홍합탕'에 들어있는 홍합은 대부분 지중해산 담치를 양식한 것이다. 우리나라 앞바다에서 길러졌으니 국내산이긴 하지만 품종은 지중해에서 이주해 온 외래종이다.

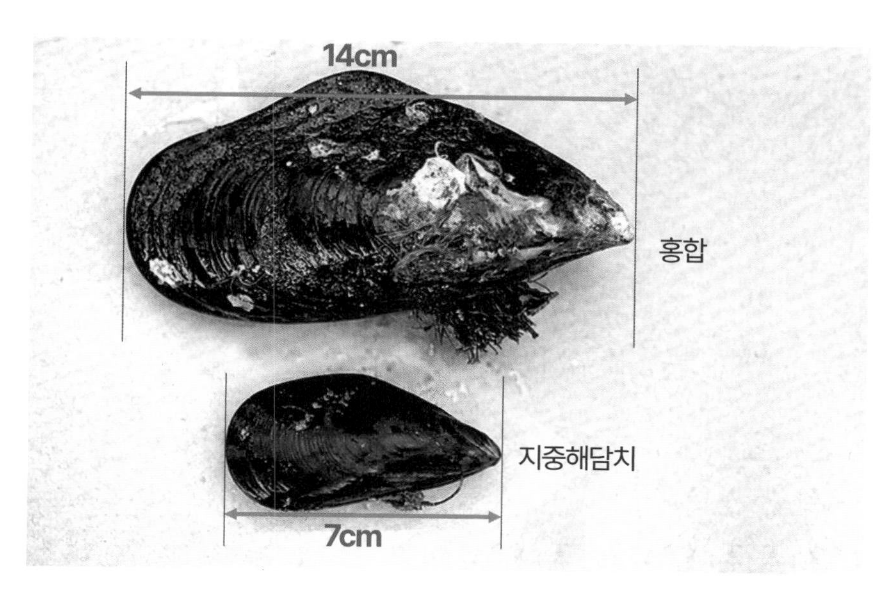

토종 홍합과 지중해 담치의 크기 비교_여태 속았다. 짬뽕 속 홍합은 홍합이 아니었다. 우리가 홍합이라 알고 먹는 것들의 90% 이상은 사실 외래종 지중해 담치다. 토종 홍합은 크기가 손바닥만 한 정도로 제법 크고 육질도 쫄깃쫄깃한데 지중해 담치는 작고 맛도 약간 물렁하다.

홍합류는 전 세계 약 250여종이 있는데 우리 연근해에서 잡히는 것은 지역에 따라 '섭' '담치' '열합' 등으로 불린다. 우리나라에서 볼 수 있는 것은 홍합, 지중해 담치, 동해담치 털담치, 비단담치 등 13종이고 우리 식탁에 오르는 종은 대부분 지중해 담치와 홍합이다.

정약전은 『자산어보』에 '홍합은 앞은 둥글고 뒤쪽이 날카로우며 큰 놈은 한 자나 되고 폭은 그 반쯤 된다. 예봉銳峯 밑에 털이 있어 수백 마리씩 무리 지어 암초에 달라붙어 있다가 조수가 밀려오면 입을 열고 밀려가면 입을 다물며 성장한다. 껍질은 검고 안쪽은 흑자색으로 광택이 나며 살은 붉은 것과 흰 것이 있다.' 고 기록했다. 『본초강목』에서는 홍합을 '각재' '해폐' '동해부인'이라 하였으며 보통은 담채淡菜라고 불렀다. 지금은 홍합을 삶아서 말린 것을 담채라고 부르는데, 담채는 1820년경 서유구가 쓴 『난호어목지』에서 홍합은 채소처럼 짜지 않고 달다고 하여 '짜지 않은 채소', 담채라 설명한 기록에서 기원한 것이다.

홍합과 지중해 담치를 구분하는 방법은 매우 쉽다. 껍질의 매끈함과 크기로 알 수 있는데, 홍합은 13~15cm 정도 되고 지중해 담치는 그 절반인 6~7cm 정도에 그친다. 홍합은 바닷속 깊은 곳에 살기 때문에 껍데기에 기생하는 것도 많고 해초 등도 붙어 있어서 껍질이 지저분해 보이지만 지중해 담치는 얕은 곳에 살기 때문에 물이 빠지면 햇빛에 노출되고 파도와 조수에 씻기므로 껍데기에 부착생물이 자라기 어려워 껍질이 말끔하다. 따라서 우리가 보는 홍합의 90%는 지중해 담치라고 볼 수 있다.

또한 갯바위에서 흔히 볼 수 있는 따개비도 대부분 유럽산이다. '주걱따개비'라는 종류인데 2005년 경상도 부근 동해안에서 처음 발견되었다. 남해안과 서해안 일부 지역은 우리나라 고유종인 '고랑따개비'(조무래기따개비. 검은큰따개비, 청홍따개비 등) 대신 외래종인 '주걱따개비'가 대부분 점령하였다. 태평양과 대서양을 오가는 외항선의 밑바닥에 붙어서 우리 해안에 들어와 정착한 것이다. 따개비는 세계적으로 200여 종이 있으며 우리나라에는 60여 종이 서식

한다. 울릉도 특산물로 따개비밥, 따개비 칼국수가 있으나 대개는 따개비가 아닌 삿갓조개인데, 울릉도에서는 삿갓조개를 따개비라 부르기 때문이다.

따개비는 바위뿐만 아니라 어디에든 달라붙어 기생한다. 고래, 상어, 바다거북 등에도 석회질을 분비하여 무차별 달라붙어 일생을 지내므로 이들의 생존을 위협하는 경우가 다수 보고되고 있다. 주머니벌레라는 따개비는 게crab에게 달라붙어 그 게의 배 안에 자신의 알을 낳아 돌보게 하여 게의 생식능력을 없앤다고 한다.

따개비의 큰 문제는 배의 밑부분에 달라붙어 전 세계 해양 생태계를 교란한다는 것인데, 해운업계는 부착생물로 인해 입는 경제적인 손실이 세계적으로 약 7조 5,000억 원이나 된다고 추정했다. 따개비가 배에 달라붙는 경우 일차적으로는 배 밑을 부식시키고, 마찰 저항이 커져서 선박의 항행속도를 떨어뜨려 연료 낭비를 초래한다. 이차적으로는 외래종이 유입되어 자국의 해양생태계를 교란한다.

심지어는 러·일 전쟁의 쓰시마 해전을 배경으로 한 '짜르의 마지막 함대'라는 역사 교양서를 보면 발틱함대 사령관 '지노비 로제스트벤스키' 제독이 북해에서 동북아까지 오는 긴 여정 중에 함대 전투함들의 함저艦底에 따개비가 붙어 기동력이 떨어지는 부분을 염려하는 장면이 나올 정도다.

06 비자 없이 미국행

반대의 경우도 있다. 미국 캘리포니아 LA 앞바다 해변에서 언젠가부터 낯선 종류의 조개가 출현하였는데 해를 거듭할수록 이 낯선 조개는 개체수가 늘어나는 것으로 확인되었다. 불안을 느낀 미국 정부가 조사에 착수하였는데 정체를 알고 보니 바로 한국산 모시조개였다. 한국에 주로 사는 모시조개가 비자 없이 미국 국경을 넘어간 것이다.

참게는 주로 민물에 서식하는데 특히 논두렁이나 논둑에 구멍을 파고 산다. 번식기인 가을에는 바다로 내려가 해변가에 알을 낳고 부화시키는데, 유생 상태로 다시 민물로 올라와 사는 토종 게이다. 이 참게가 20여 년 전 배를 타고 미국과 독일로 건너가 그쪽의 생태계를 교란하기도 했다.

황소개구리가 미국 캘리포니아 지역에 난데없이 나타나 급속도로 번식하며 지역 생태계를 교란하는 사건이 발생했다. 조사 결과 황소개구리는 평형수를 통해 남미에서 유입된 것으로 추정되었는데, 방출된 이후 급격히 번식하면서 지역의 토착 개구리와 어류의 개체 수를 확 줄여버렸다. 황소개구리는 식욕이 워낙 왕성하고, 천적이 없어 토착 생물들과의 경쟁에서 절대적인 우위를 점했기 때문이다. 이 사건 이후 미국은 평형수 방출에 대한 규제를 강화하며, 평형수를 교환하거나 처리하는 시스템 도입을 의무화시켰다고 한다.

황소개구리는 미국만의 문제가 아니다. 우리나라는 1970년대에 황소개구리를 식용 목적으로 양식하기 위해 미국에서 들여왔다. 하지만 개구리에 대한 혐오로 소비가 거의 없었고, 일부 개체가 탈출하거나 방생되어 전국의 하천과 연못으로 퍼지면서 우리나라 생태계를 위협하는 대표적인 외래종이 되었다.

황소개구리는 식욕이 매우 왕성하여, 물고기, 개구리, 올챙이, 곤충, 심지어 작은 새나 뱀까지 닥치는 대로 잡아먹는다. 황소개구리의 이러한 포식 행위에 정작 먹이사슬의 정점에 있는 포식자 뱀, 수달, 황새 등이 먹이가 부족해져 생존에 위협을 받았다. 또한 한 번에 최대 2만 개의 알을 낳을 수 있어 개체 수가 폭발적으로 증가한다.

실제로 글쓴이가 군 복무 시절 근무했던 부대 내에는 커다란 저수지가 있었는데, 밤만 되면 마치 어른의 쉰 목소리처럼 꺽꺽 하는 큰 울음소리가 저수지로부터 들려와서 보초 근무 중 여간 신경이 곤두서는 것이 아니었다. 어느 땐가, 부대 내에서 한 병사가 소총을 잃어버리는 사건이 발생하여 그 저수지의 물을 보름 동안 퍼내는 작업을 실시했다. 팔뚝만 한 물고기가 수천 마리 나왔는데, 그뿐만 아니라 황소개구리도 수백 마리 이상이 나왔다. 그 이후로 황소개구리의 크고 시끄러운 울음소리에서 해방될 수 있었다. 얼마나 다행이었는지…. 물론 소총은 저수지 안에 있지 않았다.

평형수는 자연 생태계뿐만 아니라 인간 사회에도 영향을 미치기도 한다. 1991년 남미 페루에서 발생한 사건인데, 평형수를 통해 콜레라균이 유입되어 페루 인접국까지 번져 대규모 감염 사태가 발생했다. 감염원을 추적한 결과 방글라데시 콜레라균이 이사 온 것 때문인데, 평형수에 포함되어 태평양을 건너 페루 해안에 도달한 것이다. 이 콜레라로 인해 페루에서 약 1만 명 이상이 사망했고, 이 사건은 평형수가 질병 확산의 매개체가 될 수 있음을 보여준 충격적인 사례로 기록되었다. 이 사건 이후 평형수 관리 규정이 국제적으로 강화되었고, IMO국제해사기구는 평형수 관리 협약BWM을 도입해 전 세계적으로 규제를 강화했다.

글로벌 경제 시대의 국가 간 교역 수단으로 대규모 화물선을 이용하는 것은 피할 수 없다. 따라서 평형수를 통한 해양 생태계의 교란을 최소화하기 위해 국제해사기구IMO는 2004년 '선박 평형수 관리협약BWMC'을 만들었고 현재 우리나라를 비롯해 52개국이 가입하였다. 이 협약은 외국으로부터 입항하는 선박은 해당 국가 해안선에서 200해리(약 360㎞) 이상 떨어진 공해상에서 수심 200m 이상인 지점을 골라 평형수를 교환해야 한다. 평형수로 인한 생태계가 교란을 최소화하기 위한 조처이다. 또한 평형수에 내포된 해양 생물을 사멸시키는 '선박 평형수처리장치[BWMS]' 설치도 의무화했다. 평형수를 버리기 전에 전기분해, 자외선 투사, 화학약품 처리 등 다양한 방식으로 해양 생물을 말끔히 제거해야 한다는 뜻이다. 2017년 이후 건조하는 선박은 국제해사기구와 자국 정부의 승인을 받은 선박 평형수 처리 장치를 의무적으로 설치해야 하며, 2017년 이전 건조된 선박도 2024년까지는 이 장치를 설치하도록 규정되었다.

07 무게 중심과 균형의 사이

결국 평형수는 균형을 이루기 위한 것인데, 그 균형을 이루는 점이 바로 무게중심이다. 지구상에 존재하는 모든 물체는 그 어떤 곳을 매달거나 받쳤을 때 기울어지지 않고 수평을 이루는 점이 있는데, 그 점을 무게중심이라고 한다. 즉, 무게중심은 물체의 무게가 한곳에 모여 있다고 생각되는 작용점이다. 그래서 무게중심을 아래로 내릴수록 물체는 흔들리지 않고 견고한 자세를 견지할 수 있다.

예로부터 사람들은 무거운 것을 옮길 때 작은 힘으로 큰 물체를 들어 올릴 수 있는 지렛대를 사용하였다. 당시에는 원리를 몰랐겠지만 역시 고대 그리스 수학자 아르키메데스는 그 원리를 밝혀냈다.

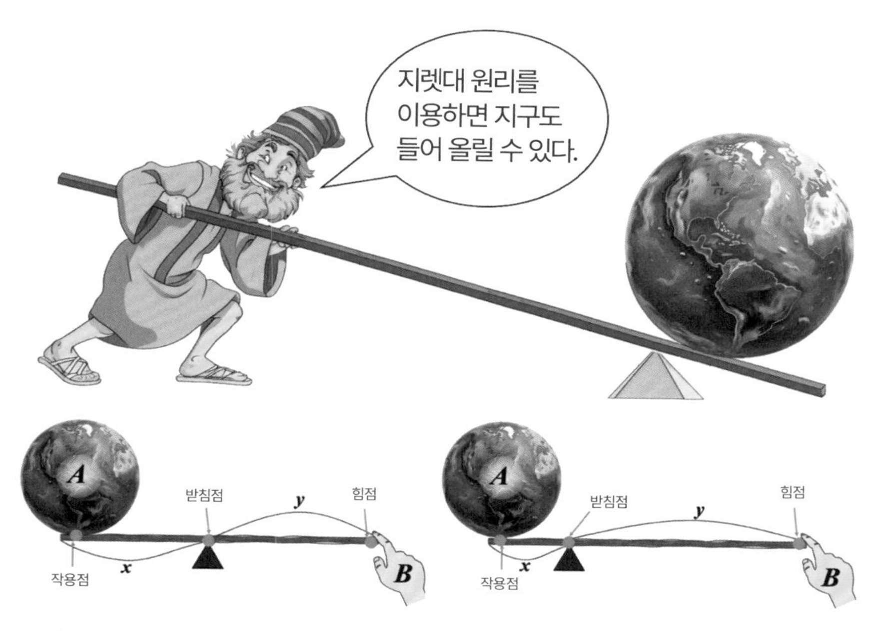

지렛대의 원리_옛사람들은 무거운 물건을 들어올리기 위해 지레를 사용했다. 지레를 이용하면 힘을 적게 들이고도 무거운 물건을 들 수 있다.

그림에서 지렛대의 무게가 아주 작아서 무시할 정도라면 지레가 수평을 이룰 때

$A \times x = B \times y$

이다.

따라서 B의 힘 또는 무게가 A보다 커지거나 받침점과 B 사이의 거리가 멀어지면 어떤 물체라도 심지어는 지구라도 들어 올릴 수 있다는 것인데, 사람들은 지렛대의 원리에서 또 다른 법칙을 발견했다.

법칙 1. 수평을 이루는 순간 지레의 받침점은 무게중심이다.

법칙 2. 모든 물체 속에는 무게중심이 있다.

지렛대가 무거운 물건을 들어 올릴 수 있었던 것은 받침점 작용점 힘점이라는 세 가지 힘의 작용 원리가 있었던 것이다. 무거운 바위를 직접 손으로 들 수는 없어도 이처럼 시이소오 처럼 지렛대 위에 올려놓고 반대쪽으로 힘을 가하면 작은 힘으로도 무거운 물건을 쉽게 들어 올릴 수 있는 것이다. 이것이 바로 지렛대의 원리다.

따라서 모든 물체에는 무게중심이 있다. 무게중심의 이론적 정의는 물체의 각 부분에 작용하는 중력들이 모이는 작용점이다. 물체의 무게가 어느 한쪽으로 치우치지 않고 균등하게 나눠지는 지점이다. 무게중심은 단 하나 존재하고 보통은 물체의 가운데 위치하지만, 물체의 모양이나 무게가 변하면 무게중심의 위치가 바뀌게 된다.

대칭형인 동그란 원이나 정사각형 혹은 정삼각형 등 모양이 일정하면 무게중심은 정중앙에 위치하지만 모양이 달라지면 무게중심의 위치도 변하게 된다. 앞서 설명된 배의 평형수가 전체 무게에 대한 것이라면 화물은 선수와 선미 그리고 배의 좌우의 균형을 맞추기 위한 것이다. 화물을 실을 때 무게 중심이 한쪽으로 쏠리면 배가 뒤집히거나 가라앉을 수 있기 때문이다.

하늘을 나는 비행기는 배보다 더 엄격하게 적용된다. 심하면 승객의 몸무게

에 따라서 자리를 지정할 정도다. 왜냐하면 적당한 지점에 사람과 화물을 배치하여 기체의 균형을 유지하는 것이 중요하기 때문이다. 이는 무게중심의 위치를 통해 점검할 수 있다. 무게중심은 동체의 기준선으로부터 떨어진 거리와 각 위치에 작용하는 힘의 합을 통해 구한다.

컴퓨터는 승객과 화물이 수속을 완료하는 시점에서 좌석 배치와 화물 탑재 위치가 자동으로 고려돼 무게중심을 구한다. 간혹 일부 승객들은 바깥 경치를 구경하거나 옆 사람 없이 혼자의 시간을 보내기 위해 기내 탑승해 배정된 좌석에 앉지 않고 빈자리에 임의로 앉는 경우가 있다. 이럴 경우에는 심하면 항공기 출발을 지연시키고 무게중심을 다시 구하는 경우가 발생하기도 한다. 물론 비행기가 작고 승객이 임의로 자리를 이동했을 때이다. 따라서 비행기의 좌석 배치와 화물 탑재가 이뤄진 후 무게중심이 운항에 적절한 위치에 와야만 비로소 운항 허가를 얻을 수 있다.

아는 만큼 보이는 법이다. 평생 한 번도 공항에 가보지 못한 사람도 있겠지만, 문턱이 닳도록 다니는 사람도 종종 있다. 공항에 처음 가본 사람이라면 모든 것이 새롭고 신기하지만, 그중 가장 신기한 것은 저 무거운 쇳덩어리가 수백 명의 사람과 화물을 싣고 어떻게 하늘을 날아오를까 하는 그 의문이 생긴다. 그 의문은 곧 의심으로 바뀌고, 그러한 의심이 드는 순간 비행기는 타고 싶지 않게 된다. 왜? 떨어질까 봐….

08 비행기의 균형

그러나 통계적으로 보면 비행기가 가장 안전한 교통수단이라는 것은 잘 알려진 사실이다. 비행기, 자동차, 철도, 배를 예로 들어보면 통계적으로 1억 명을 1마일 수송하는데 사망률을 보면 자동차는 1.5명, 철도는 0.43명, 비행기는 0.05명으로 압도적으로 낮다. 그런데도 일단 사고가 났다 하면 대형 참사로 이어지기 때문에 비행기가 위험하다고 생각하는 것이다.

수익률에 따라 상품을 만들고 없애기를 번개처럼 하여 수익률에 가장 민감한 보험회사의 상품을 보면 어느 교통수단이 안전한지 짐작할 수 있는 부분이 있다. 단체 여행을 갈 때는 꼭 여행 경비에 포함시키고 적극 홍보하는 것이 여행자 보험이지만 기차나 버스를 이용할 때는 절대로 물어보지도 권유하지도 않는다. 기차역이나 버스터미널에 여행자 보험창구가 있었던가? 그러나 공항에 가면 보험사의 화려한 간판을 손쉽게 찾을 수 있다. 그 이유는 여행자 보험의 수익률이 가장 높기 때문이다. 보험사들은 내부 경영정보라는 이유로 공개는 하지 않지만 평균 90%가 훨씬 넘는다는 후문이다. 많이 권유한다는 뜻은 수익률이 높다는 것이고, 수익률이 높다는 것은 그만큼 안전하다는 것과 일맥상통하지 않은가?

비행기는 어떻게 날아 오를수 있을까? 일단 비행기가 날아오를 수 있는 그 비밀은 바로 네 가지 힘의 균형 때문이다. 그것은 '양력', '중력', '추력', '항력'인데, 비행기는 이 네 가지 힘의 균형을 맞추며 날아다닌다. 양력은 날아오르려는 힘이고, 중력은 지구 중심으로 떨어지려는 힘, 추력은 비행기를 앞으로 나아가게 하는 엔진 힘, 항력은 비행기가 앞으로 나아가는 것을 막는 공기저항을 말한다. 즉 양력의 반대는 중력, 추력의 반대는 항력이다.

양력은 날개에서 발생하는데, 날개의 모양을 아래는 편평하게 위는 둥글게 만들어 공기의 흐름을 다르게 하는 것이다. 날개 윗면에서 공기 속도는 빠르고,

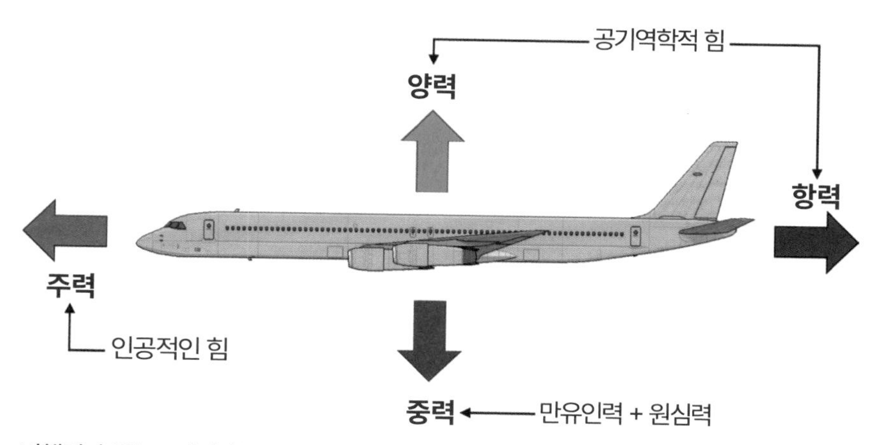

비행기가 받는 4가지 힘, 양력 중력 추력 항력_대부분의 과학서적에서 양력=베르누이의 정리로 규정했지만 최근 과학계는 이는 틀린 설명이라는 입장을 밝혔다. 물론 완전히 틀린 것은 아니지만 단순히 베르누이의 정리를 이용해 날개 위쪽·아래쪽 단면적에 따른 속도와 압력 변화로 비행기의 모든 양력 발생을 논하기엔 너무 근거가 빈약하다는 것이다. 그래서 비행기는 정확하게 어떤 원리로 나는지 아직 정확히 모른다는 것이 정설이다.

아랫면에서 공기는 느리기 때문에 날개 윗면의 압력은 감소하고 아랫면에서는 상대적으로 높은 압력이 만들어져 압력 차로 위로 작용, 즉 날아오를 수 있게 되는데 이것이 양력이다. 유식하게 보이려면 이 말을 '베르누이의 정리'라는 한 단어로 압축하면 된다. 그런데, 일단 '베르누이의 정리'라는 단어만 듣고도 머리에 지진이 나는 사람들이 많을 것이다. 알고 나면 원리가 간단한데 머리를 쓰고 싶지 않은 본능 때문에 그러는 것이다. 단지 모자를 쓰기 위해 머리를 달고 다니는 것이 아닌데도 말이다. 베르누이 정리는 우리의 생활에서 많이 활용되고 있다. 가장 흔한 것이 분무기다.

빨대로 분무기 만들어 불기(베르누이의 원리)_공기의 흐름이 빠를수록 압력은 낮아지며, 이때 공기는 압력이 높은 곳에서 낮은 곳으로 이동한다. 이 원리는 확실히 베르누이의 원리가 맞다.

옷을 다림질하려 하는데 분무기가 없을 때 쉽게 만들 방법이 있다. 빨대의 1/3 지점을 'ㄱ' 자로 꺾일 수 있도록 절반 정도만 칼로 자르고 2/3 부분을 물컵에 담근 후, 빨대를 입에 물고 세게 불어 보면 물컵에 담긴 물이 분사되는 것을 볼 수 있다.

유체의 흐름이 빠른 곳은 압력이 낮고, 느린 곳은 압력이 높다. 유체는 압력이 높은 곳에서 낮은 곳으로 흐른다. 입에서 바람을 세게 불면 압력이 낮아지기 때문에 'ㄱ' 자로 꺾인 부분의 압력이 낮아져 물이 올라오는 원리다.

이 원리를 비행기 날개에 대입하여, 날개의 단면을 보면 윗부분은 볼록하고 아래는 편평한 것을 볼 수 있다. 볼록 면은 공기가 지나가는 거리가 길고,

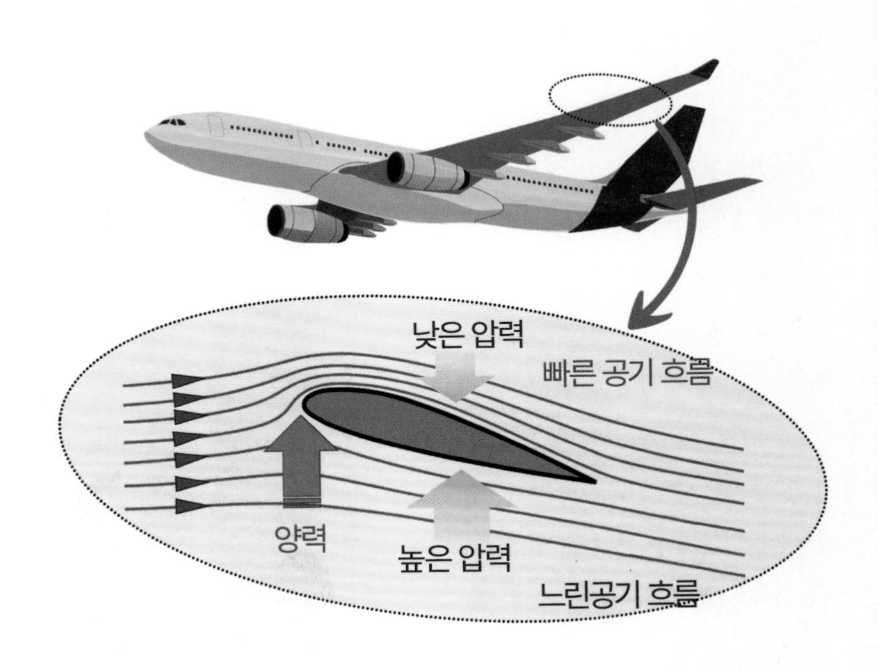

양력의 발생 원리_날개 윗면에서의 공기 속도는 빠르고, 날개 아랫면에서의 공기는 느리기 때문에 베르누이 정리에 따라 날개 윗면에는 압력이 감소하고 날개 아랫면에서는 상대적으로 큰 압력이 형성이 된다. 이에 따른 압력 차이로 인해 위로 작용하는 힘을 양력이라고 한다. 그러나 베르누이 정리로 양력 발생의 원리를 모두 설명할 수는 없다. 뉴튼의 제3 법칙 작용반작용도 설명에 참여해야 한다.

편평한 면은 지나가는 거리가 상대적으로 짧다. 공기는 윗면의 긴 거리와 아랫면의 짧은 거리를 같은 시간에 지나가므로 당연히 윗면의 공기는 흐름이 빨라지고, 아랫면의 공기는 상대적으로 느리게 된다. 유체의 흐름이 빠른 곳은 압력이 낮고, 느린 곳은 압력이 높다 했으니, 압력이 높은 날개 아랫면이 압력이 낮은 날개 윗면을 밀어 올리게 된다. 이것이 양력이다.

얼마 전까지만 해도 비행기가 나는 원리를 베르누이의 정리로 주로 설명해 왔다. 날개 윗면의 곡선이 더 크기 때문에 공기가 더 빠르게 흐르고, 이로 인해 압력이 낮아져서 양력이 생긴다고 본 것이다. 하지만, 이 설명은 단순화된 것으로 최근 과학계는 베르누이의 정리, 즉 양력만으로 비행기가 나는 원리를 완전히 설명할 수 없다고 보고 있다.

실제 양력은 공기의 흐름이 날개 주변에서 어떻게 휘어지고 가속되는지, 그리고 날개가 공기를 아래로 밀어내며 발생하는 반작용 등 복합적인 요소에 의해 생긴다. 이 과정에는 뉴튼의 운동 법칙과 유체역학적인 순환 흐름이 중요한 역할을 하기 때문에 비행기가 나는 원리는 단순한 하나의 이론으로 설명되기 어렵고, 다양한 물리 법칙과 공기 흐름 상호작용에 대한 설명이 필요하다. 따라서 비행기의 양력 발생에 대해서는 과학적으로 완전히 합의된 설명은 없다.

일단 비행기가 떠올라서 하늘을 날아간다고 상상해 보자. 다음은 어떤 문제를 해결해야 할까? 바로 균형이다. 비행기가 무사히 비행하려면 비행기 기체의 균형을 맞추는 것이 가장 중요하다. 비행기는 일단 날아오르게 되면 공중에서 스스로 균형을 잡아야 하므로 무게가 한쪽으로 치우치지 않아야 한다.

09 비행기는 싣는 무게의 85%가 연료

우리가 모르는 의외의 사실이 있다. 비행기가 실을 수 있는 대부분의 무게는 바로 연료가 차지하고 있다는 사실이다. 여객기의 총무게 비율을 따져보면 알 수 있다. 승객을 최대 850명을 태울 수 있는 세계에서 가장 큰 비행기인 에어버스사의 A380-800의 예를 보면, 연료 적재량은 약 323,546리터 무게로 환산하면 253톤이고 비행기 무게는 276톤이다. 최대 이륙중량, 즉 날아오를 수 있는 한계 무게는 약 575톤쯤 되니, 575톤에서 연료 무게 253톤과 비행기 무게 276톤을 빼면 꼴랑 46톤밖에 남지 않는데 이 무게가 바로 승객과 화물을 태울 수 있는 무게다. 전체 무게 비율로 보면 [비행기 몸체 48% : 연료 44% : 승객과 화물 : 8%] 이다. 그래서 대략 비행기가 실을 수 있는 무게의 85% 정도를 연료가 차지한다. 어찌 보면 어이없는 사실 이기는 하지만 이것이 현실이다. 그래서 항공사는 승객들의 화물 무게에 많은 신경을 쓰고 있는 것이다.

비행기의 연료탱크_대부분의 연료는 중앙탱크의 연료를 제외하고는 모두 날개에 가득 채워져 있다. 따라서 엔진에 불이 붙으면 매우 위험한 상황이 발생할 수 있다.

그러나 이 상황은 A380이라는 비행기가 최대 적재와 최장 거리를 날아갔을 때의 상황을 가정한 것이고, 실제로 인천공항에서 미국 로스엔젤레스까지 간다고 하면 다음과 같이 가정해 볼 수 있다.

인천공항에서 미국 로스엔젤레스까지의 비행시간은 평균 11시간 30분 정도 걸린다. 반대로 미국 로스엔젤레스에서 인천공항까지 올 때는 13시간 정도 걸린다. 이는 비행기 앞에서 가는 방향과 반대로 불어오는 맞바람이라는 제트기류 때문에 바람을 뚫고 가야 해서 1시간 30분 정도 더 걸리는 것이고, 반대로 한국에서 미국으로 갈 때는 비행기가 날아가는 방향으로 밀어주는 뒤바람을 받아 비행시간이 단축되는 것이다.

세계에서 가장 큰 여객기인 에어버스사의 A380-800_이 비행기에 모두 이코노미석만 배치할 경우 승객을 850명에서 868명까지 태울 수 있다.

미국 로스엔젤레스에서 A380 비행기로, 한국으로 온다면, A380의 비행시간당 평균 연료소모량은 12톤 정도 되기 때문에 13시간 운항 연료소모량은 156톤이 되고, 2시간의 법정 예비 연료 24톤을 추가하면 연료는 총 180톤이 된다. 최대 이륙 중량이 575톤이므로 비행기 무게 276톤과 연료 무게 180톤을 빼면 승객과 화물 탑재 가능 중량은 119톤이 남는다.

만일 500석 좌석에 승객이 만석으로 탑승했다면 500×75kg = 37.5톤이고, 화물은 81.5톤을 실을 수 있게 된다. 만일 기상이 악화로 비행시간이 더 걸린다는 예보가 나오면 연료보충을 더 해야 하므로 승객이나 화물 수를 줄여야 한다. 가끔 만석이라고 해서 예약 대기 걸었다가 겨우 비행기표 구해서 비행기에 탔는데, 빈 좌석이 상당히 많이 남아 있는 것을 보고 항공사가 거짓말을 했을 거라 분노할 수도 있지만 실은 맞바람의 영향으로 비행시간이 늘어나는 만큼 추가연료가 필요하거나 혹은 관련된 문제일 수 도 있을 것이다.

실제로 글쓴이는 2002년 12월에 메사추세스 공대MIT로 가기 위해 뉴욕에서 보스턴으로 가는 델타항공을 탑승한 적이 있다. 그날은 공교롭게도 비바람이 무척 거세고 기상이 좋지 않은 저녁이었다. 비행기를 타고 보니 60~70여 명 정도 탈 수 있는 중소형 비행기였고, 내 좌석은 뒤쪽 창가로 배정되어 있었다. 창밖을 내려다보니 빗속에서 분주히 움직이는 지상조업자들이 보였고 그들의 손에 의해 여행 가방들도 줄지어 컨베이어 벨트를 통해 비행기에 실리고 있는 것도 보였다. 그런데 비행기가 게이트를 나와 활주로로 향하던 중 갑자기 멈추더니 노란색 비옷을 입은 사람이 급히 비행기에 올라와 기상악화로 승객들의 화물을 내려야 한다고 통보하는 것이다. 짐은 두고 사람만 가야 한단다.

승객들은 동요가 심했고 '왓X빽'을 날리는 조금 간 큰 사람들도 더러 있었다. 급기야 창밖을 보니 이미 컨베이어 벨트에서는 붉은색 스티커가 붙은 내 검정 샘소나이트 가방을 도로 뱉어내고 있는 것이 아닌가…. 참으로 어이가 없는 상황이었지만, 나야 뭐 모국이 아닌 미국인지라…, 또한 당시는 9·11 테러가 일어난 직후라 비행기에서 강력한 항의를 하다가는 무슨 봉변을 당할지 몰라서…, 그리고 저 코쟁이들도 오죽하면 말문을 닫을까 싶어서…, 찍소리 못하고 상황만 예의주시했다.

일단 비행기는 내 가방을 뉴욕에 남겨놓은 채 이륙했고 밤 10시가 넘어 보스턴 로건 공항에 내렸다. 곧장 델타항공 그라운드 오피스로 가서 문의하니 내

여행 가방은 다음 날 오후 6시에 집으로 배달해 준다고 한다. 아… 막막하고 어처구니 없는 일이 발생한 것이다. 눈비가 쏟아지는 보스턴 공항에 휴대폰 하나 달랑 들고 맨몸으로 남겨진 상황… (물론 MIT에 있는 후배 김 모 교수가 자동차로 마중을 나오기는 했지만, 굳이 항공사에는 알리지 않았다.)

그래서 어쩔 수 없이 안 되면 말고, 받아들여지면 좋은 것이라는 생각에 한 편의 시나리오를 거짓으로 지어내고, 델타항공 그라운드 매니저에게 정중하게 협박하듯이 다음과 같이 항의했다. '나는 외국인이다. 가방 안에 호텔 바우처와 다음날 미팅 컨택 포인트와 스케줄이 있는데 이것들이 없다면 내일 모든 스케줄이 취소된다. 이 사건은 나에게 심각한 손해를 끼칠 수가 있다. 따라서 이에 대한 손해배상을 청구하겠다'. 사실 밑져봐야 본전이라는 생각에 그렇게 했는데, 매니저는 굳은 표정으로 여기저기 분주히 전화를 돌려보더니… 뜻밖에 곧장 출발하는 비행기에 실어서 보내준다는 약속과 함께 호텔비 200달러를 덤으로 지불받았다. 어차피 그날은 학교 연구실에서 밤샘 작업으로 초전도 대전력 인가장치를 개발해야 했던 터라, 김 교수와 연구실에서 몸을 녹이며 이런저런 잡담으로 시간을 보냈다. 이윽고 새벽 2시가 되자 화물이 도착했다는 연락이 왔고 공항에 가서 무사히 여행 가방을 찾아왔던 기억이 있다. 이렇듯 비행기는 작을수록 기상에 특히 민감하여 이러한 일이 비일비재하게 발생한다.

비행기는 무엇보다도 승객, 승무원, 화물 등을 수송하는 일이 목적이지만 먼 거리를 날아가야 하므로 연료 무게가 대부분이다. 더불어 무게가 한쪽으로 치우치지 않고 균형을 이루도록 무게중심CG: Center of Gravity을 잡는 것이 가장 중요하다.

이륙하는 비행기를 보면 기수인 비행기 머리를 아래로 내리고, 즉 코를 박고 이륙하거나 혹은 착륙하는 경우는 결코 본 적이 없을 것이다. 비행기는 이륙과 착륙 모두 기수를 위로 들고 뒷바퀴부터 활주로에 착륙하고 앞바퀴가 닿는 과정으로 진행한다. 만일 비행기의 앞부분이 무겁다면 이륙과 착륙이 순조

로울지 생각해 보면 항공사가 왜 무게중심을 우선 관리하는지 설명이 된다. 무게중심은 비행기 모든 부분에 작용하는 중력의 합인 합력이 작용하는 곳이다. 이미 상식적으로 알고 있는 사실이겠지만 무게중심은 물체의 아랫부분에 있을 때 가장 안정한 상태가 된다. 그런 만큼 비행기의 무게중심에 줄을 매달아 공중에 들게 되면 비행기는 어느 한쪽으로도 기울지 않고 수평을 유지하게 된다.

그런데 500톤이 넘는 비행기를 줄에 매달아서 무게중심을 잡을 수는 없다. 그렇다고 무게중심을 잡아주지 않으면 안 된다. 비행기는 공중에서 아무런 지지대 없이 스스로 균형을 맞추며 날아가야 하기 때문이다. 또한 이미 알고 있듯이 비행기는 날아가면서 연료를 계속 소모하므로 무게중심이 계속 바뀌게 된다. 또한 공기의 양력으로 날아가기 때문에 바람의 영향을 절대적으로 받아 바람의 바람 방향이 바뀔 때마다 무게중심은 수시로 바뀌게 된다. 이때 무게중심을 기준으로 하여 힘과 모멘트를 계산하려면 다소 복잡한 다항식으로 풀어야 한다.

기장이 조종도 하고 바람 방향과 연료소비량 계산해서 공식에 대입하여 무게중심 계산도 하고 내가 어디쯤 날고 있는지 위치도 추적해야 하고…. 정말로 그래야 한다면 기장은 해먹을 일이 못 된다. 그러나 이 번거로운 일을 공력중심 AC: Aerodynamic Center이란 것을 이용하면 한 번에 해결할 수 있다. 즉, 공력중심이란 임의 포인트를 정해서 한꺼번에 뚝딱 계산해 버릴 수 있는 것이다.

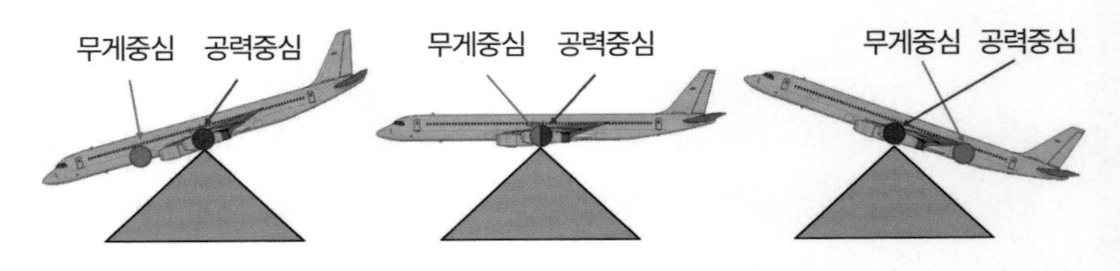

무게중심과 공력중심_비행기가 내 말을 듣게 하고 잘 비행하게 하려면 무게중심을 공력중심보다 살짝 앞에 두어야 한다.

비행기가 안정적으로 날기 위해서는 에이씨AC: 공력중심와 씨지CG: 무게중심가 중요하다. 날아가는 힘인 양력이 작용하는 지점이 바로 공력중심이다.

공력중심이라는 용어가 갑자기 튀어나와 당황스럽겠지만…, 알고 보면 간단하다. 공력중심은 무조건 물리적으로 보이는 비행기의 가운데 부분으로 생각하면 되고, 무게중심이 내.외부 상황에 따라 앞뒤 좌우로 왔다 갔다 한다고 이해하면 쉽다.

그렇다면 비행기 가운데 부분을 손으로 잡고 무게중심을 앞으로 옮긴다면 비행기 기수는 아래로 내려간다. 즉 코를 박는 형상이다. 그래서 무게중심과 공력중심 사이의 관계는 마치 시이소오와 같다. 공력중심은 고정이고, 무게중심은 바람과 같은 외란, 연료이동과 소모, 승객의 이동 등 여러가지 요인으로 수시로 변한다.

실제로는 무게중심이 공력중심보다 약간 앞에 있어야 비행기의 조종이 쉽고 통제가 가능한 상태가 된다. 무게 중심이 공력중심보다 앞에 있게 되면 기수는 아래로 향한다. 무게중심과 공력중심이 같은 위치에 있게 되면 비행기는 기수를 들어 올릴 수 없고 수평을 유지하게 된다. 무게중심이 공력중심보다 뒤에 있게 되면 기수를 위로 들리게 된다. 지속적으로 뒤에 있게 되면 계속 양력을 받게 되니 계속 기수를 들어 올리게 되면 어떻게 될까? 실제로는 그렇게 되지 않겠지만 아래 그림처럼 비행기 머리가 하늘로 꼬리는 땅으로 향하게 될 것이다. 이런 상황을 실속stall이라 하는데, 통제 불능상태에 빠지게 된다.

그렇다면 비행기의 무게중심과 공력중심은 같은 위치에 있는 것이 좋을까? 이론상으로는 맞다. 비행기를 수평으로 유지하기 위해 수평 꼬리날개가 양력을 발생시킬 필요가 없고, 양력 발생을 위한 공기저항이 없기 때문에 연비는 훨씬 좋아진다. 그러나 현실적으로 불가능하다.

이것을 이해하기 위해서는 먼저 비행기의 꼬리 날개의 역할에 대해 이해해야 한다. 꼬리에는 총 3개의 날개가 있는데, 중심에 수직으로 솟아 있는 날개를 수직 꼬리, 수직 꼬리의 양옆에 수평으로 붙어있는 날개를 수평 꼬리라 한다. 수평 꼬리는 양옆에서 위아래 방향의 흔들림을 잡아주고 수직 꼬리는 좌우 방향으로 흔들리는 것을 잡아주는 역할을 한다.

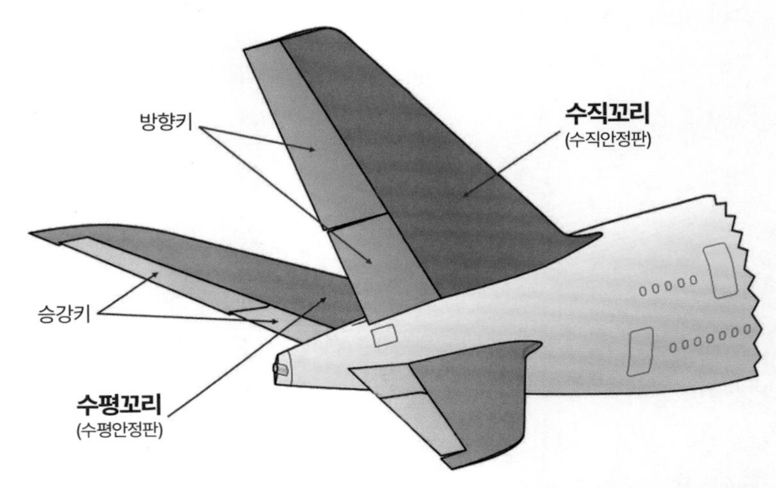

비행기 꼬리날개의 구성_꼬리날개는 비행기의 아주 작은 부분을 차지하지만, 꼬리날개가 없다면 안정적인 비행과 조종이 불가능하다. 꼬리 날개가 그저 동체에 붙어 있는 것 같지만, 비행 중에 계속 움직이면서 비행기의 방향을 잡아주는 역할을 한다.

비행기가 먼 거리를 이동한다고 가정하면 비행 중 연료를 많이 소모하기 때문에 비행기의 무게는 이륙할 때와 착륙할 때 많은 차이를 보이게 된다. 이미 밝혔듯이 총적재량의 85%가 연료이므로 비행 중 연료가 소비될수록 무게중심은 지속적으로 변하게 된다. 또한 비행기 내부에도 승객의 이동에 의해서 무게중심은 수시로 변화된다.

공력중심은 고정되어 있기 때문에 무게중심이 변하게 되면 지속적으로 기수가 위로 들리거나 아래로 꺾이게 되는데 이를 잡아주는 역할을 하는 것이 바로 수평 꼬리 날개다. 즉, 무게중심보다 앞에서 양력이 작용하여 비행기 머리, 즉 기수가 들리면 수평 꼬리가 상단 방향으로 양력을 발생시키고, 무게중심보다 뒤에서 양력이 발생하여 기수가 아래로 꺾이면 수평 꼬리는 하단 방향으로 양력을 발생시켜 수평을 유지한다. 수평 꼬리가 양력을 발생시키는 것, 이는 곧 연료를 많이 소모한다는 것을 의미한다.

비행기의 무게중심을 잡기 위한 노력은 전체 무게의 약 8%도 안 되는 승객과 화물의 무게를 분배하는 것에서부터 시작된다. 무게중심 분산을 위해 승객과 화물을 적절하게 분산하여 승객자리를 배치하고 화물을 적재 위치를 잘 정해야 하는데, 이러한 절차를 항공용어로 밸런스 컨트롤Balance Control이라 한다.

이를 위해서는 승객, 화물, 연료의 무게를 정확히 파악하고 적절한 위치에 배치하여 무게중심을 찾아야 한다. 대체로 비행기의 무게중심은 제작사가 기종별로 제시한 기준에 맞춰 설정하지만 실제로 이 무게중심을 맞추는 것은 전문가들인 '탑재관리사'가 진행한다. 만일 승객, 화물, 연료가 모두 실렸는데 무게중심이 잘 잡히지 않았다면 운항 허가를 받을 수 없게 된다. 따라서 탑재관리사는 탑재지시서에 의해 화물을 탑재하고 무게중심을 확보하는 데 중점을 둔다.

수백 톤의 무게를 가진 비행기가 중력을 거스르고 하늘로 날아오르려면 엄청난 제한이 따른다. 모든 비행기에는 사용하는 중량의 종류가 있는데, 최대이륙중량MTOW: Maximum Take-off Weight, 최대착륙중량MLDW: Maximum Landing Weight, 최대공차중량MEW: Manufacture's Empty Weight, 무연료중량ZFW: Zero Fuel Weight, 표준작동중량SOW: Standard Operating Weight, 택시중량(TIW: Taxi Weight 등이다. 여기에서 최대 착륙중량에 주목할 필요가 있다. 비행기가 어찌어찌 그야말로 젖먹던 힘까지 다 짜내서 이륙했는데 공중에서 기체에 고장이 나거나 긴급환자가 발생하는 비상 상황이 발생하여 다시 돌아와 비상착륙을 해야 하는 상황이 발생할 수도 있다.

2024년 2월 미국 플로리다 주 마이애미에 개최된 '세계투자포럼FII Priority' 행사에 연사로 초청되어 출장을 갔다 돌아오는 길이었다. 미국 로스엔젤리스에서 아시아나 항공을 타고 이륙하여 인천공항으로 향하던 중 1시간 쯤 지났을까, 갑자기 기장이 회항한다는 방송을 했다. 특이하게도 기장이 여성분이었다.

비행기를 수천 번을 타봤지만 라스베가스의 그랜드캐니언 여행용 경비행기 조종사를 빼곤 여성 기장은 처음이었기 때문에 기억이 생생하다. 즉 로스엔젤레스로 돌아간다는 말이다. 그때는 왜 되돌아 가는지 이유도 설명해 주지 않았다.

이런 경우 비행기는 곧바로 착륙할 수는 없다. 왜냐하면 A380의 최대이륙중량은 575톤이지만 최대착륙중량은 386톤이다. 189톤 차이가 나는데 이만큼의 무게를 줄여야 한다. 그렇다고 승객들의 짐을 공중투하 할 수도 없는 상황이다. 그래서 버리는 것이 연료다. 앞서 계산해 봤듯이 미국 로스엔젤레스에서 인천공항까지의 연료 무게는 대략 200톤 정도 되기 때문에 이미 2시간 정도 운항에 소비한 연료를 제외한 대략 160~170톤 이상의 연료를 공중에 버려야 비행기 동체 무게를 최대착륙중량 이하로 낮출 수 있고, 이 무게로 착륙해야만 활주로에 착륙 시 충격을 줄여 안전하게 착륙할 수 있다.

다음 그림은 로스엔젤레스에서 출발하여 샌프란시스코 방향으로 날아가다 기수를 돌려 로스엔젤레스 공항에 다다랐을 때의 운항 상황을 표시한 기내 모니터를 촬영한 것이다.

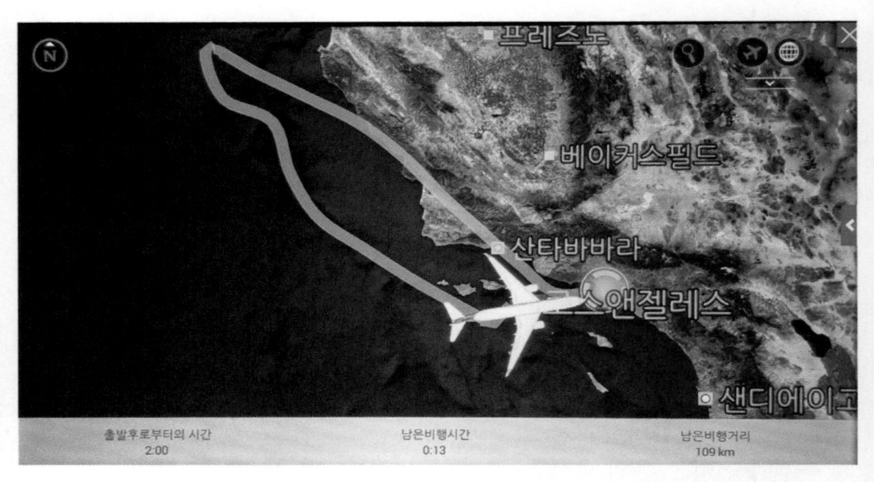

글쓴이가 탄 비행기의 L.A 회항_LA 공항을 출발하여 샌프란시스코에 다다르지 못하고 회항했다.

연료를 버리는 일, 덤핑은 연료가 지상에 내려앉기 전에 증발하도록 최소한 고도 6,000ft(약 1,800미터) 이상의 상공에서 해야 한다. 덤핑 스위치는 'Fuel Jettison'이라고 쓰여 있는 대개는 조종실 천정에 위치한 무수한 스위치 중 하나다. 아마도 내가 탔던 비행기 기장은 로스엔젤레스 공항으로 되돌아오는 도중에 연료 덤핑을 했을 것이다. 참고로 연료 덤핑 기능은 옵션이라 모든 비행기에 장치되어 있지는 않다고 한다. 그래서 덤핑 기능이 없는 비행기는 연료를 버리기 위해 몇 시간이고 바다 위를 뱅뱅 선회해야만 한다.

어쨌든 로스엔젤레스 공항에 되돌아오니 그제야 기내 방송으로 연료펌프 작동 고장으로 회항했다고 했다. 연료펌프가 2개 있으니 하나가 고장이 나도 크게 문제는 없을 거로 생각하지만 적정한 무게중심이 배분된 상태에서 한쪽 부분 엔진이 연료 공급 문제로 꺼져버린다면 결국은 큰 문제가 발생한다. 즉 화물이라도 공중에서 투하해야만 목적지까지 무사히 날아갈 수 있기 때문이다. 어쨌든 회항하지 않았다면 연료 공급 차질로 추운 북극 상공에서 비행기가 어떻게 되었을까 생각만 해도 끔찍하다. 정말 북극 어딘가에 착륙했다면 북극곰 만나보는 것은 고사하고 동태 할아버지 신세가 되었을지도 모른다. 어쨌든 회항한다고 했을 때는 좀 의아했으나 연료펌프 고장이라는 말에 기장의 빠른 대처가 훌륭하다는 생각이 들었다.

그러나 막상 공항에 돌아오고 보니, 대체 항공편이 온다면 최소 하루 정도 더 머물러야 하는 상황이라 좀 막막한 생각이 들었다. 그렇지만 항공사는 공항 밖으로 안내하지 않고 공항 대기를 지시하였고, 정보가 그다지 많지 않은 상태에서 오로지 대기하고 있는 시간은 답답하기만 했다. 7~8시간 정도 대기했을까? 수리를 마쳤는지, 비행편명이 바뀐 항공권으로 다시 발권하고 로스엔젤레스 공항에서 같은 비행기를 다시 타고 무사히 한국으로 돌아올 수 있었다. 물론 기장도, 승무원도 모두 새 얼굴이었다.

용어 중에서 택시중량TW이 눈에 띌 것이다. 택시 중량의 택시는 우리가 잘 아는 택시가 아니라 비행기가 지상에서 이동하는 것을 말하는데, 우리가 아는 택시와 전혀 관련이 없는 것도 아니다. 택싱Taxiing이란 비행기가 자체 동력으로 게이트 혹은 주기장에서 활주로 사이를 이동하는 것을 말하는데 게이트에서 활주로를 이어주는 유도 도로로 역시 택시웨이Taxiway라 한다.

어원은 분명히 택시에서 나온 것 같은데, 왜 이런 이름이 붙었는지에 대해서는 의견이 분분하다. 20세기 초 일부 비행사들이 비행기가 승객을 태우기 위해 지상에서 느릿느릿 게이트로 이동하는 것을 택시가 손을 흔드는 승객을 발견하고 태우기 위해 느리게 거리를 운행하는 것과 비교해 속어로 택시라고 지칭했다는 설과 미래에 언젠가는 드론 택시처럼 비행기가 택시 역할을 할 것이라고 예견한 데에서 왔다는 설이 존재한다. 택싱에서 택시가 나왔거나 택시에서 택싱이 나왔거나 무엇이 먼저 든 닭이 먼저인지 달걀이 먼저인지의 논쟁과 뭐가 다를까?

간혹 자동차처럼 비행기도 핸들이 있느냐, 브레이크가 있느냐 그리고 후진기어가 있느냐 등등의 질문을 던지는 사람들이 있다. 질문만 던지면 좋은데 내기까지 했다고 한다. 참 할 일 없는 사람들이다. 오래전 일이다. 연말 송년 회식에서 이런저런 얘기를 주고받다가 내기로 번진 사건이 있다. 한 지인이 대뜸 전화해서 이렇게 질문을 던졌다.

"어이 닥터 에브리띵, 움직이는 백과사전에게 질문이 있는데, 회식비용이 걸렸으니 신중히 답해주게. 첫 번째 질문은 우리가 타고 다니는 여객기 발통은 후륜 구동이고 후진기어가 있어 뒤로 간다는데 사실인가? 두 번째 질문은 비행기 조종석을 보면 핸들이 없고 대신 조종간을 핸들처럼 돌리면 앞바퀴 방향을 바꿀 수 있다는데 사실인가?"

어이없는 질문에 대해 이렇게 답했다. "여객기에는 바퀴를 굴릴 엔진이 없어서 자체적으로 후진은 못하며, 후진기어가 있다는 것은 말도 안 된다. 그리고 조종간을 핸들처럼 돌려서 진행 방향을 바꾼다는 것도 바보스러운 발상이다.

방향을 바꿀 수 있도록 하는 핸들이 있지만, 자동차 핸들과는 다르게 레버형식으로 생겼다. 이름은 틸러Tiller: 조타기라고 한다."

이 대답에 대해서 얼토당토않은 문제를 낸 사람은 내기가 걸린 만큼 조종사가 아닌 나의 대답에 수긍할 수 없었는지, 이런 말이 들려왔다. "내가 비행기를 탔더니 후진만 잘하더라… 후진기어가 없다면 어떻게 후진을 하노… 진료는 의사에게 약은 약사에게, 비행 상식은 조종사에게…."

'바보들과 말을 섞은 내가 잘못이지…'하며 전화를 끊었다. 이런 상황을 두고 '아닌 밤중에 홍두깨'라 했던가? 하기야 잠실에서 10분 거리에 사는 나도 잠실롯데 타워 전망대를 못 가봤지만, 천리 밖 지방 사는 사람은 세 번이나 가봤다고 자랑질하더라.

사실 비행기는 지상에서는 바퀴를 굴려 이동하는 것보다는 오직 날아가는 데 최적화되어 있다. 즉 바퀴를 굴릴 엔진이 따로 없다는 뜻이다. 그래서 지상에서 달리는 능력은 거의 바보 수준이다. 비행기는 제트엔진밖에 없으므로 지상에서 움직이기 위해서는 제트엔진을 가동해야 한다. 그런데 제트엔진은 빠르게 높이 날도록 최적화 설계되어 있어서 평균 10,000미터 이상의 고고도에서 시속 1,000km/h 고속으로 날아다닐 때 가장 효율적이다. 그런데 시속 30~50km 정도로 슬슬 다녀야 하는 공항에서도 제트엔진을 가동시키면 여러 가지 문제가 생긴다.

제트엔진은 앞의 공기를 빨아들여 뒤로 배출하는 힘으로 날아가게 설계되었다. 그래서 그 자체는 역방향으로 작동할 수 없다. 그러나 뒤로 내뿜어지는 공기를 중간에서 차단하여 방향을 바꾸는 방법으로 사용하면 가능하다. 방법은 3가지가 있다. 엔진 중간을 통째로 열어서 중간 부분으로 빼내는 방법인 Cascade type, 엔진 중간에 문을 달아서 여닫는 형식으로 배출가스 방향을 조절하는 Clamshell type, 그리고 엔진 후면을 아예 막아 뒤로 배출되는 가스를 반사해 버리는 Bucket Door type이다.

Cascade type이나 Clamshell type은 엔진 몸체의 분출되는 공기를, 덮개를 통해 밖으로 빠져나가도록 해 앞 방향으로 흐르게 하면 역추진이 가능하게 된다. 이러한 역추진 장치는 역추진뿐만 아니라 비행기가 착륙했을 때 속도를 늦추는 데 도움이 되기도 한다. 이런 기능이 있는데도 지상에서 자력으로 후진을 하지 않는 이유는 무게가 수백 톤에 달하는 항공기를 역추진만으로 움직일 경우 엔진에 엄청난 무리가 가기 때문이다.

역추진 장치, Cascade Type_엔진 본체가 분리되어 뒤로 밀리면서 중간으로 역추진 바람이 나오는 방식이다.

역추진 장치, Clamshell Type_마치 조개껍질이 입을 벌리는 것처럼 엔진 측면에서 바람을 반사시킨다.

역추진 장치, Bucket Door Type_구조가 가장 간단해 보이는 역추진 장치로 뒤로 빠져나오는 공기를 막아서 반사시키는 구조다.

모든 여객기의 제트엔진에 역추진 장치Thrust Reverser가 장착된 것은 아니다. 대부분은 중형 및 대형 기종에 장착되어 있는데, 에어버스 A320, A330, A350, A380, 보잉 737, 747, 777, 787 등에는 기본적으로 모두 역추진 장치가 장착되어 있지만, 터보프롭Turboprop 엔진 기반의 비행기나 소형 제트기 혹은 초기 제트기는 장착되어 있지 않다.

터보프롭 비행기, 즉 프로펠러 비행기는 프로펠러의 피치 조정, 즉 프로펠러를 약간 돌려서 바람의 방향을 바꾸는 방법으로 역추진 효과를 구현할 수 있기 때문이다. 또한 지금은 퇴역한 최초의 초음속 항공기인 콩코드Concorde도 역추진 장치가 설치되지 않았는데, 대신 날개 설계를 통해 착륙 시 필요한 제동력을 확보함과 동시에 강력한 제동시스템을 장착했다. 그러나 이 역추진 장치는 주로 착륙 후 활주로에서 속도를 줄이는 데 주로 사용된다. 그 이유는 착륙 후 제동력을 높여 활주로에서 제동거리를 단축하여 비행기의 안정성을 확보하고, 브레이크의 마모를 줄여 정비 비용을 절감하며, 눈비로 인해 젖거나 제동거리가 길어진 활주로 혹은 짧은 활주로에서 안전한 제동거리를 확보하기 위해 사용한다.

역추진 장치, 프로펠러 피치 조정_프로펠러의 각도를 바꾸어서 역추진시키는 것으로 풍력발전기에서도 같은 원리를 이용하여 발전 출력제한이나 태풍에서도 발전기를 보호한다.

아마 비행기의 날개 쪽에 탑승하게 되면 비행기가 착륙하면서 엔진이 열리는 것을 보았을 것이다. 이때 역추진 장치가 작동되는 것이다. 이미 설명되었듯이 역추진 장치가 작동되는 방법은 엔진의 종류에 따라 다양하다.

그런데 게이트에서 승객을 모두 태우고 활주로로 나가기 위해 역추진을 한다면 몇 가지 문제가 발생할 개연성이 높다. 첫 번째 문제는 역추진 시 제트엔진이 FOD를 섭취할 위험이 높아진다는 점이다. 즉 제트엔진이 거대한 진공청소기 역할을 하게 되어, 주변의 FOD인 사람과 장비를 집어삼킬 수 있다는 점이다.

FOD^Foreign Object Debris^란 주위에 있는 사람을 포함한 모든 이물질을 의미하는 것으로 엔진은 극도로 높은 흡입력을 가졌기 때문에 사소한 이물질이라도 엔진에 빨려 들어간다면 엔진 손상으로 이어진다. 또한 FOD를 흡입한 제트엔진이 단순 손상으로 끝난다면 다행이지만 엔진에 화재가 발생한다면 연료가 가득 채워져 있는 날개가 엔진과 붙어 있어서 대형 폭발로 이어질 염려가 매우 높다. 이는 상상할 수도 없는 재앙이다. 또한 태풍의 속도와는 비교할 수 없는 고속의 공기 흐름이 제트엔진 주변에서 발생하기 때문에 지상 인력에게 매우 위험한 상황을 초래할 수 있다.

두 번째 문제는 제트엔진의 역추진 출력으로 엄청난 무게를 가진 비행기의 동체를 움직이기에는 매우 높은 쓰로틀 설정에서 작동해야 하므로 많은 공기를 끌어들이고 많은 연료를 소모하게 된다.

그럼에도 불구하고 가끔 엔진의 역추진을 이용해 주기 공간에서 후진하는 비행기도 있다고 한다. 대단히 비효율적인 점은 제외하더라도 조종사는 자신이 가는 방향을 볼 수도 없고 장애물 여부도 판단할 수 없고, 얼마만큼 후진해야 하는지 알 수도 없고, 엔진과 주변 지역에 잠재적인 피해를 유발하기 때문에 일반적인 관행은 아니다.

지금까지 설명한 자체 엔진 출력을 역추진하여 후진하는 것을 'Power Back'이라 부른다. 그러나 이것은 일반적인 방법이 아니기 때문에 대부분

'Push Back'이라는 방법을 사용한다. 푸시백이란 비행기가 게이트나 주기장(탑승구)에서 활주로로 이동하기 위해 처음으로 진행하는 후진 과정을 의미한다. 푸시백은 비행기가 안전하게 자력으로 움직일 수 있는 장소인 자력 출발 지점까지 밀고 가는 작업이다. 푸시백을 위해서는 푸시백 차량Tug: 토잉 트랙터이 비행기의 전방 랜딩기어Nose Gear: 앞바퀴를 연결해 밀거나 혹은 들어 올려 이동시킨다.

푸시백 차량, 토잉 트랙터_별것 아닌 것 같지만 매우 중요한 차량이다. 힘도 세다.

이 작업은 쉬워 보이겠지만 나름 어려운 작업이며 상당 기간의 훈련과 경험을 필요하다고 한다. 또한 전체 기종 비행기들을 모두 푸시백 하기 위한 전문성을 갖추려면 최소 5년 이상의 훈련과 경험을 필요로 한다 하니 조종사 못지않은 전문성을 담보로 하는 것 같다.

최근에는 바퀴에 전기 모터EGTS: Electric Green Taxiing System를 장착한 비행기도 있다. 그러면 비행기가 스스로 택싱을 하고 터미널에서 이륙할 수 있고, 제트 엔진을 더 오랫동안 공회전시킬 수 있어 항공사의 비용을 절감할 수 있다고 한다.

EGTS는 비행기의 지상 이동 시 제트엔진을 가동하지 않고 보조동력장치APU: Auxiliary Power Unit에서 발전된 전력을 이용하여 랜딩기어(바퀴)에 장착된 전기 모터로 스스로 택싱할 수 있도록 하는 것이다. EGTS는 에어버스 A320이나 보잉737과 같은 중형급 단일 통로Single-aisle 비행기를 대상으로 개발되었지만 아직 상용화에 이르지는 못한 것으로 보인다.

방금 언급한 보조동력장치APU는 비행기의 또 다른 엔진이다. 공항에서 주기 중인 비행기를 보면 꼬리 부분에서 열풍을 뿜어내거나 배연기처럼 생긴 꽁지 구멍을 본 적이 있을 것이다. 이것은 보조동력장치, 즉 발전과 시동용 엔진이다. 비행기의 제트엔진은 매우 크기 때문에 자동차처럼 간단하게 배터리로 시동을 걸 수 없다. 이전에는 전원공급차량GPU라는 특수차량을 연결하여 시동을 걸었는데, 최근의 제트여객기들은 보조동력장치로 불리는 소형엔진을 장착하여 주 엔진의 시동에 필요한 고압공기를 공급한다.

비행기 꽁지의 APU(보조동력장치)_비행기에 제트엔진 말고 또 다른 엔진이 왜 있을까 착각했는데, 날아가는 데 필요한 엔진이 아니라 도움을 주는 보조엔진이었다.

제트엔진에 시동을 걸기 위해서는 고압의 압축공기가 필요한데, 그 압축공기를 만들어 제트엔진 시동에 사용하는 것이다. 보조동력장치는 이 밖에도 비행기에 필요한 모든 전원을 공급하는 일과 냉난방, 산소 공급 등 다양한 기능을 한다. 그러나 보조동력장치도 하나의 소형 엔진이므로 공회전에 의한 배출가스가 있어 환경문제를 고려해야 한다. 따라서 공항에서는 주기중인 비행기에는 보조동력장치를 사용하기보다는 연료소모가 적고 비용이 저렴한 지상전원공급장치GPU: Ground Power Unit를 최대한 활용한다.

그리스 신화의 이카루스 아버지는 뛰어난 장인이었는데, 크레타 왕의 미움을 받아 아버지와 크레타 섬의 미궁에 갇히게 되었다. 그래서 이카루스는 새의 깃털을 밀랍으로 붙여서 큰 날개를 만들어 크레타섬을 탈출한다. 그러나 이카루스는 너무 높이 날면 태양열에 밀랍이 녹아 추락하게 되니 높이 날지 말라는 아버지의 충고를 잊은 채 하늘을 나는 것에 정신이 팔려 너무 높이 날아오르다 결국 밀랍이 녹아서 떨어져 죽고 만다.

굳이 신화가 아니라도 고대로부터 인간은 새처럼 하늘을 나는 것에 대해 동경했다. 많은 사람들은 새의 날개 모양을 만들어 팔에 끼우고 절벽에 뛰어내리며 날아보려 했지만 모두 실패했다. 그 이유는 인간의 팔 근육이 날개를 퍼덕일 만한 힘을 갖지 못한 점과, 새의 특징을 정확히 이해하지 못했기 때문이다.

새는 하늘과 땅 사이(새)를 날 수 있어서 새라고 이름이 붙여졌는데, 새는 날기 위해서 뼈가 비어 있다. 즉 골다공증이 아주 심각한 뼈를 가지고 있다. 또한 새는 몸 안에 5~9개의 공기주머니를 가지고 있으며 날개 근육이 체중의 30% 이상을 차지한다. 또한 새는 몸을 가볍게 하기 위해 음식물을 몸에 저장하지 않기 때문에 대장과 방광이 없다. 그래서 소화되는 즉시 배설물을 한꺼번에 버릴 수 있도록 항문과 요도가 합쳐져 있다. 또한 몸의 모양도 유선형으로 비행에 적합하도록 진화되었다.

인간이 새처럼 날개를 퍼덕여서 날 수 없는 결정적인 이유는 바로 날개 근력으로 사용되는 팔 근력이 새의 근력보다 훨씬 떨어지기 때문이다. 같은 크기를 기준으로 한다면 새의 날개 근력은 인간의 팔 근력에 최소 8~10배 정도 된다고 한다. 또한 새는 몸의 크기를 비교한다면 인간보다 몸무게가 현저히 적다는 장점이 더해져서 쉽게 날아오를 수 있는 것이다. 결국은 인간은 새처럼 날개를 퍼덕여서 날아오른다는 것은 불가능하기 때문에 새의 날개와 비슷한 모양으로 만들어 양력을 발생시키고 날아오르도록 하는 힌트를 얻었다.

새의 날개는 단순한 자연의 선물이 아니라 인류에게 하늘을 나는 법을 가르쳐준 스승이다. 라이트 형제는 갈매기의 날개를 보고 영감을 얻었고, 다빈치는 새를 보고 끊임없이 스케치하며 하늘을 날아오를 방법을 강구했다. 그래서 오늘날의 비행기 날개는 새의 형태를 그대로 모방한 결과물인 것이다. 만일 새가 하늘을 날 수 없었거나, 새가 없었다면 인간도 비행기를 만들지 못했을 것이다. 새의 날개를 관찰한 것 자체가 인간이 하늘을 날아오르는 첫 시도였기 때문이다.

사진처럼 새는 모두 몸통 윗부분에 날개가 달려있다. 그래서 초기의 비행기들은 대부분 기체 상부에 날개를 달았다. 지금의 비행기는 그림처럼 날개의 위치에 따라 고익기, 중익기, 저익기로 분류된다. 이처럼 날개 위치가 다른 것은

비행기 각각의 목적에 따라 날개 위치가 달라져야 유리하기 때문이다. 위 그림에는 고익기로 군용 수송기인 C-130이다. 대부분의 군용 수송기는 고익기 형태를 채택하고 있는데, 고익기는 일단 동체가 날개 아래에 위치해 있기 때문에 무게중심이 아래 있어 공학적 측면에서 안정하다. 또한 날개가 조종사의 머리 위에 있으므로 하향 시야가 확보되는 장점이 있으나 큰 각으로 선회하는 비행에서는 오히려 날개가 시야를 방해할 수도 있는 단점이 있다. 그러나 안정성이 매우 높고 혹 엔진 고장에 의해 동력이 사라지더라도 비행기는 뒤집히지 않고 안정적으로 활공 활강을 할 수 있다.

중익기는 전투기에 많이 쓰이고 있다. 전투기는 선회 회전 등 고난도의 자세를 잡아야 하므로 한쪽으로 무게중심이 편중되기보다는 중간에 두는 편이다. 또한 미사일이나 폭탄 같은 무장도 해야 하므로 그렇다.

저익기는 고익기와 반대로 날개가 동체의 아랫부분에 붙어 있는 것인데, 고익기가 일단 모양이 둔해 보이는 것에 반해 매우 날렵해 보인다. 상향 시야 확보가 잘되어 상승 시 매우 좋으나 착륙할 때는 아랫부분의 지형지물이 날개에 가려 잘 안 보이는 단점이 있다. 고익기는 소위 전투기들이 하늘에서 뱅글뱅글 도는 곡예비행에 매우 어려우나, 중익기나 저익기는 무게중심이 위에 있어 곡예비행이 비교적 쉽다. 요즈음 여객기는 저익기 형을 많이 채택하나 결과적으로 중익기인 경우도 많다.

10 피라미드와 도량형

세계 7대 불가사의 중 하나인 피라미드도 무게중심과 밀접한 관련이 있다. 미라가 수천 년이 지나도 썩지 않는 원인은 그들이 가졌던 뛰어난 방부 기술도 있지만, 무게중심과도 관련 있다는 해석이 제기되기도 한다. 이집트인들은 피라미드의 무게 중심이 우주의 에너지를 흡수할 수 있다고 믿어 이곳에 파라오의 미라를 배치했다. 피라미드는 밑면이 정사각형이고, 옆면에 네 개의 삼각형이 모이는 사각뿔 모양이다. 밑면과 옆면이 이루는 각은 51도 52분인데, 이렇게 복잡한 각이 나온 이유는 이집트인들이 피라미드의 높이와 밑면을 이루는 정사각형의 한 변의 길이를 미리 정했기 때문이다.

피라미드는 밑면이 정사각형이고 옆면에 네 개의 삼각형이 모이는 사각뿔 모양이다. 피라미드의 수치는 로얄큐빗royal cubit이라는 단위로 표시되어 있는데, 1로얄큐빗을 현재의 미터법으로 고치면 약 52.3㎝다.

여기에서 잠깐 미터법에 대한 내용을 먼저 알아보자. 도량형이란 말이 있다. 한자 '度量衡' 인데 길이度, 무게量, 부피衡 등을 측정하는 기구인 자, 저울 등을 일컫는다. 옛날에는 교통이 발달하지 않아 지금과는 다른 많은 국가가 도시 혹은 촌락 형태로 존재했고 그들은 교역을 위해서 물건의 양과 크기 등을 통일된 표준으로 정해 사용한 것에서 시작하였다. 도량형에 관한 가장 오래된 기록으로는 중국의 요순시대로, 지금부터 대략 4,300년 전에 시행되었다고 한다. 도량형에는 국제 표준 단위인 미터법, 한국, 중국, 일본 등 동아시아 지역에서 사용하는 척관법, 미국과 영국에서 사용하는 야드파운드법이 있다. 단위로는 길이 단위인 자와 척尺, 질량 단위인 관貫, 부피 단위인 되와 석 등이 있다.

그러나 같은 척관 단위라고 해도 당시의 국력 차이와 정치적인 문제, 그리고 도량형의 기술적인 문제로 국가나 시대에 따라 단위의 크기가 상당한 차이를 보인다. 한국은 1961년부터 국제 공동으로 사용하는 국제 단위계인 SI 단위(미터법)를 사용하며 공식적인 계측에서 척관법의 사용을 금지했지만, 아직은 실생활 상에서는 척관법을 혼용하고 있다.

대표적인 예가 땅이나 집의 크기인 면적을 이야기할 때 쓰는 '평'이다. SI 단위로 가로 세로가 각각 1미터인 사각 면의 면적인 1 제곱미터(1m²)가 있음에도 아직은 면적인 3.3m² 단위인 평을 더 많이 사용하고 있다. 심지어 제곱미터를 평방미터와 혼용하고 있기 때문에 혼란을 더 가중하기도 한다. 평방미터라는 말은 공식적으로 제곱미터와 같은 말이기는 하다. '제곱'은 '제 스스로를 곱한다'라는 의미의 순우리말이다. 예전에는 제곱 대신에 한자어인 자승自乘, 삼승三乘, 사승四乘…으로 사용하였으나 지금은 우리말 표현으로 바꾸어 사용한다.

그런데 면적을 이야기할 때 제곱미터보다 평방미터를 더 많이 사용하는 이유는 넓이 뜻하는 평방平方과 부피를 뜻하는 입방立方에서 나왔다고 본다. 여기서 애기하는 3.3m²의 평坪과 평방미터의 평平은 한자부터 다름을 알 수 있다. 이 평방미터가 만든 혼돈이 또 하나 있다. 바로 '헤베'라는 일본어 단어 때문이다. 1 헤베는 1 평방미터(1m²)를 의미한다. 즉 가로세로 각각 1미터가 되는 면적을 의미하는데 문제는 아직도 건설공사나 내장공사 등의 시공 현장에서는 평방미터보다 이 말이 더 많이 통용된다는 것이다.

헤베라는 단어가 어디에서 왔는지 알아보면, へいべい平米: 헤이베이, 즉 평방미터의 일본말인 平方メートルへいほメートル: 헤이호메타루에서 미터를 뜻하는 'メートル'를 미米로 바꾸어 '平米'로 쓰다보니 平의 발음인 헤이, 米의 발음인 베이의 앞 글자만 따서 '헤베'라 부르는 것이다. 현장에서 아쉽게도 아직도 일본 잔재 용어가 많이 쓰이고 있는 현실이다.

그러나 한국의 실생활에서 혼용한다는 척관법은 영국과 유럽, 그리고 미국이 각각 다르게 사용하는 단위계의 그 위상은 완전히 다르다. 영국과 미국은 영미 단위계Imperial and US customary measurement systems라고 별도로 호칭할 정도로 SI 단위와 함께 널리 사용된다. 즉 영국에서 유래하여 현재까지 영국과 미국에서 길이와 무게를 측정하는 단위로 사용되는 '야드'와 '파운드'를 합쳐 '야드파운드법'이라고도 부른다. 그러나 현대 한국인들은 SI 단위로 계측한 후 이를 다시 척관법상 단위로 표현하거나 혹은 척관법 단위로 얘기하고 SI 단위로 표현하는 방법을 사용하기 때문에 계측 자체를 척관법으로 하는 것은 아니라는 것이다. 다시 말해 아파트 면적을 이야기할 때도 몇 평짜리 집이라고 얘기하고 표기는 평방미터로 하는 것이다. 무게도 마찬가지다. 고기를 살 때 '한 근'을 주문하면 600g그램을 계량하여 준다. 굳이 저울에 '근' 단위의 눈금을 두지 않지만 전통적으로 사용해 왔기 때문에 실생활에서는 혼용에 문제가 없는 것이다.

금의 무게 단위로 쓰는 '돈'을 쓴다. 대부분의 한국인은 돈을 금의 무게 단위로 알고는 있지만 몇 그램인지 정확히 아는 사람은 많지 않다. 금 1돈은 3.75g이다. 돈이란 단위는 주로 귀금속의 무게 단위로 쓰이지만 철이나 한약재의 무게를 잴 때도 사용된다. 고대 중국에서는 무게의 단위로 근斤, 냥兩, 전錢, 분分을 사용했는데, 진나라 때 화폐로써 엽전을 만들어 사용하였다. 당시 엽전 1개의 무게를 1냥兩인 37.5g으로 정했고, 1냥의 10분의 1을 '전錢'으로 정했는데 우리말로 '돈 錢전'자였기 때문에 '전' 대신 '돈'으로 부르는 것이다.

조선시대에 와서 사용했던 무게 단위를 세분화하기 위해 관貫의 1,000분의 1을 1돈으로 사용하도록 했는데, 1관은 100냥 혹은 1,000돈이고 1근이 600그램이므로 6.25근이 1관이다. 1관은 600g×6.25근이므로 3,750g이 된다. 즉 1돈은 3.75g 인 것이다. 돈 말고도 푼과 리가 있는데, 푼은 한자로는 '分분'이지만 발음이 경화되어 푼으로 되었다. 푼分은 100분의 1을 뜻하기 때문에 1냥을 기준으로 보면 1냥은 37.5g, 1돈은 3.75g, 1푼은 0.375g, 1리는 0.0375g인 것이다. 이러한 단위들은 실생활 기준으로 삼기 좋은 실용적인 측정량이기 때문에 우리는 이를 부속 단위로 쓰고 있다.

우리가 쓰는 1평은 가로세로 각각 약 1.8미터(1.818182m)로 한 사람이 팔과 다리를 벌리고, 즉 큰 대大자로 누울 수 있는 넓이에서 기원했고, 소고기 1근은 4인 가정이 한 끼 식사로 먹을 수 있는 양이기 때문에 전통적으로 편리하게 쓰이고 있다. 이는 2006년 산업자원부가 '법정계량단위 사용 정착 방안'을 발표하며 사용 지양을 권고했으나 이미 실생활에 깊숙이 사용되고 있기 때문에 MZ세대가 기성세대로서 자리 잡을 때까지는 지속적으로 사용될 것 같다.

이런 현상은 흔히 미국과 같이 유일하게 북미에 속하는 캐나다에서도 이슈가 되었는데 캐나다는 미국에서 주로 사용하는 단위로 마일과 미터를 혼용하고 있다. 캐나다에서 실시한 한 설문조사에서 캐나다 사람들은 대체로 세계 기준인 미터법을 사용하지만 동시에 미국식 도량형인 야드파운드법을 사용한다는 흥미로운 사실이 밝혀졌다. 거리를 나타낼 때는 74%가 km를, 26%가 mile을 사용한다고 했고, 기온을 나타낼 때는 77%가 섭씨(℃)를, 23%가 화씨(°F)를 사용한다고 했다. 반대로 주방에서 사용하는 오븐의 온도는 41%가 섭씨(℃)를, 56%가 화씨(°F)를 선호했다고 한다. 또한 이들은 오로지 사람의 키에 대해서는 80%가 미터법이 아닌 야드파운드법인 피트(ft)와 인치(in)를 사용한다고 했다.

마치 우리가 집이나 아파트, 대지의 면적에 대해 평방미터보다는 평을 선호하고, TV나 모니터의 크기를 설명할 때 혹은 바지의 허리둘레를 나타낼 때 센티미터보다는 인치를 더 선호한다는 것과 비슷하다고 하겠다. 그러나 단순 거리나 크기를 이야기할 때는 혼용해도 문제가 없겠지만 도로의 속도제한 표지판을 잘못 이해하면 사고로 이어질 수 있는 자동차의 속도에 있어서는 문제가 생긴다. 캐나다 사람들은 자동차의 속도에 대해 82%가 미터법을 선호한다고 했지만 마일을 사용하는 사람도 상당수 있다. 이 때문에 야드파운드법을 사용하는 미국 때문에 캐나다와 미국 국경 지역에서는 속도제한 표지판을 미터법과 야드파운드법을 혼용하여 설치한 사례를 볼 수 있다.

미국과 캐나다 국경의 마일과 미터 혼용 교통표지판_미국에 있는 자동차 계기판은 대부분 마일과 킬로미터가 같이 표기되어 있는데, 캐나다와 국경에 가면 교통표지판도 혼용이 되어있다.

야드파운드법에서 사용하는 대표적 거리 단위는 마일이다. 마일은 로마 시대부터 유래한 단위인데, 로마군은 행군할 때 거리를 알기 위해 1,000걸음마다 말뚝을 박아 거리를 측정했고, 이 말뚝을 이정표 삼아 위치도 식별했다. 이 기준이 1,000걸음이어서 라틴어의 숫자 1,000을 의미하는 '밀리mille'가 되었다. 1미터가 1,000밀리미터, 1그램이 1,000밀리그램인 이유다. 또한 1,000이 1,000개 있으면 백만을 의미하는 밀리언million이 된다.

로마군은 천 걸음을 로마어 'mille'는 천을 뜻하고 'passus'는 걸음인 'mille

passus'로 표기했고 말뚝과 말뚝 사이를 '1 mille passus'로 불렀다.

현대의 1마일은 1.609344km, 즉 1,609.344미터다. 이 거리가 1,000걸음을 의미하므로 한 걸음은 1.6미터라는 말인데, 우리가 현대 사용하는 걸음인 '보'와는 차이가 있다. 우리가 사용하는 보, 즉 보폭은 걸을 때 두 발 사이의 거리를 의미하지만 걸음은 한쪽 발이 지면을 떠나 다시 지면에 닿을 때까지의 거리를 의미한다. 일반적으로 유사하게 혼용하지만 한 걸음을 두 보로 본 것이다. 즉 로마군의 평균 보폭은 80cm이고 한 걸음은 160cm였던 것이다. 로마는 A.D 43년, 황제 클라우디우스가 당시 영국 지역에 해당하는 브리타니아Britannia를 점령하여 410년까지 총 367년을 통치했다. 이 기간에 로마의 문화, 법률, 건축기술 등 다양한 분야가 영국에 영향을 끼쳤기 때문에 거리를 마일로 사용하게 되었고, 당시 로마가 지배하던 유럽 지역에도 역시 마일로 사용했다.

그러나 프랑스는 1790년 대혁명 때 혼란스럽고 비논리적인 전통 단위 체계를 10배수에 기초를 둔 새로운 시스템으로 대체하자는 구상을 실행시켰다. 이는 영원히 변하지 않는 자연과 물리적 단위에 기초하도록 했는데, 이것이 현대 미터법의 원형이 되었다. 이후 나폴레옹이 유럽의 전역을 지배하면서 프랑스의 영향력이 미치는 국가들은 메트릭 시스템으로 바꾸기 시작했고, 그로 인해 영국을 제외한 대부분의 유럽 국가가 미터법을 사용하게 된 계기가 된 것이다.

첫 미터법의 정의는 북극에서 적도까지 자오선 호 길이의 1천만분의 1을 1미터로 보는 것이다. 이렇게 되어 당시는 지구 둘레를 40,000km로 보게 되었는데, 현대에 들어서는 지구 자오선의 길이가 40,000km보다 약간 길다는 사실이 밝혀져 다양한 방법으로 1미터의 기준을 정의하기 위해 노력했으나 정확한 방법이 없었다.

마침내 1983년에 1미터를 정의하는 거리는 빛이 진공에서 2억 9,979만 2,458분의 1초 동안 진행하는 거리로 정의했고, 이 정의가 아직 사용되고 있다. 그래서 빛의 속도는 초에 2억 9,979만 2,458미터(약 3억 미터, 30만 km)를 진행하는 것이다.

이번에는 'Nm'에 대해 알아보도록 하자. 'Nautical Mile'인데 주로 바다와 하늘에서 사용되는 거리 단위로 우리 표현으로는 해리海里라 한다. 이는 영국 천문학자인 E. 건터가 제안하여 17세기부터 지금까지 사용되고 있다. 이 단위는 구형이 지구표면을 항해하는데 편의를 제공하기 위해 위도 1도의 1분 길이를 1해리로 정했다. 즉 지구의 둘레가 약 40,000km이고 이는 360도이므로 이를 360등분 하면 1도 길이는 111.11km가 된다. 1도는 60분이므로 다시 60등분하면 이를 1해리가 된다. 그렇게 구해진 1해리는 1,852미터, 즉 1.852km인 것이다.

또한 1시간당 1해리를 가는 속도를 노트Knot라 하는데 이는 선박과 비행기의 속도로 사용된다. 속도를 나타내는 노트는 '매듭'이라는 뜻을 가지고 있다. 노트는 처음부터 항해용 단위로 사용하였는데, 17세기 초에는 선박의 속도를 정확하게 측정하는 기술이 제한적이었기 때문에 로프를 이용하는 방법이 생겨났다. 로프를 일정한 간격으로 묶어 매듭을 짓고 이 로프를 바다에 던져 일정한 시간 동안 달린 후 선박의 이동 속도를 측정하는 것으로 이때 사용된 로프의 길이가 '노트'의 기준이 되었다.

11 왕의 신체가 표준 도량형

야드파운드법의 야드나 피트의 단위는 특이한 유래가 있다. 과학이 발달하지 않았던 옛날에는 길이나 넓이를 기준으로 잡았을 때 가장 먼저 떠오른 것이 바로 사람의 신체다. 면적인 평의 예에서 마찬가지로 서양에서도 길이의 단위인 야드나 피트도 역시 사람의 특정 신체 부위를 기준으로 삼았다. 물론 사람마다 신체는 모두 다르다. 키 크기도 다르고 팔이나 다리의 길이도 다르고, 발이나 손의 길이도 다 달랐다. 그래서 그 기준이 될 만한 사람의 신체가 필요했는데, 그 기준에 적합한 사람이 바로 왕이었다. 그 누구도 왕의 신체를 기준으로 한다면 반발을 할 수 없었기 때문이었을 것이다.

그래서 영국의 왕 헨리 1세는 '내가 팔을 뻗었을 때 코끝에서 엄지손가락 끝까지의 길이를 1야드yard라 정한다' 라고 했고, 또한 자신의 발 길이, 즉 엄지발가락부터 발뒤꿈치까지 거리를 1피트feet로 정했다. 1피트는 30.48cm이므로 헨리 1세는 요즘 말로 '왕발' 소유자였던 것 같다. 요즘 야드는 가슴 한가운데부터 손가락 끝까지의 길이를 의미한다. 인치는 라틴어로 12분의 1을 의미하는 운키아Uncia에서 유래했기 때문에, 1피트의 12분의 1인 2.54cm이다. 즉, 1피트는 12인치이며, 1야드의 3분의 1이다.

왕의 신체를 이용하여 만든 단위가 또 있는 데 바로 앞서 이야기했던 피라미드의 수치인 로얄큐빗이다. 원래 큐빗이라는 단위는 고대 이집트나 수메르 문명에서 사용하던 단위인데 팔꿈치부터 가운뎃손가락 끝까지의 거리를 1큐빗(약 45.7cm)으로 정하고 이를 주로 사용했다. 또한 이들은 팔을 옆으로 뻗었을 때 가슴 중심선에서 엄지손가락 끝까지의 거리를 2큐빗으로 정했는데, 이는 1야드와 거의 같은 길이다.

그런데 큐빗은 지역마다 길이가 조금씩 달랐는데, 로마는 약 44.5cm, 고대

페르시아는 약 50㎝였다. 큐빗 중에서 가장 유명한 단위는 '로얄큐빗'이다. 로얄큐빗은 바로 이집트의 왕이었던 파라오의 팔꿈치부터 가운뎃손가락 끝까지의 거리에 손바닥 너비를 더한 길이로 왕의 팔과 손인 만큼 일반인보다 훨씬 커야 한다는 의식이 작용했던 것으로 보인다. 이 로얄큐빗은 이집트의 표준선형 측정법이었으며, 여러 가지의 큐빗 막대가 남아있다. 현재 정확한 로얄큐빗의 길이를 알 수 있는 이유는 기자에 있는 쿠푸왕 대피라미드 왕의 방에 자세하게 그려져 있기 때문이다.

이집트 로얄 큐빗

당시 이집트를 통치하던 파라오의 팔꿈치에서 가운데 손가락까지 길이 + 손바닥 폭의 길이

이제 미터법에 대한 설명을 마치고 다시 피라미드의 무게중심 주제로 돌아가 보자. 피라미드는 밑면이 정사각형이고 옆면에 네 개의 삼각형이 모이는 사각뿔 모양이다. 높이는 280로얄큐빗(146m)이고, 밑면은 한 변의 길이가 440로얄큐빗(230m)인 정사각형이므로 밑면의 길이는 4를 곱한 1,760로얄큐빗(920m)이다. 정사각형의 둘레(4×230m)를 높이(146m)로 나누면 원주율인 π의 2배에 가까운 값이 된다. 이는 적도에서 지구 둘레(2π r)를 반지름(r)으로

나눈 값과 거의 일치한다. 이집트인들이 피라미드에 지구 전체를 담기 위해 의도적으로 그렇게 길이를 정했다는 해석도 있다. 그런데 그 당시 지구 둘레를 알고 있었을까 생각하니 억측일 수도 있다는 생각이 든다.

그러나 여전히 미스터리이자 의견만 분분한 것이 있으니… 바로 벽돌을 들어 올린 방법이다. 과거에는 오늘날 건설공사에 쓰이는 타워크레인과 같은 중장비가 없었는데 어떻게 146m나 되는 높이까지 평균 2.5톤이나 되는 돌을 옮길 수 있었는지는 정확히 알려진 바가 없다.

일단 과학적 근거를 들이대며 꿰맞추기 잘하는 학자들의 얘기를 빌려보면 피라미드는 기하 형태와 숫자를 통해 우주의 비밀을 지상에서 표현하였다고 한다. 피라미드는 네 개의 정삼각형이 모여서 이루어지는 사각뿔 형태로 구성됐다고 한다. 맞는 말이다. 이 사각뿔의 밑변과 경사면이 이루는 각도는 52도인데, 이렇게 피라미드를 만들어야 무게중심에 우주의 에너지가 모인다고 한다. 물론 과학자로서 비슷한 실험을 진행해 본 결과 완전히 동의하기는 어려운 이야기이긴 하지만 많은 사례들이 있다고 하니 일단 그냥 믿어 보기로 하자.

그래서 피라미드 형태를 만들어놓고 무게중심에서 형성되는 신비로운 에너지를 이용한 연구나 실험들이 이렇게나 많다.

- 피라미드 무게중심에 녹슬고 무뎌진 면도날을 넣었더니 녹이 사라지고 면도날이 되살아났다.
- 죽은 고양이 사체를 놓았는데 썩지 않았으며, 고양이와 개 등의 반려동물의 성장과 생활에도 큰 변화를 미친다
- 피라미드의 무게중심 위치에 뇌가 놓이게 피라미드 모양의 모자를 쓰고 공부를 했더니 1등을 했다.
- 피라미드를 뇌파를 안정시키기 때문에, 피라미드 골조 안에서 명상을 하면 가장 안정된 정신집중을 느낄 수 있으며 편안한 수면도 누릴 수 있다
- 피라미드 모형 안에 다 쓴 건전지를 이틀 정도 넣어두었더니 충전이 되었다.

■ 우유를 4~5일씩 넣어둬도 전혀 상하지 않고 양이 줄어들지도 않는다.

■ 커피와 와인의 맛이 순해지고 부드러워지며 야채와 과일, 육류와 생선 등은 신선도가 오랫동안 지속된다.

일부는 과학적으로 증명이 되었다고 단정적으로 얘기를 하고, 그냥 허구라고 주장도 있다. 일부 의사들은 이러한 초자연적 신통력을 이용하는 치료법으로 피라미드 모양의 병실을 꾸미고 그 무게중심에 환자를 뉘어 우주 에너지를 이용하여 치료하는 방법도 사용했다고 하는데 치료 결과에 대한 보고는 없다. 과학을 잘 모르는 돌팔이들이 아닐까 하는 의심도 든다.

실험으로 입증되었다고 하는 면도날 실험은 체코의 무선 기술자 칼 드르발이 1949년에 실시했고, 작은 동물들의 사체 미이라mirra화와 과일이나 야채의 신선도에 대한 실험은 1930년 프랑스인 앙뚜완 보비스에 의해 입증되었다고 하는 데 과학적 견지에서 보면 '글쎄'라는 대답이 먼저 나온다. 오히려 피라미드의 존재를 신비롭게 포장하는 다양한 해석을 많이 접하다 보니 혹시 꿈보다 해몽이 더 좋은 게 아닐까 하는 생각이 든다. 고대 이집트인들이 어쩌다 피라미드를 세웠는데 후대 사람들이 피라미드에 심오한 과학적 의미를 부여했을지 모른다는 의구심이 든다. 왜 이런 생각이 드는지는 잠시 후에 설명하기로 하자. 물론 쿠푸왕의 대피라미드에 담겨 있는 수학적 해석을 보면 실제로 대단했을 것이라고 인정하게 되지만 말이다.

어쨌든 이렇게 재미있는 논의와 실험이 진행될 정도로 피라미드 정사각뿔의 무게중심은 믿거나 말거나 상당히 좀 신비로운 장소이고 아직도 많은 사람들이 호기심의 대상으로 회자되고 있다. 또한 사람들은 여전히 파라오의 미라가 수천 년이 지나도 썩지 않는 비결이 뛰어난 방부 기술뿐만 아니라 피라미드의 무게중심에서 우주 에너지를 흡수할 수 있었기 때문이라는 믿음을 굳건히 가지고 있는 듯하다.

일단 피라미드 자체가 엄청나게 크고 기하학적으로는 거의 완벽한 형태를 가지고 있다. 그리고 피라미드를 구성하는 돌 자체가 크기부터 압도적이고 돌의 가공과 쌓은 방법, 건축물의 수평 등 그 정밀도가 뛰어나 당시 기술이 아닌 외계인이 축조한 것이 아닐지 의심을 품을 정도다.

로마 시대 당시에도 이미 2,500년 이상의 세월이 지난 고대 건축물 인지라 그 인상이 매우 압도적이어서, 동시대 이집트인은 물론이고 주변 국가와 후대의 문명국, 특히 유럽에 큰 영향을 끼쳤기에 예수님이 사시던 그 시대에도 많은 단체 관광객으로 들끓었을 정도다. 혹시 '예수님도 피라미드 단체관광을 하셨을까'라는 생각도 해본다. 그 먼 그리스에서도 오는데, 특히 가까이 사셨으니 상상해 볼만하다.

특히 이집트 최대의 피라미드인 쿠푸왕 대피라미드는 2.5톤 무게 사각돌 300만 개를 사용하였는데, 이 피라미드는 기원전 2,560년에 146m의 세계 최고 높이로 지어진 이후로 인류는 무려 3,871년 동안 이보다 높은 건축물을 짓지 못했다. 기원후 1,311년에 이르러서야 높이 160m인 영국 '링컨 대성당'의 첨탑이 완공됨으로써 겨우 피라미드보다 높은 건축물이 지어진 것이다.

대체로 피라미드는 기원전 2,550년경에 건축되었으므로, 대략 4,600여 년의 세월을 뛰어넘어 지금까지 자리하고 있는 것인데, 건축물로서의 불가사의일 뿐만 아니라 피라미드 축조에 수학적 원리까지 고려했다고 생각하면 당시의 건축가들에 의해 지어진 피라미드의 신비감은 대단하다.

쿠푸 왕의 대피라미드는 그리니치로부터 경도 31도인 수직선과 북위 30도인 수평선이 만나는 지점에 있는데, 이는 지구 대륙의 넓이를 4등분하는 점으로 피라미드의 위치에는 세계의 중심에 피라미드를 세우겠다는 이집트인의 의지가 담겨 있다고 신비화 시키도 했다. 사실 피라미드의 밑면 둘레를 지구의 둘레로, 피라미드의 높이를 지구의 반지름으로 생각하면 그 비가 정확하게 맞아 떨어지기 때문이다. 또한 피라미드에는 원주율 π 뿐 아니라 황금비도 들어 있다.

피라미드의 옆면을 이루는 삼각형의 높이는 356로얄큐빗이고, 밑면인 정사각형의 한 변의 길이의 반은 220로얄큐빗으로, 그 비를 구하면 약 1.618이 된다. 이는 바로 인류가 가장 아름답다고 생각해 온 황금비이기도 하다. 그러나 앞서 설명했듯이, 외계인이라면 몰라도 그 시대의 고대인들이 지구둘레와 아시아 아프리카 그리고 아메리카 등으로 이루어진 대륙을 넓이를 알았을리 만무하다.

현실적으로 따지고 보면 이집트인들도 처음부터 미라를 피라미드의 무게중심에 위치시켰던 것은 아니었다. 최초의 피라미드로는 기원전 2,630년경에 축조된 조세르 왕의 계단식 피라미드가 있다. 편평한 탁자 모양의 분묘를 마스터바라 하는데, 이 피라미드는 마스타바를 6단으로 쌓아 올렸다. 제3왕조의 2대 파라오인 조세르는 기술이 뛰어난 재상 임호텝Imhotep로 하여금 자신의 무덤을 만들게 했는데, 임호텝은 먼저 윗면이 평평한 대형 묘실을 지은 후, 위로 올라갈수록 조금씩 작아지는 여섯 개의 정사각형 단을 쌓아 독특한 계단식 모양을 만들어냈다.

조세르 왕 계단식 피라미드

이러한 계단식 형상은 피라미드에 묻힌 왕이 하늘로 올라가는 계단을 상징적으로 표현한 것으로 풀이되고 있다. 각 층의 높이는 7~12미터이며, 피라미드 전체의 높이는 62미터이다. 본격적인 피라미드 모양인 사각뿔 피라미드는 제4왕조기부터 모습을 드러내기 시작했다. 1대 파라오인 스네프루기원전 2613년~2589년 시대에는 메이둠Meidum 피라미드, 굴절Bent 피라미드, 붉은Red 피라미드, 3개의 피라미드가 만들어졌다.

메이둠 피라미드

굴절 피라미드

붉은 피라미드

스네프루는 현재 우리가 아는 피라미드 형태의 건축물을 건설하려고 이런 저런 시도를 많이 한 왕이다. 처음에는 8단의 계단식 피라미드를 만든 후 그 주위를 돌로 덮어 4각뿔 형태로 완성했다. 그러나 건축 경험 부족으로 경사각을 54도로 과도하게 잡는 바람에 표면을 덮은 돌들이 무너져 버려 현재는 2단의 탑 모양으로 남아있다. 전체가 무너지진 않았지만 공사 도중에 외벽이 붕괴한 것 같다. 스네프루는 이런 실패작에 만족하지 못했는지 결국 완성도 안 하고 공사를 중단해 버렸다. 당연히 이 피라미드에는 스네프루가 묻히지 않았다. 이 피라미드를 메이둠 피라미드라 부른다.

스네프루는 이에 포기하지 않고 다시 피라미드를 지었는데 이번에는 피라미드 각이 너무 예각이었던 탓에 다시 붕괴 위험에 시달렸다. 그리하여 어쩔 수 없이 공사 중 각도를 수정할 수밖에 없었다. 그래서 중간에 굽었기 때문에 이를 굽은 피라미드 혹은 굴절 피라미드라고 부른다.

그러나 스네프루는 굴절 피라미드로 만족할 수 없었기 때문에 더 상징적이고 미적으로 완성된 피라미드를 짓기 위해 노력하여 완성된 것이 붉은 피라미드다. 붉은 피라미드는 현재 우리가 보는 이집트 피라미드 이미지와 같은 건축물의 첫 번째 완성물이었다.

스네프루의 뒤를 이어 즉위한 아들 쿠푸왕 때기원전 2,570년 경에 피라미드는 비로소 완전한 정삼각형으로 구성되는 사각뿔 형태를 갖추었다. 그리고 미라가 피라미드의 무게중심에 매장되게 된 것도 이때부터였다. 그 이전까지의 피라미드는 불완전한 비정형이었으며 미라는 피라미드 밑의 땅속에 묻혔다. 쿠푸왕의 피라미드 경우 묘실로 가는 통로가 중간에 두 갈래로 갈라지는데 이 가운데 한 갈래는 지하로 이어진다. 이것은 도굴을 방지하기 위해서 땅속의 가짜 묘실로 인도하는 일종의 속임수이기도 하지만 그 이전에 미라를 땅속에 묻던 방식의 잔재이기도 하다.

파라오 쿠푸 시대의 건축가들은 '쿠푸의 지평선'이라는 이름이 붙여진

이 피라미드를 통해 스네프루 시대 때부터 목표가 된 '50도대의 피라미드 외부 경사각'을 달성했다. 이후 이 50도 대의 피라미드 경사각은 피라미드의 건축 표준이 되었는데, 이 표준은 피라미드의 규모가 작아지고 공학적 완성도도 떨어지게 되는 5왕조 시대 이후에도 계속해서 유지된다.

쿠푸왕의 대피라미드를 비롯한 피라미드들이 기자에 건설되던 4왕조 시대는 비로소 피라미드의 전성기라고 할 수 있다. 대피라미드는 물론이고 그 이후에 세워진 기자의 피라미드들도 규모와 공학적 완성도 측면에서 그 이전과 이후에 세워진 모든 피라미드와 확실히 그 궤를 달리한다.

사실 이집트 하면 피라미드가 떠오를 만큼 상징적인 의미가 크지만, 따지고 보면 이집트에 있는 피라미드는 모두 다 합쳐도 138개 밖에 없다. 나일강의 상류 이집트 접경 국가인 수단에 300개가 훨씬 넘는 피라미드가 있는 것에 비하면 피라미드 상징 국가라는 말이 무색해진다. 더구나 수단의 피라미드들은 나일강 유역을 중심으로 기원전 3,000년경부터 이집트와 함께 독자 문화를 꽃피운 고대 수단의 거대 문명국인 쿠시왕국이 세운 것들이다. 쿠시왕국은 아프리카에서 가장 오래된 흑인 왕국이며, 한때 이집트를 정복하기도 했다. 기원전 1,000년경부터 기원후 350년경까지 오랫동안 존속했으며, 그리스와 로마 문화의 영향을 크게 받았는데 독자적인 메로웨 문자도 발명했고 인도양을 통한 무역 루트로 번성했고 제철 기술도 상당히 발전했다. 쿠시왕국은 이집트 문명과 경합하며 찬란하게 꽃피웠고, 많은 피라미드를 포함 수많은 유적을 남겼지만 수단은 너무 가난해서 피라미드를 관광 자원화하지 못했을 뿐 결코 이집트에 비해 뒤떨어진 문명은 아니다.

고대 이집트에서는 피라미드를 '피라미드'가 아니라 마르Mar라 불렀다. 기원전에 이집트를 찾았던 그리스의 관광객들은 본국으로 돌아가서 당시 고대 유물이었던 피라미드를 관광한 것에 대해 자랑하고 싶었는데, 당시에는 카메라가 있을 리 만무했다. 그렇다고 그림으로 그리고자 해도 화가가 아닌 이상 피라미드를 그릴 수 없기 때문에 설명할 방법이 없자 그들이 먹는 세모꼴 모양의 과자 '피라미스Pyramis'의 예를 들어 설명했다. 이로써 '피라미드'란 명칭으로 알려진 것일 뿐 순수한 이집트 말도 아닌 것이다. 현재 이집트에서 이집트어 후신인 콥트어조차도 거의 쓰이지 않으므로 마르라는 용어 자체도 잘 쓰이지 않는다.

파라오 쿠푸가 피라미드의 무게중심 속에 숨어있는 우주의 비밀을 실제로 알고 있었는지는 알 길이 없다. 그러나 피라미드의 신비를 설명하기 위해 등장하는 피라미드의 과학적, 수학적, 천문학적, 건축학적 정밀성과 완벽한 비율, 지구와의 관계, 별과의 정렬, 피라미드의 정밀한 내부 설계, 숨겨진 또 다른 방 등 많은 수수께끼를 담고 있는 것은 오로지 쿠푸왕 대피라미드 하나에 불과하다. 맞다 그렇게 많이 거론되는 피라미드의 신비로운 조건에 딱 맞아떨어지는 피라미드는 딱 하나 쿠푸왕 대피라미드밖에 없다.

대피라미드를 제외한 다른 137개의 피라미드는 많은 이야기는 담고 있을지는 몰라도 지금까지 언급한 신비로움과는 동떨어진 한낱 고대 건축물에 불과하다. 아마도 처음부터 과학적이지는 않았을 것이고, 어쩌다 보니 그렇게 되었을 가능성이 가장 크다. 이제부터라도 피라미드의 신비에 대한 막연한 경외심과 환상은 가질 필요는 없을 것으로 보인다.

이집트는 어쩌다 보니 그리스-마케도니아의 알렉산더 대왕에게 정복당했고, 이어진 그리스와 로마 문명인 헬레니즘 문화의 중심지가 되었다. 이후 로마제국에 복속되어 제국의 일부로서 서방에 잘 알려졌기 때문에 피라미드에 대한 찬사가 이어졌다. 상대적으로 수단은 훨씬 많은 피라미드와 문화적 유산을 보유하고 있지만 너무 가난하고 로마제국에 복속되지 않아 알려지지 않은 탓에 발굴 조사가 이루어지지 않았을 뿐 이집트보다 훨씬 뛰어난 문명을 가졌을지는 아무도 모른다.

12 세계 7대 불가사의와 피라미드

'세계 7대 불가사의로 불리는 피라미드'라고 많이 쓰인다. 피라미드에 대한 궁금증을 더 알아보기 전에 여기에 몇 가지 의문을 던져본다.

첫 번째, 언제 누가 누구의 동의를 받고 7가지를 정했는가?

두 번째, 불가사의를 정한 기준이 무엇인가?

세 번째, 왜 7가지로 정했을까?

네 번째, 불가사의不可思議의 뜻은 무엇인가?

의문점을 하나씩 생각해 보면 다음과 같은 해답이 나올 것 같다. 흔히 사용하는 세계 7대 불가사의는 사람의 손으로 만들어낸 가장 경이로운 건축물 7가지를 뜻한다. 고대로부터 현대에 이르기까지 수많은 '7대 불가사의' 목록이 작성되었지만 앞에 다른 제목이 붙지 않는 한 7대 불가사의는 기원전 2세기 무렵 고대 그리스의 시인 '안티파트로스'가 언급한 세계 7대 불가사의를 의미한다. 그는 당시 기적적인 건축물을 보고 자신이 쓴 시에 그 내용을 언급하였던 것이 최초다. 오로지 고대 그리스인의 세계관에서 본 만큼 세계 7대 불가사의 건축물은 모두 지중해 주변에 분포되어 있다.

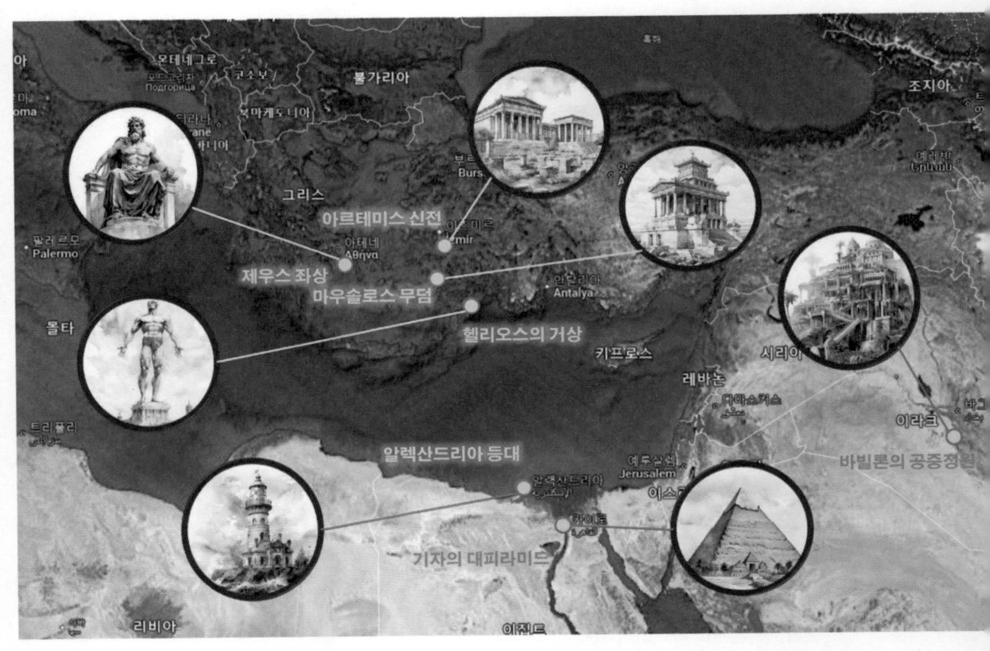

세계 7대 불가사의_세계 7대 불가사의는 안티파트로스가 어쩌다 보니 거기를 지나갔고, 가다 보니 놀라워서 그냥 시를 읊은 것 말고는 더도 덜도 아닌 것으로 보인다.

원문을 보면 이렇게 쓰여 있다.

"나는 난공불락의 바빌론 성벽을 바라보며 전차가 질주하는 것을 보았고, 알페이우스의 강둑에 있는 제우스 신을 보았으며, 공중정원과 헬리오스 신의 거상, 거대한 인공산인 높다란 피라미드, 마우솔루스의 초대형 무덤을 보았습니다. 그러나 구름에 닿을 만큼 우뚝 솟은 아르테미스의 신성한 전당을 보았을 때 다른 집들은 그늘에 숨겨질 수밖에 없었습니다. 태양조차도 올림퍼스 밖에서는 그 어느 곳에서도 그와 같은 곳을 본 적이 없었기 때문입니다."

"I have gazed on the walls of impregnable Babylon along which chariots may race, and on the Zeus by the banks of the Alpheus, I have seen the hanging gardens, and the Colossus of the Helios, the great man-made mountains of the lofty pyramids, and the gigantic tomb of Mausolus; but when I saw the sacred house of Artemis that towers to the clouds, the others were placed in the shade, for the sun himself has never looked upon its equal outside Olympus."

위와 같이 여기에서 말한 세계는 당시 그리스인들의 세계인 헬레니즘 문명권을 의미하는 것으로 봐야 한다. 그리고 이 7가지의 불가사의 건축물이 동시대에 존재했던 기간은 단 60년밖에 되지 않는다. 지금 남아있는 건축물은 오로지 피라미드밖에 없다.

피라미드의 연대 자체는 7대 불가사의에서 이미 사라져 버린 6개 불가사의 건축물보다 2천 년 이상 더 오래됐다. 왜냐하면 그때 당시에도 피라미드는 고대 건축물로서 유명한 관광지였기 때문에 많은 그리스인들이 이집트로 단체 관광을 왔다. 현대를 기준으로 하면 대략 4,000년에서 4,700년 전의 유적이다. 우리가 보기에는 로마의 콜로세움이 2천 년 전의 고대 유적이듯, 고대 2천 년 전의 로마인들이 보기에는 이집트 피라미드는 그보다도 2천 년 전의 고대 유적이었다.

아이러니하게도 우리에겐 고대 사람인 로마의 율리우스 카이사르와 클레오파트라도 피라미드보다 2,500년 이후에 살았기 때문에 율리우스 카이사르 시대를 기준으로 보면 2,000년 후에 지어진 세계 최고층 건물인 두바이의 부르즈 칼리파가 피라미드보다도 더 가까운 시기에 지어진 것이다. 그만큼 피라미드는 오래된 건축물이다. 다음 그림은 7대 불가사의의 타임라인인 건설과 파괴된 시기를 보여준다.

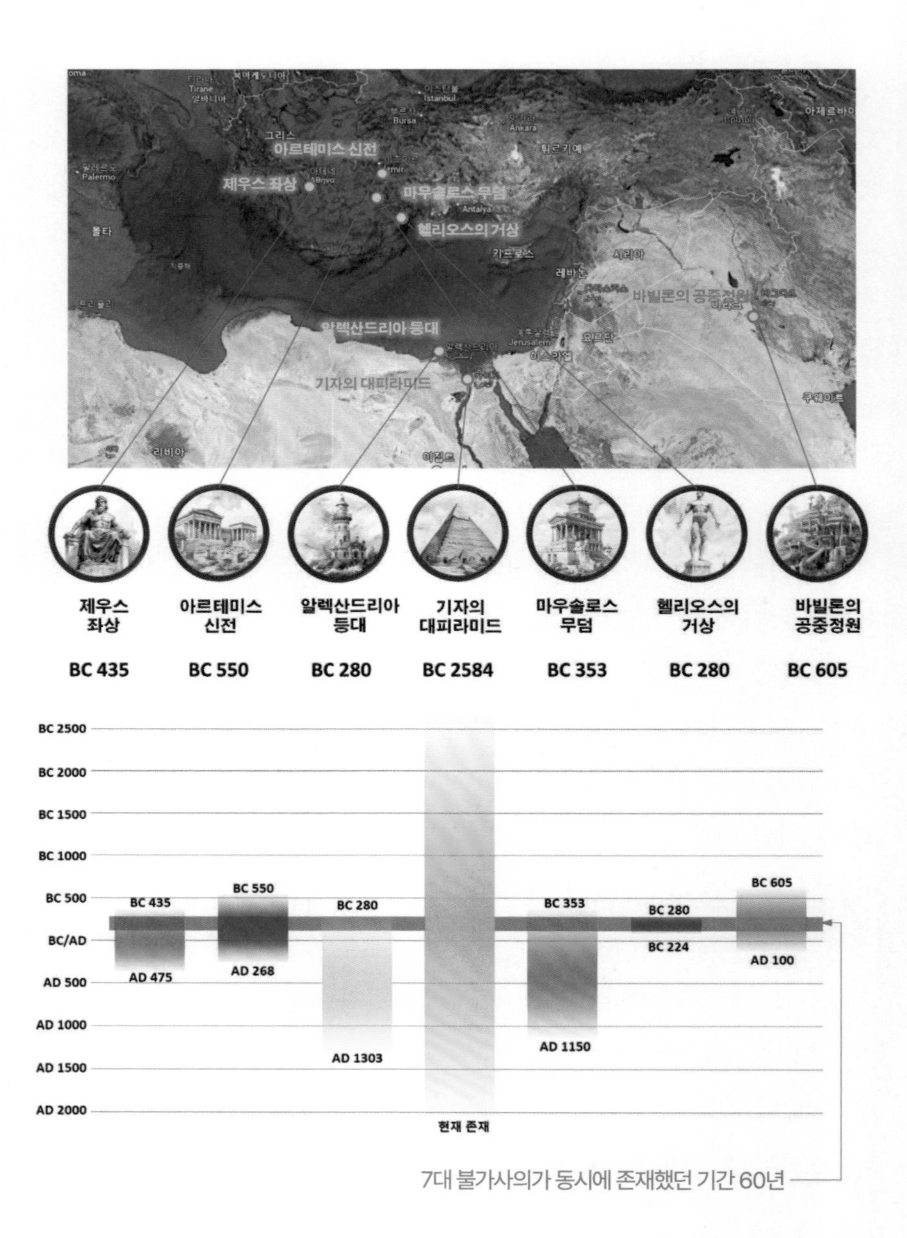

세계 7대 불가사의는 단 60년 동안만 동시에 존재_로도스의 거상이라고 하는 헬리우스 동상 때문에 단 56년 존재한 것인데, 동상은 8년 동안 지어졌고 완공된 지 56년 만인 기원전 224년 지진으로 무너졌고, 그로부터 800년이 지난 서기 654년 유대인 상인들에게 고철로 팔렸는데, 청동 조각을 운반하는 낙타가 1,000마리가 필요했다고 한다.

이렇듯 고대 그리스인의 세계관에서 본 7대 불가사의이기 때문에 이후에 건설되었지만 가히 경이로운 건축물이라고 하는 '만리장성'이나 '타지마할'이 빠져있는 듯하다. 이러한 편향된 세계에서 편향된 시각으로 세계 7대 불가사의를 지정했다고 하여, 근대에 들어 사람들은 새로운 불가사의 목록을 작성하기 시작했다. 그것은 '중세의 7대 불가사의', '코트렐의 세계 7대 불가사의', '현대 세계 7대 불가사의', '뉴세븐원더스 신세계 7대 불가사의' 등이 그것이다. 그러나 일부는 큰 공신력이나 역사성, 학술성을 평가받지 못해 순전히 상업적이라는 비판을 받고 있다. 그냥 7대 불가사의라는 말은 경이롭다는 표현의 대체자라는 정도에 그치면 되지 않을까 한다.

결국 고대 그리스인 안티파트로스가 누구의 동의나 추천 없이 자신의 개인적 견해에 따라 시로 읊은 것에 불과하다. 더구나 그중에서도 남아있는 것은 달랑 피라미드 하나다.

두 번째 의문인 불가사의를 정한 기준 역시… 없는 것 같다. 마침, 그가 그곳을 지나갔거나 혹은 구경 갔을 뿐….

세 번째 의문, 모든 세계 불가사의는 7가지다. 왜?

이 부분에 대해서도 역시 어느 누구도 단언할 수 없다. 시문을 읽어보면 일부러 7가지를 골라서 정한 것이 아니라 우연히 7가지를 읊었을 뿐인 것으로 보인다. 물론 아닐 수도 있지만… .

반복되는 얘기지만 꿈보다 해몽이라고, 숫자 '7'의 의미를 가지고 끼워 맞추기를 해보자. 고대 사람들은 숫자 '3'과 '7'에 특별함을 가졌던 것 같다. 숫자 7이 가진 상징적 의미는 '완전함' '대우주' '전체'를 뜻한다. 고대 그리스에서는 땅이 둥글지 않고 사각형이라 생각했고 인간의 육신 및 영혼과 밀접한 연관이 있기 때문에 피타고라스의 주장처럼 오랫동안 4를 완벽한 숫자로 여겨 왔으며, 숫자 3은 신비의 숫자로 보았다.

그래서 하늘과 영혼을 나타내는 3과 땅과 육신을 나타내는 4가 결합한 숫자가 7이기 때문에 7은 정신과 육체의 결합에서 생기는 완전체를 나타낸다고 보았다. 그래서 숫자 7은 영적인 것과 세속적인 것의 덧없음을 포함하고 있음을 의미한다.

고대 그리스 수학자 피타고라스는 숫자 7을 가장 완벽한 숫자라고 말했다. 피타고라스는 평소 가장 완벽한 도형으로 삼각형과 사각형을 꼽았는데, 각 변의 수를 합한 숫자가 7이 되었기 때문이다. 숫자 3은 신화와 성경에 자주 오르내리기도 한다. 기독교는 성부 성자 성령의 삼위일체를, 이슬람은 메카 메디나 예루살렘을 3대 성지로 하듯이….

숫자 7은 '생명의 숫자'로 여긴다. 숫자 7을 3번 더하면 닭이 부화하는 21일이 된다. 4번 더하면 오리가 부화하는 28일이 되고 40번 더하면 사람이 태어나는 280일이 된다.

성경에서 숫자 7은 행운의 숫자를 넘어 신성한 숫자가 된다. 즉 '천지창조'는 7일째 되는 날 이루어졌다. 왜 7을 행운의 숫자로 여길까? 여러 가지 설이 있지만 고대 바빌론 사람들은 천체에는 7개의 별인 태양, 달, 수성, 금성, 화성, 목성, 토성이 존재한다고 믿었기 때문에 숫자 7을 신성하게 여겼다.

기독교에서는 7은 세상의 기원을 유추할 수 있기 때문에 완전함을 나타낸다. 3은 하늘의 완전수(성부, 성자, 성령)이며, 4는 지상의 완전수(동, 서, 남, 북)이다. 이 숫자를 합한 것이 7이므로 완전한 숫자가 되며 하늘과 땅이 모이는 것이기 때문에 복이 내린다는 것을 의미한다. 그런데 기독교에서의 숫자 3, 4, 7의 의미는 아무래도 고대 그리스의 그것과 너무 흡사하여 그것을 차용하지 않았나 생각된다.

"I'm in seventh heaven."

나는 7번째 하늘에 있다.

이 문장의 뜻은 '정말 황홀한 기분이다' 혹은 '정말 행복하다'라는 뜻으로 사람이 극도로 기쁠 때 혹은 '좋아서 미쳐서 날뛰고 싶다' 하고 표현할 때 쓰는 말이다.

'Seventh heaven'은 여러 종교에서 등장하는 개념으로 특히 유대교와 이슬람교의 우주론에서 하늘(천국)이 일곱 단계로 나뉘어 있고, 그중 일곱 번째 하늘은 가장 높은 단계의 천국으로 신과 가까운 완전한 행복과 축복의 장소를 의미한다는 뜻이 있다. 또 다른 의미로는 일곱 번째 하늘은 일곱 번째 별인 토성Saturn의 의미한다는 뜻이다. 바빌론 사람들이 생각했던 7개 천체 중 마지막에 위치한 별인 토성은 가장 높은 층에 있고, 이곳이 신들의 영역Realm이라 생각했다. 그래서 "I'm in seventh heaven."은 '내가 신들의 영역에 와 있다' 그래서 굉장히 행복하다는 의미를 담고 있다.

"He had in his right hand 7 stars."

이 구절은 성경의 요한계시록 1장 16절에 나온 상징적인 표현이다. 즉 예수에 대한 묘사 중 하나로 그의 권위와 힘, 보호와 통제, 그리고 교회에 대한 돌봄을 나타낸다. '7 stars'의 7개의 별은 7개의 교회를 상징하며 천사를 의미한다. 요한계시록 1장 20절에서 이를 명확히 설명했다.

"The seven stars are the angels of the seven churches, and the seven lampstands are the seven churches"
일곱 별은 일곱 교회의 천사요, 일곱 촛대는 일곱 교회니라.

이 뜻은 성경에서 7의 완벽함과 완전함을 나타내고 예수가 모든 교회를 완전하게 다스리고 있다는 의미이기도 하다.

숫자 7은 우리나라에서도 좋아한다. 북두칠성은 행운과 소망으로 상징이며, 음력 7월 7일은 견우와 직녀가 만나는 칠석날로 재회와 사랑의 재확인을 의미한다. 또한 세상의 진귀한 온갖 보물을 칠진만보七珍萬寶라 하여 매우 귀하게 여겼다.

유럽 축구 리그의 각 팀 에이스의 등 번호 숫자를 보면 '7'번인 경우가 대부분이다. 행운의 숫자인 것뿐만 아니라 가장 완벽한 숫자라고 표현되기 때문이다. 실제로 손흥민, 데이비드 베컴, 킬리안 음바페, 호날두 등 셀 수 없이 많은 팀 내 최고의 선수들이 등번호 7번을 부여받은 것이 그것을 증명한다.

네 번째 의문, 불가사의 뜻은 무엇인가? '마음으로 생각할 수도 없고, 말로도 표현되지 않는다.'는 뜻이다. 사전적 의미는 '보통 생각으로는 미루어 헤아릴 수 없이 이상하고 야릇함'이라고 나타나 있는데, 불가사의란 원래 불교 용어로써 말로 표현하거나 마음으로 생각할 수 없는 오묘한 이치 또는 가르침을 뜻하며, 부처님이 깨달으신 경지나 지혜를 일컫기도 한다. 깨달음의 경지에서는 쉽게 이해가 되지만 중생으로서는 헤아리기 힘든 일을 불가사의라고 하는 것이다.

화엄경에 이르기를 '부처의 지혜는 허공처럼 끝이 없고, 그 법法 자체인 몸은 불가사의하다.'는 말이 나온다.

우리나라를 비롯한 한자 문화권에서는 불가사의가 수의 단위로 사용된다.

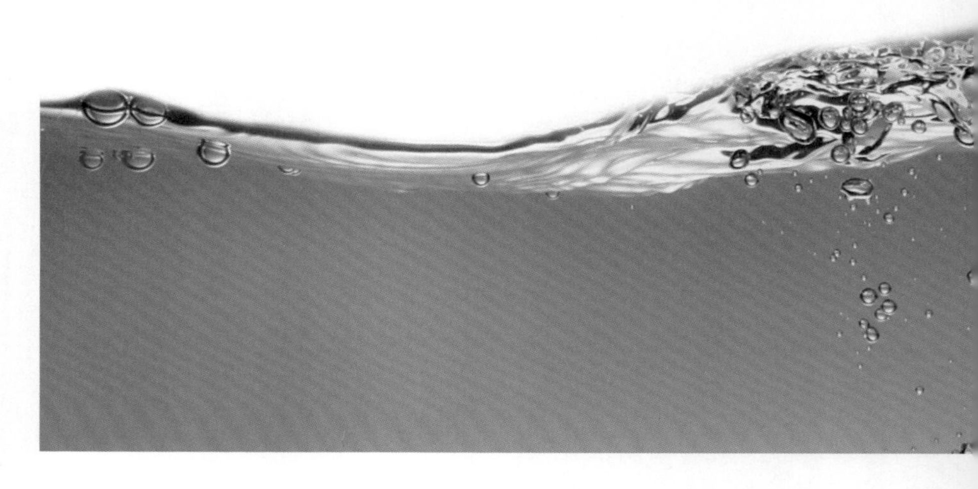

앞서 설명되었지만, 세상에서 사용되는 수의 단위 중 그 값이 네 번째로 큰 수가 불가사의이다. 불가사의의 수리적 수는 10에 0이 64개나 붙는 10^{64}이다. 이보다 더 큰 수는 무량대수無量大數로 10에 0이 68개가 더해진 10^{68}이다. 가장 크다고 생각되는 억億 단위를 비롯해 조兆 경京 해垓를 수의 최고개념으로 가지고 있는 일반인들은 상상이 가질 않는다.

고대 춘추전국시대부터 쓰였던 억조창생億兆蒼生이라는 말에 그 흔적이 남아 있는데 억조창생은 '수많은 백성'을 뜻하는 말이다. 그 수가 억과 조, 즉 매우 많음을 나타내는 '억' '조'라는 최고의 단위를 써서 어마어마한 규모를 나타낸다. 창생은 푸르른 생명, 즉 사람들을 의미하기 때문에 수많은 사람들이 이 세상을 살아가는 모습을 표현한 것이다.

그런데 이 억조창생을 가능케 하는 것이 바로 물이다. 우주 삼라만상을 이루는 것 중 신비롭고 경이로운 존재가 물과 빛이라 했고, 지금까지는 물에 대한 이야기를 풀어놓았다. 이어서 물 뿐만 아니라 빛에 대한 이야기와 그 숨겨진 우주 이야기, 그리고 타임머신 이야기까지 헤쳐보도록 하자.

과학은 세상을 이해하는 도구가 되어야 한다.

당신은 순수한 과학자인가라고 묻는다면 '아니다' 라고 답하고 싶다.
순수과학은 자연의 원리를 이해하고 체계화하는 것을 목표로 한다.
따라서 과학 원리를 활용하여 현실적인 문제를 해결해 나가는
응용 과학자에 가까운 글쓴이를 순수 과학자에 대입시키기에는 무리가 따른다.

순수과학은 미래의 발전과 발견을 위한 기초를 닦기 때문에
기초과학이라 부르고, 대조적으로 응용과학의 본질은
가시적이고 실용적으로 접근하며 연구뿐만 아니라 개발까지 한다.
그래서 공학, 의학, 농학 등 다양한 분야로 펼쳐질 수 있다.

대부분은 과학과 응용과학, 혹은 공학의 차이를 잘 알지 못한다.
그래서 공학을 하면서 허무맹랑하게도 노벨상을 꿈꾼단다… .
꿈을 짓밟으려는 의도는 아니지만 현실을 직시하면
노벨상은 응용과학이나 공학자에게 주어지지 않고 순수 과학자에게 주어진다.

이 글을 읽고 있다면 이미 알고 있겠지만,
이 책의 내용은 과학과 공학 그리고 인문학을 넘나든다.
과학을 '어려운'이 붙은 학문으로 보지 말고 생활 속으로 끌어들이라는 취지 때문이다.

이 글이 추구하는 바는 과학의 이해와 그로 인한 생활의 편리함이다.
아는 만큼 보이고 보이는 만큼 활용할 수 있다.
과학과 공학은 명확하게 구분되지만 단절된 것이 아니라
연속적인 스펙트럼을 이루며 서로를 보완하는 동일 선상에 있다.

기초과학은 새로운 원리를 찾고 응용과학은 현실 구현을 한다.
그래서 이 글을 읽는 모두는 과학을 어렵고 멀리 있는 것이 아니라,
우리의 삶과 밀접하게 연결된 것으로 인식하길 바란다.
과학적 사고가 일상에 자연스럽게 스며들 때,
우리는 더욱 창의적이고 논리적인 삶을 살아갈 수 있다.

과학을 연구하는 사람으로서,
그리고 실용적인 문제 해결을 고민하는 공학자로서,
이 책을 통해 과학의 가치를 널리 알리고 싶었다.
그래서 못다 한 물에 대한 이야기와 그 친구들의 이야기도 계속될 것이다.

과학은 단순한 지식이 아니라
사고하는 방식이며 세상을 이해하는 도구가 되어야 한다.

물론論입니다
꼬리에 꼬리를 무는 물의 상식과 과학 이야기 블루 Blue

초판 1쇄 발행 | 2025년 4월 19일

지은이 윤경용
펴낸이 안호헌
에디터 윌리스

펴낸곳 도서출판 흔들의자
출판등록 2011. 10. 14(제311-2011-52호)
주소 서울특별시 서초구 동산로14길 46-14. 202호
전화 (02)387-2175
팩스 (02)387-2176
이메일 rcpbooks@daum.net(원고 투고)
블로그 http://blog.naver.com/rcpbooks

ISBN 979-11-86787-63-2 04400